Hydraulik · Pneumatik

LEHRBUCH
FÜR DIE
BERUFSBILDUNG

Hydraulik
Pneumatik

Bauelemente
Baugruppen
Maschinen

Doz. Dr. sc. techn. Helmut Fuchs
Ing. Wolfgang Kunze

5., stark bearbeitete Auflage

VEB VERLAG TECHNIK BERLIN

Als berufsbildende Literatur für die Ausbildung von Lehrlingen und Werktätigen zum Facharbeiter für verbindlich erklärt

1. September 1989

Ministerium für Schwermaschinen- und Anlagenbau

Autoren:

Doz. Dr. sc. techn. *Helmut Fuchs*, Neuwürschnitz, Abschnitte 1. bis 4.
Ing. *Wolfgang Kunze*, Karl-Marx-Stadt, Abschnitte 5., 6.

Fuchs, Helmut:
Hydraulik, Pneumatik : Bauelemente, Baugruppen, Maschinen / Helmut Fuchs ; Wolfgang Kunze. — 5.,
stark bearb. Aufl. — Berlin : Verl. Technik, 1989. —
224 S. : 220 Bilder, 30 Taf.
ISBN 3-341-00729-6
NE: Kunze, Wolfgang:

ISBN 3-341-00729-6

5., stark bearbeitete Auflage
© VEB Verlag Technik, Berlin, 1989
Lizenz 201 · 370/154/89
Printed in the German Democratic Republic
Satz und Druck: Gutenberg Buchdruckerei und Verlagsanstalt Weimar,
Betrieb der VOB Aufwärts
Buchbinderei: Buchkunst Leipzig
Lektorin: Dipl.-Ing.-Päd. Renate Herhold
Einband: Kurt Beckert
LSV 3032 · VT 5/5181-5
Bestellnummer: 554 116 9
00800

Vorwort

Das Lehrbuch „Hydraulik · Pneumatik — Bauelemente, Baugruppen, Maschinen" wurde für Berufe entwickelt, die Kenntnisse über den Aufbau, die Wirkungsweise und die konstruktive Gestaltung hydraulisch und pneumatisch wirkender Anlagen fordern. Es folgt im Aufbau nicht dem Lehrplan eines bestimmten Berufes, sondern entspricht der Gliederung des Fachgebietes. Kenntnisse über mechanische Bauelemente allgemein sind beim Nutzer vorauszusetzen.

Die naturwissenschaftlich-technischen Grundlagen hydraulisch und pneumatisch wirkender Anlagen werden in den ersten Abschnitten des Buches behandelt. Daran schließen sich ausführliche Erläuterungen von Schaltungen, Bauelementen, Geräten und Anlagen der Hydraulik und der Pneumatik an.

Die Bearbeitung für die 5. Auflage bezieht sich vor allem auf die Aktualisierung der Aussagen zur Gerätetechnik und die Ergänzung des Abschnittes „Hydraulikventile" durch die Ausführungen zur Proportional- und Servotechnik. Aufgrund neuer Standards ergaben sich auch zahlreiche Veränderungen in den Bildern, besonders in der symbolhaften Darstellung.

Die Autoren des Buches erhielten vom VEB Kombinat ORSTA-Hydraulik vielseitige Unterstützung, besonders beim Beschaffen der Illustrationen. Dafür sei der Leitung des Kombinates und den beteiligten Mitarbeitern gedankt.

Autoren und Verlag wünschen, daß das Buch vielen Lehrlingen und vielen Werktätigen in der Aus- und Weiterbildung beim Erwerb guter und anwendungsbereiter Kenntnisse helfen möge. Erfahrungen aus der Arbeit mit dem Buch und Hinweise, die der Verbesserung dienen, bitten wir dem Verlag zuzuleiten.

VEB Verlag Technik

Inhaltsverzeichnis

1.	**Grundlagen der Hydraulik und Pneumatik**	**9**
1.1.	Volkswirtschaftliche Bedeutung hydraulisch und pneumatisch wirkender Anlagen für die Mechanisierung und Automatisierung..	9
1.2.	Begriffsbestimmungen zur Hydraulik	12
1.3.	Begriffsbestimmungen zur Pneumatik	13
1.4.	Physikalische Grundgesetze der Hydraulik und Pneumatik	14
	1.4.1. Fortleitung von Druckkräften	14
	1.4.2. Arbeit und Leistung	15
	1.4.3. Geschwindigkeits-, Kraft- und Druckumformung	17
	1.4.4. Physikalische Eigenschaften der Druckübertragungsmittel (Fluids)	19
1.5.	Druckübertragungsmittel (Fluids) in hydraulischen und pneumatischen Anlagen	29
	1.5.1. Druckübertragungsmittel als Energieträger	29
	1.5.2. Flüssigkeiten als Fluid	29
	1.5.3. Gase als Fluid	35
1.6.	Wirkungsschemata hydraulischer und pneumatischer Anlagen	38
	1.6.1. Darstellung des allgemeinen Aufbaus und der Wirkungsweise	38
	1.6.2. Wirkungsschemata hydraulischer Anlagen	40
	1.6.3. Wirkungsschemata pneumatischer Anlagen	44
	1.6.4. Wirkungsschemata pneumohydraulischer Anlagen	47
2.	**Hydraulische und pneumatische Wirkungsmechanismen**	**50**
2.1.	Allgemeine Gestaltungsrichtlinien	50
2.2.	Hydraulische und pneumatische Antriebsorgane	51
	2.2.1. Wirkungspaare und Wirkungsweisen	51
	2.2.2. Speicher in hydraulisch und pneumatisch wirkenden Anlagen	53
	2.2.3. Leiter in hydraulisch und pneumatisch wirkenden Anlagen	56
	2.2.4. Umformer in hydraulisch und pneumatisch wirkenden Anlagen	57
2.3.	Hydraulische und pneumatische Anpassungsorgane	61
	2.3.1. Wirkungspaare und Wirkungsweisen	61
	2.3.2. Schalter in hydraulisch und pneumatisch wirkenden Anlagen	62
	2.3.3. Widerstände in hydraulisch und pneumatisch wirkenden Anlagen	62

	2.3.4. Regler und Meßmittel in hydraulisch und pneumatisch wirkenden Anlagen	63
2.4.	Gerätesysteme der Hydraulik und Pneumatik	67
	2.4.1. Merkmale	67
	2.4.2. Kenngrößen	67
3.	**Anordnungen der Wirkungsmechanismen in hydraulischen und pneumatischen Anlagen**	**69**
3.1.	Allgemeine Anordnungen der Wirkungsmechanismen	69
3.2.	Wirkungsmechanismen im Energiefluß	70
3.3.	Wirkungsmechanismen im Informationsfluß	74
4.	**Schaltungen hydraulischer und pneumatischer Anlagen**	**75**
4.1.	Merkmale, Einteilung	75
4.2.	Schaltungen offener Kreisläufe	75
	4.2.1. Merkmale	75
	4.2.2. Grundschaltungen einfachwirkender Hydraulikzylinder	77
	4.2.3. Grundschaltungen doppeltwirkender Hydraulikzylinder	78
	4.2.4. Reihen- und Parallelschaltung von Druckstromverbrauchern	79
4.3.	Schaltungen geschlossener Kreisläufe	79
4.4.	Schaltungen kombinierter Kreisläufe	81
5.	**Hydraulische Geräte und Anlagen**	**82**
5.1.	Aufbau und Darstellung von Hydraulikanlagen	82
5.2.	Druckstromerzeuger — Hydraulikpumpen	85
	5.2.1. Merkmale, Einteilung, Kennwerte	85
	5.2.2. Hubkolbenpumpen	89
	5.2.3. Drehkolbenpumpen	107
5.3.	Druckstromverbraucher — Hydraulikmotoren und Hydraulikzylinder	115
	5.3.1. Rotierende Hydraulikmotoren (Rotationsmotoren)	115
	5.3.2. Hydraulikmotoren mit begrenztem Drehwinkel (Drehwinkelmotoren)	127
	5.3.3. Hydraulikzylinder	128
5.4.	Steuer- und Regelgeräte — Hydraulikventile	135
	5.4.1. Merkmale, Einteilung, Kenngrößen	135
	5.4.2. Wegeventile	136
	5.4.3. Druckventile	154
	5.4.4. Stromventile	163
	5.4.5. Sperrventile — Rückschlagventile	168
	5.4.6. Ventilkombinationen — Verkettungssysteme	173
5.5.	Hydraulikzubehör	174
	5.5.1. Zuordnung	174
	5.5.2. Hydraulikfluidbehälter	175

	5.5.3. Hydraulikdruckspeicher	177
	5.5.4. Hydraulikfilter	179
	5.5.5. Leitungen und Verbindungselemente in der Hydraulik	181
5.6.	Hydraulische Anlagen	189
	5.6.1. Merkmale	189
	5.6.2. Arten und Aufbau	189
	5.6.3. Schaltpläne	190
	5.6.4. Hydraulikaggregate	198
6.	**Pneumatische Geräte und Anlagen**	202
6.1.	Grundbegriffe, Druckbereiche, Einteilung der Geräte	202
6.2.	Geräte und Anlagen zur Drucklufterzeugung und Aufbereitung	203
	6.2.1. Drucklufterzeuger — Verdichter	203
	6.2.2. Druckluftspeicher	205
	6.2.3. Druckluftaufbereitungsgeräte	205
6.3.	Druckluftverbraucher — Pneumatikmotoren	207
	6.3.1. Merkmale	207
	6.3.2. Pneumatikmotoren mit rotierender Abtriebsbewegung	207
	6.3.3. Pneumatikzylinder	207
6.4.	Steuer- und Regelgeräte — Pneumatikventile	211
	6.4.1. Merkmale, Einteilung, Kenngrößen	211
	6.4.2. Wegeventile	213
	6.4.3. Druckventile	216
	6.4.4. Stromventile	216
	6.4.5. Sperrventile	217

Sachwörterverzeichnis 220

1. Grundlagen der Hydraulik und Pneumatik

1.1. Volkswirtschaftliche Bedeutung hydraulisch und pneumatisch wirkender Anlagen für die Mechanisierung und Automatisierung

Der Einsatz hydraulisch und pneumatisch wirkender Anlagen reicht von der Kleinmechanisierung körperlich anstrengender Arbeitsgänge über die Mechanisierung und Teilautomatisierung bis hin zur Automatisierung ganzer Produktionsabläufe. Das gilt für die Neuentwicklung wie auch für die Rekonstruktion und Modernisierung vorhandener Maschinen und Anlagen. Die Anwendung der Hydraulik und der Pneumatik trägt wesentlich zur Erhöhung der Arbeitsproduktivität bei. Sie bieten gute Voraussetzungen, den Arbeits- und Gesundheitsschutz zu verbessern, die Arbeitskultur zu erhöhen und die Effekte der Rationalisierung in allen Zweigen der Volkswirtschaft zu verstärken.

Einen einfachen und sicheren Aufbau gestatten standardisierte Bauelemente, Bauteile und Baugruppen nach dem Baukastenprinzip. Sie helfen gleichzeitig, Konstruktionskosten zu sparen, die Herstellungszeiten zu verkürzen und die Herstellungskosten zu senken.

Einfache Mittel und Methoden können die Einsatzdauer hydraulisch und pneumatisch wirkender Anlagen verlängern und zu ihrer ständigen Betriebsbereitschaft beitragen sowie einen ökonomischen Einsatz gewährleisten.

Flüssige Druckübertragungsmittel (Hydraulikfluids) sind heute in hydraulisch wirkenden Einrichtungen und Anlagen in allen Bereichen der Industrie, der Landwirtschaft, des Bau- und Transportwesens sowie des Militärwesens verbreitet. Moderne Werkzeugmaschinen sind mit hydraulischen Antrieben und Steuerungen ausgerüstet, die Geschwindigkeiten stufenlos ändern, geradlinige oder kreisförmige Bewegungen steuern sowie Vorschübe feinstufig und mit hoher Gleichmäßigkeit einstellen. Sie gestatten den Aufbau von Folgesteuerungen und Programmsteuerungen, die selbsttätig die Vorgänge an diesen Maschinen ausführen, wie Ein- und Ausspannen der Werkstücke, Ein- und Ausschalten der Kupplungen, Anstellen des Werkzeuges, Vorschubbetätigung und Rücklauf des Werkzeugschlittens sowie Einlegen und Ablegen der Werkstücke.

Heute werden Hydraulikelemente mehr und mehr zum Kennzeichen der Entwicklung des Werkzeugmaschinenbaus (Bild 1.1.1).

Hydraulische Antriebe und Steuerungen sind etwa seit 1950 weit verbreitet an Verarbeitungsmaschinen, Walzwerken, Bohrmaschinen im Bergbau, Fördermaschinen, Baggern und Kippladern; als Hubmittel und Hebezeuge, z. B. im Schiffshebewerk, in Hubwagen, auf Fahrzeugen, an Bau- und Landmaschinen, in der Pionier- und Waffentechnik; als hydraulische Ruderbetätigung auf Schiffen oder zur Ausführung der Steuerbewegung an Flugzeugen;

Bild 1.1.1. Taktstraße zur automatischen Bearbeitung von Elektromotorengehäusen

als Hilfsmittel zum Schalten von Getrieben und Kupplungen in Kraft- und Schienenfahrzeugen sowie auf Schiffen; als Antrieb für Schleusen an Schachtöfen oder Klappen- und Siloverschlüssen von automatischen Betonmischtürmen.
Hydraulikfluids finden auch als Wirkungsmedium in Fertigungsprozessen Anwendung, so z. B. beim Wasserstrahltrennen von Textilien, oder als Transportmittel in hydraulischen Förderprozessen.

Bild 1.1.2. Pneumatische Zuführeinrichtungen eines verketteten Maschinensystems für die automatische Bearbeitung der Elektromotorenläufer

Gasförmige Druckübertragungsmittel (Pneumatikfluids) können sowohl in der Antriebs- als auch in der Steuerungstechnik und in der Meßtechnik eingesetzt werden. Sie erweitern damit die Einsatzmöglichkeiten gegenüber denen, die für Hydraulikfluids bekannt sind. Neben ihrem Einsatz in der Antriebs- und Steuerungstechnik haben gasförmige Druckübertragungsmittel große Bedeutung für die pneumatische Förderung flüssiger, körniger, staub- und faserförmiger Stoffe und damit für die Rationalisierung technologischer Prozesse.

Mit Pneumatikfluids können in Produktionsbetrieben viele, meist einfache Aufgaben vorteilhaft gelöst werden, z. B. Transportbewegungen von Werkstücken durch Heben, Absenken, Kippen, Schwenken, Zu- und Abführen, Spannen von Werkstücken, Öffnen und Schließen von Türen, Klappen und Ventilen (Bild 1.1.2).

Zum Antrieb von Werkzeugen findet vielfach Druckluft Verwendung, z. B. in Bohr- und Abbauhämmern, Rammen, Gleisunterhaltungsgeräten, in Nietmaschinen, Vibratoren und Spritzpistolen. Als Fluid in Bremsen und Bewegungsdämpfern wird ebenfalls Druckluft eingesetzt.

In der Militärtechnik dienen gasförmige Fluids zum Antrieb von Geschossen in fast allen Waffensystemen und als Gasdrucklader in Schnellfeuerwaffen. Die Anlaß- und Starthilfen für Fahrzeuge, Schiffe und Flugzeuge werden mit Druckluft betrieben.

In der Automatisierungstechnik werden pneumatisch wirkende Geräte mehr und mehr eingesetzt. Weitere Anwendungsgebiete sind die Informationserfassung und -verarbeitung (Bild 1.1.3). Um die Vorteile gasförmiger und die flüssiger Fluids zu nutzen, werden pneumohydraulisch wirkende Anlagen angewendet.

Bild 1.1.3. Pneumatische Meßsteuerung an einer Bearbeitungseinheit nach Bild 1.1.1

1.2. Begriffsbestimmungen zur Hydraulik

Die Wortbildung Hydraulik wurde von „hydro", der altgriechischen Wortbedeutung für Wasser, abgeleitet.

> Unter Hydraulik versteht man die Anwendung der Hydromechanik in der Technik, insbesondere bei der Fortleitung und Umformung von Kräften und Bewegungen mittels Flüssigkeiten.

In der maschinenbautechnischen Bedeutung umfaßt die Hydraulik alle hydraulisch wirkenden Einrichtungen und Anlagen, sowohl die Teile als auch die selbständigen Einheiten (Bild 1.2.1).

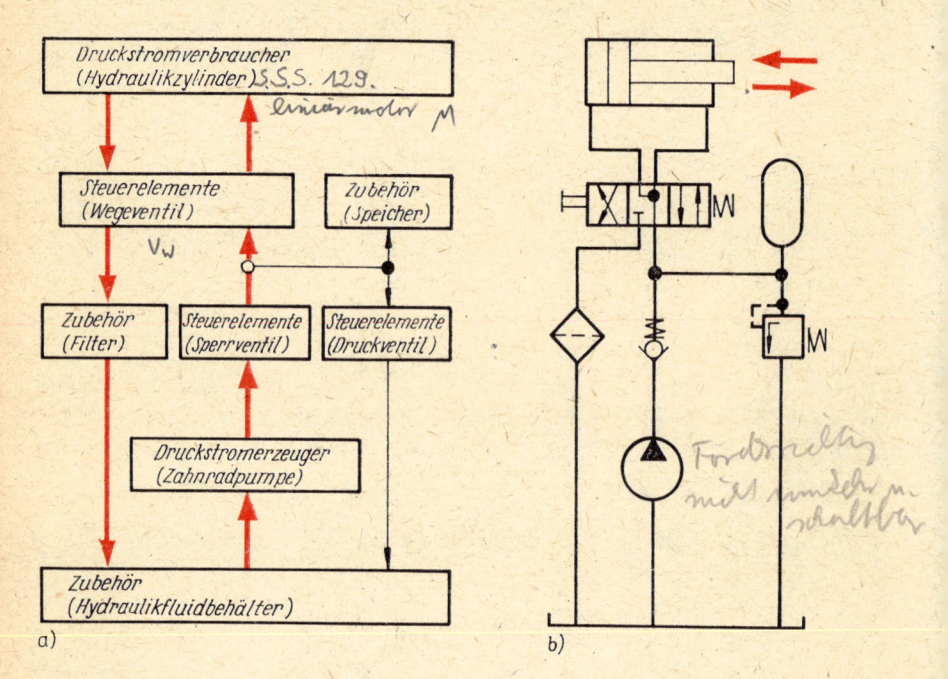

Bild 1.2.1. Schematische Darstellung einer hydraulisch wirkenden Anlage
a) Blockdarstellung; b) Schaltplan mit Symbolen

Die Hydromechanik ist die Wissenschaft vom physikalischen Verhalten der Flüssigkeiten. Sie wird unterteilt in die Hydrostatik und die Hydrodynamik.
Die Hydrostatik ist die Lehre vom Gleichgewicht ruhender Flüssigkeiten unter der Einwirkung von Kräften. Die Hydrodynamik ist die Lehre von der Strömungsbewegung von Flüssigkeiten und anderen inkompressiblen (nicht zusammendrückbaren) Medien.
Hydraulische Antriebe bezeichnet fachsprachlich die in energiewirksamen Prozessen eingesetzte Hydraulik; hydraulische Steuerungen umschreibt die Hydraulik in informationsverarbeitenden Prozessen.
Die schematische Darstellung von hydraulisch wirkenden Einrichtungen und Anlagen erfolgt in Blockdarstellungen und in Schaltplänen mit Grundsym-

bolen, erweiterten Symbolen und Symbolkombinationen nach TGL 8672. Ihre technische Darstellung wird nach den Prinzipien technischer Zeichnungen vorgenommen.

1.3. Begriffsbestimmungen zur Pneumatik

Die Wortbildung Pneumatik wurde von „pneuma", der altgriechischen Wortbedeutung für Luft (auch Atem, Hauch, Gas), abgeleitet. Sie wird vielfach im Wortgebrauch mit Aeromechanik gleichgesetzt. Gleichbedeutend sind in der Regel auch die Wortverbindungen mit Aero... und Pneu... oder Pneumo... im Sinne von Luft... und Luftdruck...

> Unter Pneumatik versteht man die Anwendung der Aeromechanik in der Technik, insbesondere bei der Fortleitung und Umformung von Kräften und Bewegungen mittels Gasen.

In der maschinenbautechnischen Bedeutung umfaßt die Pneumatik alle pneumatisch wirkenden Einrichtungen und Anlagen, sowohl die Teile als auch die selbständigen Einheiten. Im weitesten Sinn schließt sie die pneumatischen Transportprozesse und die Klimatisierung mit ein (Bild 1.3.1).
Die Aeromechanik ist die Wissenschaft vom physikalischen Verhalten der Gase. Sie wird unterteilt in Aerostatik und Aerodynamik.
Die Aerostatik ist die Lehre von den Gleichgewichtsgesetzen der Gase. Die

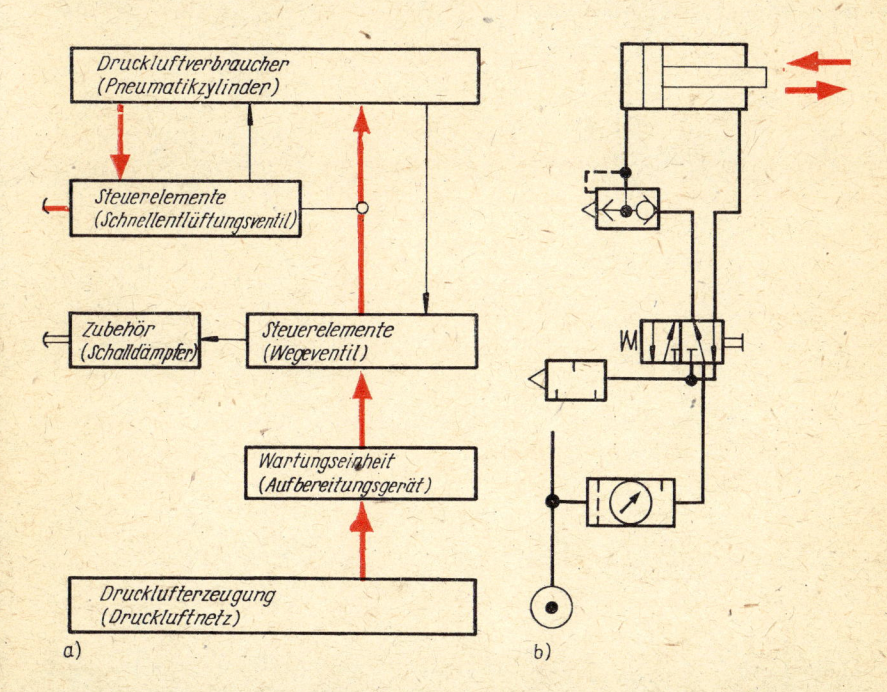

Bild 1.3.1. Schematische Darstellung einer pneumatisch wirkenden Anlage
a) Blockdarstellung; b) Schaltplan mit Symbolen

Aerodynamik ist die Lehre von den Bewegungsgesetzen strömender Gase und anderer kompressibler (zusammendrückbarer) Medien.

Die in energiewirksamen Prozessen eingesetzte Pneumatik wird fachsprachlich als pneumatische Antriebe bezeichnet. Die Pneumatik in informationsverarbeitenden Prozessen erfaßt der Fachausdruck „pneumatische Steuerungen".

Die schematische Darstellung von pneumatisch wirkenden Einrichtungen und Anlagen erfolgt in Schaltplänen mit Grundsymbolen, erweiterten Symbolen und Symbolkombinationen ebenfalls nach TGL 8672. Ihre technische Darstellung wird nach den Prinzipien technischer Zeichnungen vorgenommen.

1.4. Physikalische Grundgesetze der Hydraulik und Pneumatik

1.4.1. Fortleitung von Druckkräften

Die Fortleitung von Druckkräften ist möglich

- in starren festen Körpern, z. B. Schubgestängen,
- mittels flüssiger und gasförmiger Stoffe in besonderen druckfesten Gefäßsystemen, z. B. geschlossenen Rohrleitungen und Zylindern (Bild 1.4.1).

> **Bei der Kraftübertragung mit flüssigen und mit gasförmigen Stoffen als Fluid wird eine Druckkraft in einen statischen Fluiddruck umgesetzt, der sich allseitig in dem Gefäßsystem fortsetzt.**

Mit Hilfe geeigneter Wirkungspaare, z. B. Fluid/Kolben und Zylinder, kann der Druck im Fluid durch eine Druckkraft erzeugt und ebenso in eine gerichtete Druckkraft umgeformt werden (Bild 1.4.1b und c). Die Druckkraftwir-

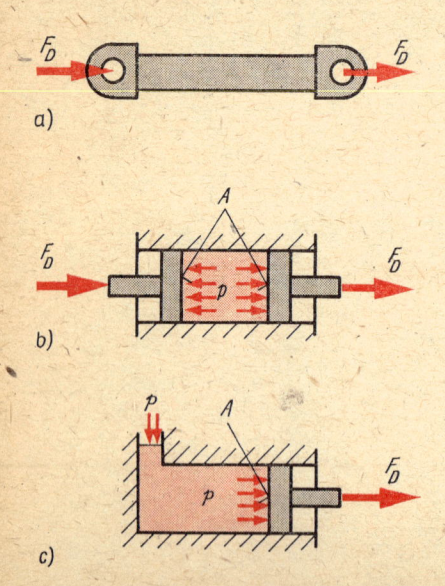

Bild 1.4.1. Fortleitung von Druckkräften

a) mit Schubgestänge; b) mit Kolbenpaar und Fluid im feststehenden Zylinder; c) durch Umsetzung eines Fluiddruckes in Druckkraft mittels Kolbens und Zylinders

F_D Druckkraft; p hydrostatischer Druck; A Kolbenfläche

kung des Fluids ist proportional dem Fluiddruck und der Wirkungsfläche, z. B. der Kolbenfläche.

$$F_D = A \cdot p \tag{1.1}$$

F_D Druckkraft
A Kolbenfläche
p Druck

Beispiel

Die Kolbenfläche eines Hydraulikzylinders ist zu berechnen, der in einer Hydraulikanlage mit einem Nenndruck p_n 6,3 (Betriebsdruck bis 6,3 MPa) arbeiten und eine Druckkraft von mindestens 25 000 N aufbringen soll!

Gegeben: Druckkraft $F_D \geq 25 000$ N
Betriebsdruck $p \leq 6{,}3$ MPa $= 6{,}3 \cdot 10^6$ N $\cdot$ m^{-2} $= 6{,}3$ N $\cdot$ mm^{-2}

Gesucht: Kolbenfläche des Hydraulikzylinders $A = $?

Lösung: $A \geq \dfrac{F_D}{p}$; $\quad A = \dfrac{25 \cdot 10^3 \text{ N}}{6{,}3 \text{ N} \cdot \text{mm}^{-2}}$

$A \geq 3968$ mm²

Ergebnis: Die Kolbenfläche des Hydraulikzylinders muß mindestens 4000 mm² betragen.

1.4.2. Arbeit und Leistung

> Wirkt die von einem statischen Druck auf der Wirkungsfläche erzeugte Druckkraft längs eines Weges, z. B. eines Kolbenhubes, so wird eine Arbeit verrichtet. Sie ist proportional der Druckkraft und dem von ihr zurückgelegten Weg.

$$W = F_D \cdot s \tag{1.2}$$

W Arbeit
F_D Druckkraft
s Weg

Das mit statischem Druck wirkende Volumen des Fluids nimmt den durch den Weg und die Wirkungsfläche gebildeten Raum ein. Die verrichtete Arbeit ist demnach dem Volumen und dem statischen Druck des Fluids proportional.

$$W = V \cdot p \tag{1.3}$$

W Arbeit
V Volumen
p Druck

Die in der Zeiteinheit verrichtete Arbeit ist die Leistung. Sie ist dem Volumenstrom und dem statischen Druck des Fluids proportional.

$$P = Q \cdot p \tag{1.4}$$

P Leistung
Q Volumenstrom
p Druck

Der Volumenstrom des Fluids füllt mit der Durchflußgeschwindigkeit das Volumen des Raumes, den der Weg mit der Wirkungsfläche bildet und worin der statische Druck des Fluids wirkt. Die dabei erzielte Leistung ist der Wirkungsfläche, der Durchflußgeschwindigkeit und dem statischen Druck des Fluids proportional.

$$P = A \cdot v \cdot p \tag{1.5}$$

P Leistung
A Wirkungsfläche
v Durchflußgeschwindigkeit
p Druck

1. Beispiel

In welcher Größenordnung liegt die Kraft, die in einem Rohrleitungsquerschnitt, nicht größer als 200 mm², bei einem Betriebsdruck von 6,3 MPa wirkt?

Gegeben: Rohrleitungsquerschnitt $A \leq 200 \text{ mm}^2$
Druck $p = 6{,}3 \text{ MPa} = 6{,}3 \cdot 10^6 \text{ N} \cdot \text{m}^{-2} = 6{,}3 \text{ N} \cdot \text{mm}^{-2}$

Gesucht: Druckkraft $F_D \leq$?

Lösung: $F_D \leq A \cdot p$; $F_D \leq 200 \text{ mm}^2 \cdot 6{,}3 \text{ N} \cdot \text{mm}^{-2}$
$F_D \leq 1260 \text{ N}$

Ergebnis: In dem Rohrleitungsquerschnitt kann eine Druckkraft bis zu 1260 N wirken.

2. Beispiel

Mit welcher Durchflußgeschwindigkeit strömt eine Hydraulikflüssigkeit (Verluste unberücksichtigt) in einer Rohrleitung mit 2 cm² Querschnittsfläche bei einem Betriebsdruck von 6 MPa und einer Anlagenleistung von 1 kW?

Gegeben: Rohrleitungsquerschnitt $A = 2 \text{ cm}^2 = 2 \cdot 10^{-4} \text{ m}^2$
Druck $p = 6 \text{ MPa} = 6 \cdot 10^6 \text{ N} \cdot \text{m}^{-2}$
Leistung $P = 1 \text{ kW} = 1000 \text{ N} \cdot \text{m} \cdot \text{s}^{-1}$

Gesucht: Durchflußgeschwindigkeit $v_R = $?

Lösung: $v_R = \dfrac{P}{A \cdot p}$; $v_R = \dfrac{10^3 \text{ N} \cdot \text{m} \cdot \text{s}^{-1}}{2 \cdot 10^{-4} \text{ m}^2 \cdot 6 \cdot 10^6 \text{ N} \cdot \text{m}^{-2}}$

$v_R = 0{,}83 \text{ m} \cdot \text{s}^{-1}$

Ergebnis: Die Hydraulikflüssigkeit strömt mit einer Geschwindigkeit von 0,83 m · s⁻¹ in dieser Rohrleitung.

1.4.3. Geschwindigkeits-, Kraft- und Druckumformung

> Ändern sich bei gleichbleibendem Volumenstrom längs einer Durchflußstrecke die Durchflußquerschnitte, dann ändern sich dazu umgekehrt proportional die Durchflußgeschwindigkeiten.

Diese Gesetzmäßigkeit kann zur mathematischen Beschreibung der Umformung von Geschwindigkeiten genutzt werden. Die Beziehung wird Kontinuitätsgleichung genannt (Bild 1.4.2).

$$Q = A_1 \cdot v_1 = A_2 \cdot v_2 \tag{1.6}$$

Q Volumenstrom
$A_{1;2}$ Durchflußquerschnitte
$v_{1;2}$ Durchflußgeschwindigkeiten

> Bei gleichbleibendem Volumenstrom und gleichbleibendem statischem Druck des Fluids sind die Druckkräfte den Wirkungsflächen proportional.

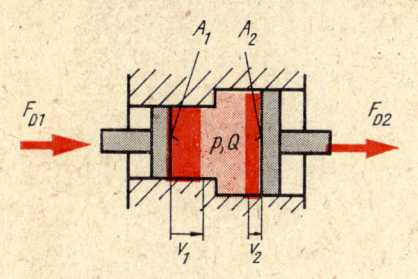

Bild 1.4.2. Umformung der Kräfte und der Geschwindigkeiten in Abhängigkeit von den Wirkungsflächen bei gleichbleibendem statischem Druck und gleichbleibendem Volumenstrom

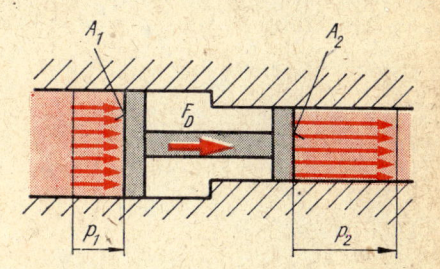

Bild 1.4.3. Druckumformung in Abhängigkeit von den Wirkungsflächen bei gleichbleibender Druckkraft

Diese Gesetzmäßigkeit dient zur formelmäßigen Beschreibung der Umformung von Kräften.

$$p = \frac{F_{D1}}{A_1} = \frac{F_{D2}}{A_2} \tag{1.7}$$

p Druck
$F_{D1;2}$ Druckkräfte
$A_{1;2}$ Wirkungsflächen

> Bei der Fortleitung der Druckkraft über ein Schubgestänge von einer Kolbenfläche auf eine andere in entsprechenden Zylindern sind die Wirkungsflächen und die statischen Drücke einander umgekehrt proportional.

Diese Gesetzmäßigkeit ermöglicht das Berechnen der Umformung von statischen Drücken (Bild 1.4.3).

$$F_D = p_1 \cdot A_1 = p_2 \cdot A_2 \qquad (1.8)$$

F_D Druckkraft
$p_{1;2}$ Drücke
$A_{1;2}$ Wirkungsflächen

Über die Verhältnisse der Druckkräfte, Geschwindigkeiten und statischen Drücke in Abhängigkeit von den Wirkungsflächen oder Durchflußflächenverhältnissen lassen sich bei gleichbleibenden Leistungen und gleichbleibenden Volumenströmen alle physikalischen Kenngrößen für die Fortleitung und die Umformung von Kräften und Bewegungen mathematisch bestimmen. Zu berücksichtigen sind jedoch die stoffspezifischen Einflüsse auf das Fluid, die durch Druck, Temperatur und Geschwindigkeit hervorgerufen werden.

1. Beispiel

Welche Durchflußgeschwindigkeit erreicht ein Volumenstrom in einer Zuleitung zu einem Hydraulikzylinder? Die Nennweite der Rohrleitung beträgt 20 mm (NW 20), der Kolbendurchmesser des Hydraulikzylinders 40 mm und die Hubgeschwindigkeit des Kolbens 120 mm · s^{-1}.

Gegeben: Nennweite $d_R = 20$ mm
            Kolbendurchmesser $d_K = 40$ mm
            Hubgeschwindigkeit $v_K = 120$ mm · s^{-1}

Gesucht: Durchflußgeschwindigkeit $v_R = ?$

Lösung: $v_R = v_K \cdot \dfrac{A_K}{A_R}; \quad v_R = \dfrac{120 \text{ mm} \cdot \text{s}^{-1} \cdot 1256 \text{ mm}^2}{314 \text{ mm}^2}$

         $v_R = 0{,}48$ m · s^{-1}

Ergebnis: Der Volumenstrom erreicht eine Durchflußgeschwindigkeit von 0,48 m · s^{-1}.

2. Beispiel

Wie groß ist die Last, die mit einem einfachen hydraulischen Wagenheber (Schema im Bild 1.6.2) angehoben werden kann? Die von Hand aufgebrachte Vortriebskraft am Kolben der Handkolbenpumpe beträgt 350 N, der Kolben hat einen Durchmesser von 10 mm und taucht 100 mm in den Pumpenraum ein. Der Hydraulikzylinder hat einen Durchmesser von 120 mm.

Gegeben: Kolbendurchmesser $d_{K1} = 10$ mm
            Druckkraft $F_{D1} = 350$ N
            Durchmesser des Hydraulikzylinders $d_{K2} = 120$ mm

Gesucht: Druckkraft $F_{D2} = ?$

Lösung: $F_{D2} = F_{D1} \cdot \dfrac{A_2}{A_1}; \quad F_{D2} = \dfrac{350 \text{ N} \cdot 11\,309 \text{ mm}^2}{78{,}5 \text{ mm}^2}$

         $F_{D2} = 50\,422$ N

Ergebnis: Der Wagenheber kann eine Last von 50 422 N heben.

1.4.4. Physikalische Eigenschaften der Druckübertragungsmittel (Fluids)

Zusammendrückbarkeit

Alle Körper sind elastisch und lassen sich mehr oder weniger zusammendrücken. Flüssigkeiten sind elastischer als feste Körper und gasförmige Stoffe wesentlich elastischer als Flüssigkeiten. Die Kenngröße dieses stoffspezifischen Verhaltens wird als Elastizitätsmodul E bezeichnet (Tafel 1.4.1).

Tafel 1.4.1. *Elastizitätsmoduln einiger Stoffe*

Stoff	Elastizitätsmodul $N \cdot mm^{-2}$
Stahl	$2,3 \cdot 10^{11}$
Aluminium	$7,0 \cdot 10^{10}$
Quecksilber	$3,3 \cdot 10^{10}$
Glyzerin	$4,5 \cdot 10^{9}$
Wasser	$2,3 \cdot 10^{9}$
Hydrauliköl	$1,6 \cdot 10^{9}$
Terpentin	$1,3 \cdot 10^{9}$
Äthanol	$8,8 \cdot 10^{8}$
Azeton	$7,9 \cdot 10^{8}$

> **Flüssigkeiten, z. B. Wasser oder Hydrauliköle, werden im allgemeinen als nicht zusammendrückbar (inkompressibel) angenommen.**

Beim Berechnen der Gleichförmigkeit einer Arbeitsbewegung und bei Druckstößen ist die Zusammendrückbarkeit zu berücksichtigen.
Die Volumenänderung unter Druckeinwirkung wird mit einer Preßziffer (Kompressibilitätsfaktor) als stoffspezifische Kennziffer berechnet. Die Preßziffer einer Flüssigkeit wächst mit der Zunahme von Gaseinschlüssen. Sie ist der Reziprokwert des Elastizitätsmoduls.

$$\beta_p = \frac{1}{E} \tag{1.9}$$

β_p Preßziffer
E Elastizitätsmodul

Die druckabhängige Volumenänderung entspricht der Differenz von Ausgangsvolumen bei Ausgangsdruck und Endvolumen bei Enddruck.

$$\Delta V_p = V_1 - V_2 \tag{1.10}$$

$$\Delta V_p = \beta_p \cdot V_1 (p_2 - p_1) \tag{1.11}$$

ΔV_p Volumenänderung unter Druckeinwirkung
$V_{1;2}$ Volumina
β_p Preßziffer
$p_{1;2}$ Drücke

Temperaturabhängige Volumenänderung

> Flüssigkeiten, z. B. Wasser oder Hydrauliköle, ändern ihr Volumen in Abhängigkeit von Temperaturänderungen.

Die temperaturabhängige Volumenänderung entspricht der Differenz von Ausgangsvolumen bei der Ausgangstemperatur und Endvolumen bei Endtemperatur.

$$\Delta V_T = V_1 - V_2 \qquad (1.12)$$

$$\Delta V_T = \beta_T \cdot V_1 (T_1 - T_2) \qquad (1.13)$$

ΔV_T temperaturabhängige Volumenänderung
β_T Volumenausdehnungskoeffizient
$V_{1;2}$ Volumina
$U_{1;2}$ Temperaturen

Der Volumenausdehnungskoeffizient ist stoffspezifisch. Für Hydrauliköle beträgt $\beta_T = 0{,}00063 \cdots 0{,}0007 \text{ K}^{-1}$.

Dichteänderungen der Flüssigkeiten

> Mit dem Begriff Dichte wird die Masse je Volumeneinheit bezeichnet. Die Dichte von Flüssigkeiten ist eine temperatur- und druckabhängige stoffspezifische Kenngröße.

Die Änderung der Dichte kann in Verbindung des Volumenausdehnungskoeffizienten mit der Temperatur und in Verbindung der Preßziffer mit dem Druck berechnet werden. Die Bezugszustände sind dabei meist $T_1 = 293$ K ($\triangleq 20$ °C) und $p_1 = 0{,}1$ MPa.

$$\varrho_{T2} = \varrho_{T1}[1 - \beta_T (T_2 - T_1)] \qquad (1.14)$$

$$\varrho_{p2} = \varrho_{p1}(1 + \beta_p \cdot p_2) \qquad (1.15)$$

$\varrho_{T1;2}$ Dichte bei Temperatur T_1; T_2
$\varrho_{p1;2}$ Dichte bei Druck $p_{1;2}$
$T_{1;2}$ Temperaturen
$p_{1;2}$ Drücke

Zustandsgrößen der Gase

> Der Zustand eines gasförmigen Fluids wird durch die Größen Volumen, (absolute) Temperatur und (absoluter) Gasdruck beschrieben.

Die Masse und das Volumen stehen über die Dichte miteinander in Beziehung. Der Reziprokwert der Dichte wird als das spezifische Volumen des Fluids bezeichnet.

$$\frac{V}{m} = \frac{1}{\varrho} = v \qquad (1.16)$$

V Volumen
m Masse
ϱ Dichte
v spezifisches Volumen

T, v, p sind die thermischen Zustandsgrößen gasförmiger Fluids und kennzeichnen deren Energieinhalt.

Zustandsänderungen der Gase

> Durch Zustandsänderungen verändern sich die Werte für die Zustandsgrößen gesetzmäßig in Abhängigkeit voneinander.

Die Abhängigkeiten werden durch die Zustandsgleichungen mathematisch dargestellt:

- Bleibt der Druck konstant, dann verhalten sich die Volumina wie die entsprechenden Temperaturen (isobare Zustandsänderung).

$$\frac{v_1}{v_2} = \frac{T_1}{T_2} \quad \text{bei } p = \text{konst.} \qquad (1.17)$$

$v_{1;2}$ spezifische Volumina
$T_{1;2}$ Temperaturen

- Verläuft die Zustandsänderung bei konstanter Temperatur, dann verhalten sich die Volumina reziprok proportional den Drücken (isotherme Zustandsänderung).

$$\frac{v_1}{v_2} = \frac{p_2}{p_1} \quad \text{bei } T = \text{konst.} \qquad (1.18)$$

$v_{1;2}$ spezifische Volumina
$p_{1;2}$ Drücke

- Bei unverändertem Volumen besteht zwischen den Drücken und den Temperaturen direkte Proportionalität (isochore Zustandsänderung).

$$\frac{p_1}{p_2} = \frac{T_1}{T_2} \quad \text{bei } v = \text{konst.} \qquad (1.19)$$

$p_{1;2}$ Drücke
$T_{1;2}$ Temperaturen

Die Zustandsgleichungen lassen sich zu einer speziellen Zustandsgleichung zusammenfassen, in der R die stoffspezifische Gaskonstante ist. Für Luft beträgt $R_{\text{Luft}} = 287{,}04 \text{ J} \cdot \text{kmol}^{-1} \cdot \text{K}^{-1}$.

$$R = \frac{p \cdot v}{T} \qquad (1.20)$$

$$R = \frac{p \cdot V}{m \cdot T} \qquad (1.21)$$

R spezifische Gaskonstante v spezifisches Volumen V Volumen
p Druck m Masse T Temperatur

Für die Zustandsänderungen, die ohne Wärmeübertragung mit der Umwelt ablaufen und bei denen sich Druck und Volumen des gasförmigen Arbeitsmediums auf Kosten der inneren Energie verändern (adiabatische oder isotrope Zustandsänderungen), gilt, ebenso wie für alle anderen Zustandsänderungen, die Polytropengleichung.

$$\frac{p_2}{p_1} = \left(\frac{v_1}{v_2}\right)^n \tag{1.22}$$

$p_{1;2}$ Drücke
$v_{1;2}$ spezifische Volumina
n Polytropenexponent

Der Polytropenexponent ist für die isotrope Zustandsänderung eine stoffspezifische Konstante und stets $n > 1$.

$$p \cdot v^n = \text{konst.} \tag{1.23}$$

Für Luft beträgt $n = 1{,}4$. Für die isobare Zustandsänderung wird $n = 0$, für die isotherme Zustandsänderung $n = 1$.

Temperaturabhängigkeit der Zähigkeit (Viskosität)

> Die einer Flüssigkeitsbewegung im Innern entgegenwirkende Reibung infolge von Kraftwirkungen zwischen den Molekülen wird als innere Reibung, Zähigkeit oder Viskosität bezeichnet.

Die Verhältnisse dieser Kraftwirkungen sind stoffspezifisch und werden durch die dynamische Zähigkeit gekennzeichnet. Diese für technische Bewegungsvorgänge wichtige Kenngröße ergibt sich durch den Bezug auf die Dichte, der als kinematische Zähigkeit bezeichnet wird. Die SI-Einheit der kinematischen Zähigkeit ist $m^2 \cdot s^{-1}$, in der Praxis wird jedoch noch häufig das Stokes St oder Centistokes cSt angewendet: $1\,\text{St} = 100\,\text{cSt} = 100\,\text{mm}^2 \cdot \text{s}^{-1}$.

$$\nu = \frac{\eta}{\varrho} \tag{1.24}$$

ν kinematische Zähigkeit
η dynamische Zähigkeit
ϱ Dichte

Die Zähigkeit nimmt mit steigender Temperatur stark ab. Es ist üblich, als Kenngröße für Hydrauliköl die kinematische Zähigkeit, auf 323 K (+50 °C) bezogen, als Nennviskosität ν_n anzugeben. Für Hydrauliköle mit einer Nennviskosität $< 70\,\text{mm}^2 \cdot \text{s}^{-1}$ folgt die temperaturabhängige Zähigkeit zwischen 30 °C und 150 °C einer Näherungsgleichung. Der Exponent n hängt stoffspezifisch von der Ölsorte ab.

$$\nu_T = \nu_n \left(\frac{50}{T - 273}\right)^n \qquad \begin{array}{c|c|c} \nu & T & n \\ \hline \text{mm}^2 \cdot \text{s}^{-1} & \text{K} & — \end{array} \tag{1.25}$$

ν_T kinematische Zähigkeit bei Temperatur T
n Exponent der Ölsorte

Druckabhängigkeit der Zähigkeit

> Mit zunehmendem Druck steigt die Zähigkeit exponentiell an. Der Exponent hängt von der Art des Fluids ab und nimmt mit zunehmendem Druck ab.

Vereinfachend kann für Hydrauliköle bis zu einem Druck von 50 MPa mit einer Näherungsgleichung gerechnet werden.

$$\boxed{\nu_p = (1 + 0{,}003\, p)\, \nu_n} \qquad (1.26)$$

ν_p kinematische Zähigkeit bei Druck p
ν_n Nennviskosität

Druck in strömenden Medien

> Über einen beliebigen Durchflußquerschnitt des strömenden Arbeitsmediums herrscht ein Gesamtdruck. Er setzt sich aus dem statischen Druck und dem dynamischen Druck zusammen.

Gesamtdruck

$$\boxed{p_{ges} = p_{stat} + p_{dyn}} \qquad (1.27)$$

p_{ges} Gesamtdruck
p_{stat} statischer Druck
p_{dyn} dynamischer Druck

Statischer Druck

Er wird durch die Einwirkung äußerer Kräfte bedingt. Dazu gehört auch die Schwere der Masse, die den Schweredruck erzeugt. Da die Höhenunterschiede in hydraulischen Anlagen meist weniger als 2 m betragen, kann der Druck infolge der Schwere des Fluids vernachlässigt werden.

Dynamischer Druck

Er wird von der Geschwindigkeitsenergie des strömenden Fluids erzeugt und ist der Dichte und dem Quadrat der Geschwindigkeit proportional. In hydrostatisch wirkenden Anlagen ist die Durchflußgeschwindigkeit des Fluids klein ($v < 20\ \text{m}\cdot\text{s}^{-1}$). Der Anteil des dynamischen Druckes liegt deshalb meist unter 3% des Gesamtdruckes. In hydrodynamisch wirkenden Anlagen überwiegt der Anteil des dynamischen Druckes am Gesamtdruck.

$$\boxed{p_{dyn} = \frac{\varrho}{2} \cdot v^2} \qquad (1.28)$$

p_{dyn} dynamischer Druck
ϱ Dichte
v Geschwindigkeit

Geschwindigkeit des strömenden Fluids

> Treten in einer Leitung an zwei Stellen unterschiedliche Drücke $p_1 > p_2$ auf, dann verschiebt die Druckdifferenz infolge ihrer Kraftwirkung das Fluid mit einer Geschwindigkeit v. Die Druckdifferenz entspricht als Wirkungsdruck dem dynamischen Druck.

$$\Delta p = p_1 - p_2 \tag{1.29}$$

$$\boxed{v = \sqrt{\frac{2 \cdot \Delta p}{\varrho}}} \tag{1.30}$$

Δp Druckdifferenz
$p_{1;2}$ Drücke
ϱ Dichte

In Abhängigkeit von der Geschwindigkeit und der kinematischen Zähigkeit bildet das durch eine Leitung strömende Fluid unterschiedliche *Geschwindigkeitsprofile* aus. Ihr Verlauf kennzeichnet die Strömungszustände laminar (glatt) und turbulent (verwirbelt) (Bild 1.4.4).

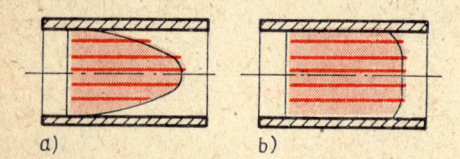

Bild 1.4.4. Geschwindigkeitsprofile im geraden Rohr
a) laminarer; b) turbulenter Strömungszustand

Der Übergang von einer laminaren Strömung in eine turbulente erfolgt bei einer Reynoldszahl $Re > 2300$. Die Reynoldszahl kennzeichnet das Verhältnis von Trägheitskraft zu Zähigkeitskraft eines strömenden Fluids.

$$\boxed{Re = \frac{v \cdot d}{\nu}} \tag{1.31}$$

Re   Reynoldszahl d Durchmesser
v Geschwindigkeit ν kinematische Zähigkeit

Druckverluste

Der Strömungszustand hat einen wesentlichen Einfluß auf die Druckverluste des strömenden Fluids.

> Die Druckverluste in einer Rohrleitung mit dem Durchmesser d und der Länge l bei einer Durchflußgeschwindigkeit v eines Fluids mit der Dichte ϱ werden vom Reibungsbeiwert λ bestimmt.

Der Reibungsbeiwert einer laminaren Strömung ist der Reynoldszahl umgekehrt proportional. Für eine turbulente Strömung hängt der Reibungsbeiwert sowohl von der Reynoldszahl als auch von der Wandrauhigkeit der Leitung ab (Tabellenwerte).

$$\Delta p_\mathrm{v} = \lambda \cdot \frac{l \cdot \varrho \cdot v^2}{d \cdot 2} \tag{1.32}$$

$$\lambda_\mathrm{lam} = \frac{64}{\mathrm{Re}} \tag{1.33}$$

Δp_v	Druckverlust		v	Geschwindigkeit
λ	Reibungsbeiwert		ϱ	Dichte
l	Länge		Re	Reynoldszahl
d	Durchmesser			

Formstücke in einer Leitung wie Krümmer, Abzweigungen, plötzliche Erweiterungen oder Verengungen, ebenso Bauteile wie Ventile, Drosseln und Schieber verursachen Strömungswiderstände. Diese werden mit einer auf den dynamischen Druck bezogenen Widerstandszahl erfaßt (Tabellenwerte).

$$\Delta p_\mathrm{v} = \zeta \cdot \frac{\varrho \cdot v^2}{2} \tag{1.34}$$

Der Gesamtdruckverlust aller Leitungswiderstände ergibt sich aus der Summe aller Druckverluste in den Leitungsabschnitten und Bauteilen.

$$\Delta p_\mathrm{v\,ges} = \sum_{1}^{i} \Delta p_\mathrm{vi} \tag{1.35}$$

$$\Delta p_\mathrm{v\,ges} = \sum_{1}^{i} \lambda_\mathrm{i} \cdot \frac{l_\mathrm{i} \cdot \varrho \cdot v_\mathrm{i}^2}{d \cdot 2} + \sum_{1}^{i} \zeta_\mathrm{i} \cdot \frac{\varrho \cdot v_\mathrm{i}^2}{2} \tag{1.36}$$

Δp_v	Druckverlust
$\Delta p_\mathrm{v\,ges}$	Gesamtdruckverlust
Δp_vi	Druckverluste in den Leitungsabschnitten und Bauteilen
ϱ	Dichte
ζ	Widerstandszahl
l	Länge
λ	Durchmesser
d	Geschwindigkeit
v	Reibungsbeiwert

Leckverluste

In Spalten von Bauteilen oder Verbindungen von Elementen treten infolge Undichtheiten Leckverluste auf. Sie hängen von geometrischen Größen wie Spaltweite, Länge, Spaltbreite oder mittlerem Spaltdurchmesser, der Druckdifferenz und der dynamischen Zähigkeit ab.

Rechteckspalt

$$Q_\mathrm{L} = \frac{b \cdot s^3}{12 \cdot \eta \cdot l} (p_1 - p_2) \tag{1.37}$$

Ringspalt

$$Q_L = \frac{d_m \cdot \pi \cdot s^3}{12 \cdot \eta \cdot l} (p_1 - p_2) \tag{1.38}$$

Q_L	Leckverluste
b	Breite
l	Länge
d_m	mittlerer Spaltdurchmesser
s	Spaltweite
$p_{1;2}$	Drücke
η	dynamische Zähigkeit

Wirkungsgrade

Sowohl die Druck-, Leck- und Füllungsverluste als auch Reibungsverluste zwischen den bewegten Teilen verursachen Leistungsminderungen in hydraulisch und pneumatisch wirkenden Anlagen.

Die bei der Kraftübertragung entstehenden mechanischen Reibungsverluste werden durch den mechanischen Wirkungsgrad η_{mech} berücksichtigt.

$$\eta_{mech} = \frac{P_{a\,mech}}{P_{e\,mech}} \tag{1.39}$$

η_{mech}	mechanischer Wirkungsgrad
$P_{a\,mech}$	abgegebene mechanische Leistung
$P_{e\,mech}$	zugeführte mechanische Leistung

Alle im Volumenstrom auftretenden Verluste erfaßt der volumetrische Wirkungsgrad η_{vol}.

Beide Wirkungsgrade werden als Produkt im Gesamtwirkungsgrad η_{ges} der Anlage zusammengefaßt. Hydraulische Anlagen haben oftmals nur einen $\eta_{ges} = 0{,}5 \cdots 0{,}7$.

$$\eta_{ges} = \eta_{mech} \cdot \eta_{vol} \tag{1.40a}$$

η_{ges}	Gesamtwirkungsgrad
η_{mech}	mechanischer Wirkungsgrad
η_{vol}	volumetrischer Wirkungsgrad

Der Gesamtwirkungsgrad kann auch als Quotient der abgegebenen Leistung (Hubkraft mal Geschwindigkeit) zur zugeführten Leistung (Drehmoment mal Drehzahl am Motorwellenende) dargestellt werden.

$$\eta_{ges} = \frac{P_a}{P_e} \tag{1.40b}$$

η_{ges}	Wirkungsgrad
P_a	abgegebene Leistung, Ausgangsleistung
P_e	zugeführte Leistung, Eingangsleistung

Energieübertragung

Die Übertragung mechanischer Energie in Hydraulik- und Pneumatikanlagen ist gekennzeichnet durch die Umformung von Lageenergie (potentielle Energie) in Bewegungsenergie (kinematische Energie). In Flüssigkeits- oder Gasbehältern dient das unter Druck stehende Fluid als Energiespeicher [s. Gl. (1.3)]. Die gespeicherte mechanische Energie läßt sich in eine Kraftwirkung längs eines Weges umformen [s. Gl. (1.2)]. Wird ein Energiespeicher an eine Leitung angeschlossen, dann ruft der Wirkdruck im Leitungsquerschnitt eine Strömungsgeschwindigkeit des Fluids hervor [s. Gl. (1.30)].

$$v = \sqrt{\frac{2p}{\varrho}} \tag{1.41}$$

v Strömungsgeschwindigkeit
p Wirkdruck
ϱ Dichte

Die in der Zeiteinheit mit einer Geschwindigkeit ausströmende Masse des Fluids verursacht eine Schubkraft.

$$F_s = \frac{m}{t} \cdot v \tag{1.42}$$

F_s Schubkraft
m Masse
t Zeit
v Geschwindigkeit

Die physikalische Kenngröße aus dem Produkt von Masse und Geschwindigkeit wird als Impuls bezeichnet. In hydraulisch und pneumatisch wirkenden Anlagen ist die Fortleitung der Kraft (in der Masse des Fluids mit einer Geschwindigkeit in der Zeit längs des Weges) als Impulsaustausch möglich.

$$I = m_1 \cdot v_1 = m_2 \cdot v_2 \tag{1.43}$$

I Impuls
$m_{1;2}$ Massen
$v_{1;2}$ Geschwindigkeiten

> **Für die Fortleitung und Umformung der mechanischen Energie gilt das Wirkungsprinzip Impulsaustausch.**

Das Wirkungsprinzip Impulsaustausch wird von allen Wirkungsmechanismen in der Hydraulik und Pneumatik benutzt. Es dient mit Hilfe der Wirkungspaare Fluid/Zylinder und Kolben sowie Fluid/Düse und Freistrahl wie auch Fluid/Düse und Turbinenschaufel unter Ausnutzung der Methoden Verdrängung und Geschwindigkeitsänderung (Bild 1.4.5) zum Umformen mechanischer Energie.

In hydraulisch und pneumatisch wirkenden Anlagen und Einrichtungen ist durch das Ändern des Massenstromes, der Durchflußgeschwindigkeit und des

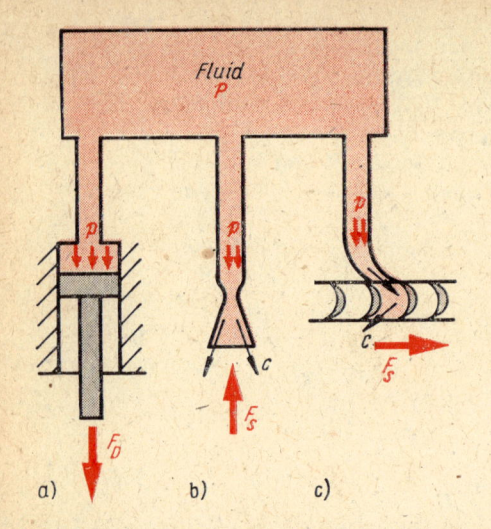

Bild 1.4.5. *Energieumformung mit Hilfe der Wirkungspaare*

a) Fluid/Zylinder und Kolben; b) Fluid/Düse und Freistrahl; c) Fluid/Düse und Turbinenschaufel

F_D Kraft durch Druckwirkung; F_S Kraft durch Strömungsenergie; p Wirkdruck des Fluids; c Strömungsgeschwindigkeit

Druckes des Fluids ein Steuern und Regeln des Energieflusses möglich. Diese physikalische Gegebenheit bedingt die Einfachheit der Wirkungsmechanismen sowohl in der konstruktiven Gestaltung als auch im Einsatz.

1. Beispiel

In einer Hydraulikanlage erreicht die Druckänderung im Anfahrvorgang 6 MPa und wirkt zwischen Druckstromerzeuger und -verbraucher auf ein Hydraulikölvolumen von 16 dm³ ein. Berechnen Sie die Volumenänderung infolge der Druckänderung für ein Hydrauliköl mit einer Preßziffer von $0,6 \cdot 10^{-5}$ cm² · N⁻¹!

Gegeben: Hydraulikölvolumen $V_1 = 16$ dm³
Druckänderung $p_2 - p_1 = 6$ MPa $= 6 \cdot 10^2$ N · cm⁻²
Preßziffer $\beta_p = 0,6 \cdot 10^{-5}$ cm² · N⁻¹

Gesucht: Volumenänderung $\Delta V = ?$

Lösung: $\Delta V = \beta_p \cdot V_1 (p_2 - p_1)$
$\Delta V = 0,6 \cdot 10^{-5}$ cm² · N⁻¹ · 16 000 cm³ · 6 · 10² N · cm⁻²
$\Delta V = 57,6$ cm³

Ergebnis: Das Hydraulikölvolumen wird um 57,6 cm³ zusammengepreßt.

2. Beispiel

Druckluft wird in einer Hochdruckpneumatikanlage von einem Druck von 0,1 MPa bis auf einen Druck von 0,6 MPa isotrop verdichtet. Wie groß ist das Luftvolumen bei 0,6 MPa? Die Anlage arbeitet mit 1,2 m³ Ausgangsvolumen ohne Leckverluste.

Gegeben: Ausgangsvolumen $V_1 = 1,2$ m³
Ausgangsdruck $p_1 = 0,1$ MPa
Arbeitsdruck $p_2 = 0,6$ MPa
Polytropenexponent n = 1,4
$m_1 = m_2$

Gesucht: Endvolumen $V_2 = ?$

Lösung: $\left(\dfrac{p_2}{p_1}\right)^{\frac{1}{n}} = \dfrac{V_1}{V_2};\qquad \left(\dfrac{p_2}{p_1}\right)^{\frac{1}{n}} = \left(\dfrac{0{,}6\ \text{MPa}}{0{,}1\ \text{MPa}}\right)^{\frac{1}{1{,}4}} = 3{,}596$

$$V_2 = \dfrac{V_1}{\left(\dfrac{p_2}{p_1}\right)^{\frac{1}{n}}};\quad V_2 = \dfrac{1{,}2\ \text{m}^3}{3{,}596}$$

$$V_2 = 0{,}334\ \text{m}^3$$

Ergebnis: Nach der Verdichtung auf 0,6 MPa beträgt das Luftvolumen noch 0,334 m³.

1.5. Druckübertragungsmittel (Fluids) in hydraulischen und pneumatischen Anlagen

1.5.1. Druckübertragungsmittel als Energieträger

> Als Druckübertragungsmittel (Fluid) eignen sich alle Stoffe, die infolge der Verschiebbarkeit ihrer Stoffteilchen bei Formänderung unter Einwirkung äußerer Kräfte eine gleichmäßige Druckausbreitung nach allen Seiten zulassen.

Der Widerstand gegen die Stoffteilchenverschiebung bei Flüssigkeiten wird mit dem Begriff Zähigkeit (Viskosität) bezeichnet (vgl. Abschn. 1.4.4.). Die Zähigkeit dient neben anderen Kennwerten zur Beurteilung der Eignung als Druckübertragungsmittel. Druckübertragung ist möglich mit Hilfe von Gasen und Flüssigkeiten, aber auch Plasten und Elasten.
Die stoffspezifischen Eigenschaften der Druckübertragungsmittel bedingen unterschiedliche Anwendungsgebiete. Die Fähigkeit, Energie fortzuleiten und zu speichern, kennzeichnet die Druckübertragungsmittel als Energieträger. Für den technischen Einsatz als Arbeitsmedien sind außerdem solche Eigenschaften wie Schmierfähigkeit und Sauberkeit Auswahlkriterien.

1.5.2. Flüssigkeiten als Fluid

1.5.2.1. Allgemeine Eigenschaften

Für die Auswahl einer Flüssigkeit als Fluid ist neben den physikalischen Eigenschaften wie Zähigkeit, Zusammendrückbarkeit (Kompressibilität), Dichte, Flammpunkt und Stockpunkt auch die Eignung für den Betrieb über größere Zeiträume entscheidend. Sie wird u. a. durch folgende Eigenschaften gekennzeichnet:

Oxydationsgeschwindigkeit, Alterungsbeständigkeit, Entmischung, Luftaufnahmevermögen, Schaumbildung, Verdunstung, Feuergefährlichkeit und Gesundheitsgefährdung des Bedienpersonals.

Flammpunkt: Tiefste Temperatur, bei der eine brennbare Flüssigkeit noch entzündbare Dämpfe aufweist.

Stockpunkt: Temperatur, bei der eine Hydraulikflüssigkeit unter der Einwirkung der Schwerkraft nicht mehr fließt.

Oxydationsbeständigkeit: Unter hohem Druck kann die Luft, die in einer Hydraulikflüssigkeit gelöst ist, zur Oxydation führen. Die chemischen Eigenschaften der Flüssigkeit müssen diese Vorgänge weitestgehend ausschließen. Oxydation beschleunigt das Altern und Verharzen von Hydraulikflüssigkeiten.

Alterungsbeständigkeit: Kennzeichnet die chemische Beständigkeit der Hydraulikflüssigkeit gegenüber den Einwirkungen von Luft, Wasser, Metall, hohen Drücken und hohen Temperaturen unter Betriebsbedingungen. Wenig alterungsbeständige Hydraulikflüssigkeiten neigen bei lang andauerndem Betrieb dazu, sich chemisch zu zersetzen und harzartige Stoffanteile auszuscheiden.

Entmischbarkeit: Hydraulikflüssigkeiten müssen Verunreinigungen wie Schmutz, Metallabrieb und Wasser an dafür vorgesehenen Filtern und Gefäßteilen absetzen oder ausscheiden. Sie dürfen mit Wasser keine Emulsion bilden.

Luftaufnahme: In der Hydraulikflüssigkeit gelöste Luft fördert die Oxydationsanfälligkeit, erhöht die Zusammendrückbarkeit und verursacht Störungen im Bewegungsablauf. Geräusche im Leitungsnetz und in den Bauteilen sind oft auf Lufteinschlüsse zurückzuführen. Die Luftaufnahme ist darum zu vermeiden.

Schaumbildung: Sie zeigt, daß die Hydraulikflüssigkeit Luft aufgenommen hat. Hydraulikflüssigkeiten müssen so beschaffen sein, daß sie nicht zum Schäumen neigen. Schaum soll sich an der Oberfläche im Behälter schnell auflösen. Er darf nicht in die Pumpe gelangen, damit die Luft nicht in die Hydraulikanlage gedrückt wird. Deshalb sind Ansaugleitungen möglichst weit unter die Oberfläche des Fluids zu legen.

Schmierfähigkeit: Sie setzt die mechanischen Reibungsverluste und den Verschleiß der Anlagenteile weitestgehend herab, indem sich zwischen den bewegten Teilen ein Schmierfilm ausbildet.

Korrosionsschutz: Hydraulikflüssigkeiten müssen frei von aggressiven Beimengungen wie Säuren, Basen und gelösten aggressiven Gasen sein, damit die durchströmten Teile der Anlage nicht korrodieren.

Arbeits- und Brandschutz: Weder der Geruch noch die Berührung mit Hydraulikflüssigkeit dürfen lästig oder gesundheitsschädigend sein. Die Flüssigkeit darf sich nicht selbst entzünden sowie durch chemische Zersetzung explosive Gase entwickeln.

1.5.2.2. Eigenschaften von Hydraulikölen

Hydrauliköle sind die am häufigsten verwendeten Fluids in Hydraulikanlagen. Ihre Eigenschaften sind wichtig für einen guten Wirkungsgrad und die Betriebssicherheit von hydraulischen Anlagen und Einrichtungen (Tafel 1.5.1).

Hydrauliköle sind fast ausschließlich Mineralöle. Diese Öle sind gut schmierfähig, oxydations- und alterungsbeständig. Die Alterungsbeständigkeit soll

Tafel 1.5.1. Übersicht über die gebräuchlichsten Hydrauliköle

Bezeich-nung	Standard	Dichte bei +20 °C g·cm⁻³	Kinematische Zähigkeit bei +40 °C mm²·s⁻¹	Flamm-punkt °C	Stock-punkt °C
H 22 R	TGL 17542/01	0,870	19,8 bis 24,2	175	−40
H 46 R	TGL 17542/01	0,890	41,4 bis 50,6	200	−20
H 68 R	TGL 17542/01	0,910	61,2 bis 74,8	200	−12
HLP 22 F	TGL 17542/03	0,870	19,8 bis 24,2	175	−40
HLP 38 F	TGL 17542/03	0,870	35,0 bis 41,0	175	−25
HLP 46 F	TGL 17542/03	0,890	41,4 bis 50,6	200	−20
HLP 68 F	TGL 17542/03	0,910	61,2 bis 74,8	200	−20
HLP 44 V	M 31800	0,890	44,0 bis 49,0	150	−35
XM 68	M 31810	0,910	61,2 bis 74,8	185	−20

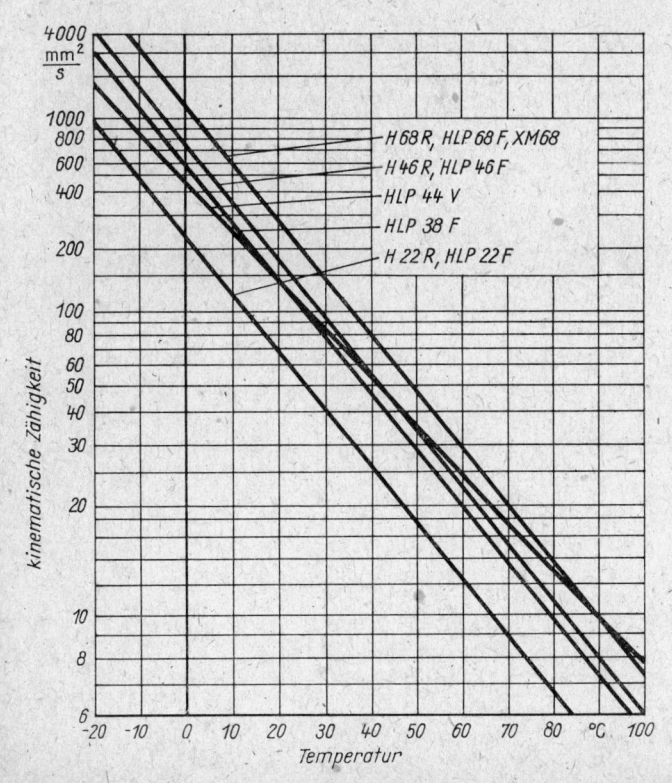

Bild 1.5.1. Temperaturabhängigkeit der Zähigkeit von Hydraulikölen

eine Betriebsdauer von mindestens einem Jahr gewährleisten. Gealtertes Hydrauliköl ist dunkler und trüber als unverbrauchtes. Es wird in Mineralölwerken wieder aufbereitet.

Für die gebräuchlichsten Hydrauliköle liegt der Flammpunkt bei 150 bis 200 °C. Eine Selbstentzündung ist dann ausgeschlossen, wenn die Betriebstemperatur in der Hydraulikanlage 80 °C nicht übersteigt.

Der Stockpunkt der Hydrauliköle beträgt —10 bis —55 °C. Für hydraulische Anlagen, die bei niedrigen Umgebungstemperaturen arbeiten müssen, eignet sich besonders das Hydrauliköl HLP 38 F. Für Außenanlagen sind weiterhin die Hydrauliköle H 22 R, HLP 22 F und HLP 46 F einsetzbar. Die Zähigkeit der Hydrauliköle ist stark temperaturabhängig. Bei der Ölauswahl muß berücksichtigt werden, daß das Öl bei Inbetriebnahme der Anlage nicht zu zähflüssig und nach längerer Betriebsdauer nicht zu dünnflüssig ist. Zu große Zähigkeit verursacht große Reibungsverluste; Dünnflüssigkeit führt zu hohen Leckverlusten. Die Bestimmungsgrößen für die Auswahl des Hydrauliköls sind deshalb der geforderte Betriebsdruck und die Betriebstemperatur. Üblich ist eine Viskosität der Hydrauliköle, die bei einer Temperatur von 50 °C zwischen 15 und 50 mm² · s⁻¹ liegt (Bild 1.5.1).

1.5.2.3. Eigenschaften von Wasser

Wasser ist das billigste, natürlich vorkommende und ausreichend vorhandene Druckübertragungsmittel. Es ist unbrennbar und nicht gesundheitsgefährdend. Die Dünnflüssigkeit gestattet kleine Durchflußquerschnitte der Leitungsnetze, erschwert aber gleichzeitig die Abdichtung in den Bauteilen (Bild 1.5.2).

Große Nachteile bietet der Einsatz von Wasser als Fluid durch den Gefrierpunkt bei 0 °C, durch die ungenügende Schmierfähigkeit und das korrosive Verhalten gegenüber blanken Metallteilen. Die Herstellung wasserbetriebener Anlagen ist mit hohem Fertigungsaufwand für die gut dichtenden Passungen und mit kostspieligem Materialeinsatz (nichtrostende Stähle, Bronze) verbunden. Das billigere und gegenüber Öl weniger kompressible Wasser wird als Fluid nur für Anlagen mit sehr großen Flüssigkeitsmengen eingesetzt (Bild 1.5.3).

Die ungünstigen Eigenschaften des Wassers können mit Hilfe spezieller Aufbereitungsverfahren wie Enthärten, Entgasen, Entsäuern und Versetzen mit Chemikalien verbessert werden. In speziellen Emulsionen wird Wasser als Träger von mikroskopisch fein verteilten Ölen, Fetten oder synthetischen Stoffen verwendet. Diese Emulsionen gehören zu den schwerentflammbaren Hydraulikflüssigkeiten. Sie nutzen entsprechend den Anteilen die Vorteile des Wassers und die des Öls gleichzeitig und sind vorwiegend in Hydraulikanlagen des Bergbaus sowie der Energieerzeugung im Einsatz. Für einige Geräte aus dem ORSTA-Baukasten hat sich die Wasser-Glykol-Lösung HSC 26 für Drücke bis 8 MPa als schwerentflammbare Flüssigkeit bewährt.

1.5.2.4. Einsatzmöglichkeiten und Betriebsbedingungen

Vorteile

Die einfache Übertragung großer Kräfte sowie die kleinen Abmessungen und die geringe Masse der Wirkungselemente kennzeichnen im besonderen die

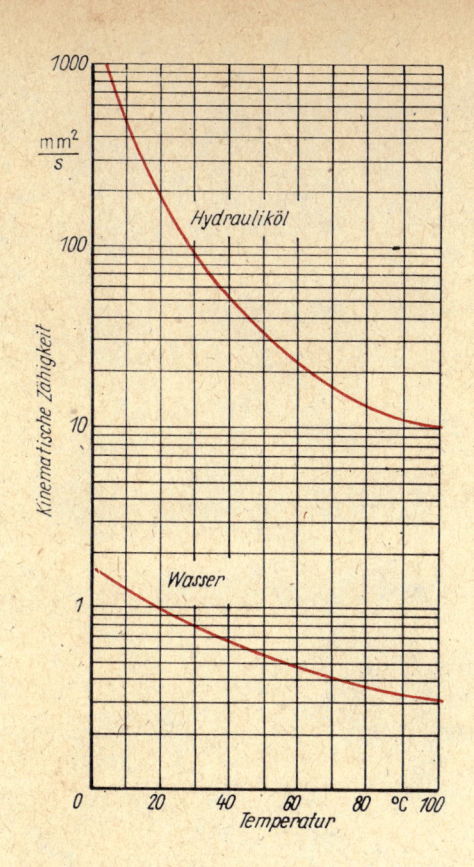

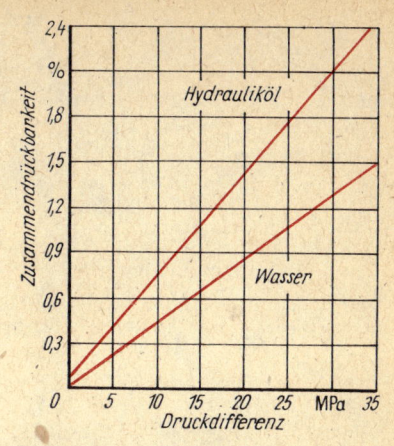

Bild 1.5.3. Vergleich der Zusammendrückbarkeit von einem Hydrauliköl und von Wasser

Bild 1.5.2. Vergleich der Temperaturabhängigkeit der Zähigkeit eines Hydrauliköls mit der von Wasser

Einsatzmöglichkeiten flüssiger Druckübertragungsmittel. Hydraulische Antriebe gewinnen in zunehmendem Maß an Bedeutung, nicht zuletzt durch die große Freizügigkeit in der konstruktiven Ausführung, die es gestattet, sich an beliebigen Lagen und an beliebig entfernte Stellen optimal und platzsparend anzupassen. Die Hydraulikfluids ermöglichen es, leicht und bequem den Energiefluß in großen Stellbereichen zu regeln und die Kraftwirkung weich umzusteuern. Rationalisierend wirkt sich die einfache und zentrale Bedienung der Anlagen aus sowie die Selbstschmierung durch die Hydrauliköle.

Nachteile

Nachteilig auf die Betriebsbedingungen von Hydraulikfluids wirkt, daß sie ihre physikalischen Eigenschaften bei zunehmender Betriebstemperatur ändern. Hydrauliköle sind außerdem bei hohen Temperaturen feuergefährlich. Die Aufnahme von Luft in die Hydraulikflüssigkeit führt zu ungleichförmigen, stoßartigen Bewegungen der Antriebsorgane. Die entstehenden Druckschwankungen lösen Leitungsverbindungen und Dichtungen. Die Betriebskennlinie wird durch Leckverluste infolge Undichtheiten beeinflußt, so daß die Füllmenge ständig kontrolliert werden muß. Hohe Oberflächengüte und kleinstmögliche Toleranzen bei der Fertigung verursachen für hydraulisch wirkende Antriebe hohe Herstellungskosten.

Bedeutung für die Automatisierung

Die einfache Herstellung großer Übersetzungen und die stufenlose Veränderung der Übersetzungsverhältnisse bei der Fortleitung von Kräften, die Fernbedienung, der einfache und sichere Schutz vor Überlastung und Bruch, die einfache Kontrolle der auftretenden Kräfte durch Manometer und Fernmeßmittel sowie die geringe Wartung und der einfache, funktionssichere Aufbau machen Hydraulikanlagen für die Mechanisierung und Automatisierung in allen Industriezweigen unentbehrlich. Alle hydraulisch gesteuerten und betätigten Arbeitsoperationen können völlig automatisiert werden. Dazu ist es möglich, hydraulisch wirkende Einrichtungen oder Anlagen mit elektrischen oder elektronischen Automatisierungsmitteln zu verbinden (Bild 1.5.4).

Bild 1.5.4. Elektrohydraulische Kantenregelung zum Kopieren eindimensionaler Werkstücke mittels fotoelektrischer Tasteinrichtungen
1 elektrohydraulisches Antriebs- und Regelaggregat; *2* einstufiges Servoventil; *3* Tastsystem-Lichtschranke; *4* hydraulischer Stellmotor

Gegenüber mechanisch oder elektrisch wirkenden Einrichtungen und Anlagen sind hydraulisch wirkende wesentlich leichter und platzsparender. Eine hydrostatische Hochdruckanlage hat beispielsweise eine um 20 bis 25% geringere Masse und einen geringeren Raumbedarf als eine elektrische Anlage gleicher Leistung (siehe auch Bild 5.3.10 und Tafel 5.3.3).

Betriebsbedingungen

Hydraulikfluids können zur Erzeugung höchster Drücke eingesetzt werden. Mit Hydraulikölen lassen sich Drücke bis 1000 MPa, mit Isopentan bis 3000 MPa und mit flüssigem Blei oder Iridium darüber hinaus Drücke bis 60000 MPa erzeugen, wie sie z. B. in hydraulisch wirkenden Anlagen der Hochdruckphysik angewendet werden.

Allgemein unterscheidet man in der Hydraulik folgende Druckbereiche:

Niederdruckhydraulik	0 bis 1,0 MPa
Mitteldruckhydraulik	1,0 bis 5,0 MPa
Hochdruckhydraulik	5,0 bis 100,0 MPa
Höchstdruckhydraulik	über 100,0 MPa

Druckstufen und Nenndrücke

In hydraulisch wirkenden Anlagen des Maschinenbaues liegen die Nenndrücke im Bereich des Hochdruckes. Die Unterteilung der Nenndrücke p_n erfolgt in die Druckstufen:

    p_n 6,3: Drücke bis 6,3 MPa
    p_n 16,0: Drücke bis 16,0 MPa
    p_n 32,0: Drücke bis 32,0 MPa

Strömungsgeschwindigkeiten

Beim Einsatz von Hydraulikölen sollen die Strömungsgeschwindigkeiten in den Druckrohrleitungen in Abhängigkeit von der Druckstufe folgende zulässige Werte nicht überschreiten:

Druckstufe	Strömungsgeschwindigkeiten
p_n 6,3	2,5 bis 3 m · s^{-1}
p_n 16,0	4 bis 5 m · s^{-1}
p_n 32,0	5 bis 6 m · s^{-1}

Für die Rückführleitungen sind Geschwindigkeiten des Fluids bis 2 m · s^{-1} zulässig und für die Saugleitung bis 1,5 m · s^{-1}.
Für Anlagen mit langen Leitungen und vielen Richtungsänderungen sind niedrigere Geschwindigkeiten zu wählen als für kurze, gerade. In sehr kurzen Bohrungen mit $1 \leq 2d$ kann die Geschwindigkeit bis zum Fünffachen der angeführten Werte betragen.

Auswahl der Hydraulikfluids

Als Hydrauliköle werden unlegierte oder legierte Mineralöle oder synthetische Produkte wie Glykoläther, Di- und Triglykol eingesetzt. Grundsätzlich gilt die Regel, daß für hohe Betriebsdrücke zähe und für niedrige Betriebsdrücke weniger zähe Hydraulikfluids verwendet werden. Zu beachten ist jedoch:

- die Zähigkeit darf nicht zu groß sein, damit die Verluste durch innere Reibung klein sind.
- die Zähigkeit darf nicht zu niedrig sein, damit die Leckverluste durch gute Abdichtung klein gehalten werden können.

Die Zähigkeit ist unter Betriebstemperatur zu bestimmen. Entstehen hohe Betriebstemperaturen, die die Zähigkeit zu weit herabsetzen, dann ist das Fluid zu kühlen.
Ein weiteres Kriterium für die Auswahl des Hydraulikfluids ist die Einhaltung der ausreichenden Schmierfähigkeit. Um die Schmierfähigkeit im Dauerbetrieb zu gewährleisten, ist eine ständige Filtrierung erforderlich.

1.5.3. Gase als Fluid

1.5.3.1. Allgemeine Eigenschaften

Das billigste Gasgemisch, das unbegrenzt zur Verfügung steht und als Fluid eingesetzt werden kann, ist Luft. Der Einsatz natürlicher und technischer Gase ist möglich, aber kostspielig. Luft kann der Umgebung entnommen, verdichtet und nach der Arbeitsleistung wieder an die Umgebung abgegeben werden.

> Als Vorteil gegenüber flüssigen Druckübertragungsmitteln besitzen Gase die Speicherfähigkeit für potentielle Energie. Auf Grund der Kompressibilität kann Luft als Druckluft in zentralen Anlagen in Bereitschaft gehalten werden.

Zu den gasförmigen Fluids zählt auch der Wasserdampf. Er hat jedoch für pneumatisch wirkende Anlagen keine Bedeutung.
Für alle Gase haben die thermodynamischen Gesetze Gültigkeit [vgl. Gln. (1.17) bis (1.23)]. Wird einer Gasmenge in einem abgeschlossenen System von außen Energie in Form von Wärme oder mechanischer Arbeit zugeführt, dann nimmt die innere Energie des Gases zu. Druck und Temperatur erhöhen sich. Verrichtet das Gas Arbeit, dann vermindert sich seine innere Energie. Dabei nehmen Druck und Temperatur ab, während sich sein Volumen vergrößert. Die physikalischen Eigenschaften der Gase bestimmen ihre Anwendbarkeit als Fluid.

1.5.3.2. Eigenschaften gasförmiger Fluids

Das wichtigste gasförmige Druckübertragungsmittel für pneumatisch wirkende Anlagen ist die Luft. Sie ist in ihrer chemischen Zusammensetzung ein Gemisch aus etwa 21% Sauerstoff, 78% Stickstoff und 1% Edelgasen im Volumen. In Abhängigkeit von Druck und Temperatur befinden sich in diesem Gemisch noch weitere Gase wie Wasserdampf, Kohlendioxid und Beimengungen anderer Gase in wechselnden Mengen. Auch Stoffe im nichtgasförmigen Zustand können als unerwünschte Begleiter der Luft auftreten, z. B. Staub, Wassertröpfchen, Schmierölreste oder Fetttröpfchen. Solche Beimengungen können zu Korrosion und Verschmutzung führen. Deshalb ist ihre weitestgehende Abscheidung vor dem Eintritt der Luft in eine Pneumatikanlage erforderlich. Die physikalischen Eigenschaften der Luft hängen von den thermischen Zustandsgrößen ab und folgen der Zustandsgleichung der Gase.

Tafel 1.5.2. Temperaturabhängigkeit der Dichte und Zähigkeit von Luft bei gleichbleibendem Druck (133,3 Pa)

Temperatur °C	−20	0	20	40	60	100	200
η in 10^{-6} Pa · s	16,2	17,2	18,1	19,1	20,0	21,8	26,1
ϱ in kg · m^{-3}	1,40	1,29	1,20	1,12	1,06	0,95	0,75
ν in mm^2 · s^{-1}	11,6	13,3	15,1	16,9	18,9	23,1	34,6

Dichte und Zähigkeit der Luft sind temperaturabhängig. Während die Dichte bei gleichbleibendem Druck mit zunehmender Temperatur abnimmt, vergrößert sich die Zähigkeit der Luft (Tafel 1.5.2).
Im Vergleich mit dem Fluid Wasser hat Luft eine weit geringere dynamische und eine vielfach größere kinematische Zähigkeit (Tafel 1.5.3).

Stoff	Zähigkeit	
	dynamische η 10^{-6} Pa·s	kinematische ν mm^2·s^{-1}
Wasser	1004,6	1,01
Luft	18,1	15,1

Tafel 1.5.3. Vergleich der Zähigkeit von Wasser und Luft (20 °C; 133,3 Pa)

1.5.3.3. Einsatzmöglichkeiten und Betriebsbedingungen

Vorteile

Die Strömungsgeschwindigkeit gasförmiger Druckübertragungsmittel ist infolge der niedrigeren dynamischen Zähigkeit gegenüber flüssigen Druckübertragungsmitteln bedeutend höher und beträgt etwa 10 bis 40 m·s^{-1}. Darin liegt auch die gute Steuerbarkeit pneumatisch wirkender Anlagen begründet. Die Kompressibilität des gasförmigen Fluids führt zu einer hohen Elastizität des Arbeitsvolumens, die oft einen natürlichen Überlastschutz darstellt. Der Gasstrom besitzt eine geringe Eigenmasse und läßt sich schnell stufenlos steuern und regeln. Alle Leistungskenngrößen pneumatisch wirkender Anlagen können auf Grund der Gaseigenschaften in einfacher Weise in einem großen Bereich verändert werden. Der Einsatz von Druckluft erfordert keine besonderen Maßnahmen in explosionsgefährdeten Räumen. Der Temperatureinsatzbereich für gasförmige Arbeitsmedien ist größer als der für flüssige Arbeitsmedien. Druckluftverluste verschmutzen nicht die Anlagen und Räume.

Nachteile

Der Gesamtwirkungsgrad pneumatisch wirkender Anlagen beträgt infolge der Gaseigenschaften etwa 0,15 bis 0,2 und ist damit beträchtlich niedriger als der anderer Energiearten. Die mit gasförmigen Fluids in pneumostatischen Anlagen übertragbaren Kräfte sind gegenüber hydrostatischen klein. Gleichförmige Bewegungen, Gleichlauf mehrerer Wirkungspaare und deren gleiche Positionierung können wegen der großen Elastizität des Pneumatikfluids, besonders aber bei Schwankungen der Belastungen, nicht erzielt werden.
Da gasförmige Fluids keine eigene Schmierfähigkeit besitzen, müssen die Durchflußströme durch besondere Ölnebeleinrichtungen mit Schmieröl in feinster Verteilung durchsetzt werden.

Bedeutung für die Automatisierung

Besonders die mit Druckluft betriebenen pneumatisch wirkenden Einrichtungen und Anlagen bieten ausgezeichnete Möglichkeiten für die Mechanisierung und Teil- oder Vollautomatisierung von Prozessen in Vorrichtungen, Maschinen, automatischen Maschinenfließreihen und Produktionsanlagen aller Industriezweige. Mit der Bereitstellung standardisierter Bauelemente erlangt die Pneumatik zunehmend an Bedeutung. Sie bietet Möglichkeiten zur effektiven Rationalisierung, insbesondere auch durch gute Voraussetzungen, den Arbeits- und Gesundheitsschutz zu verbessern.

Betriebsbedingungen

Für die speziellen Einsatzgebiete werden Pneumatikfluids in verschiedenen Druckbereichen eingesetzt.

- Der Niederdruck umfaßt den Druckbereich von 10^{-4} bis 10^{-2} MPa und dient zum Betrieb von Steuer- und Regeleinrichtungen sowie pneumatischen Meßgeräten.
- Unter Normaldruck von 0,02 bis 0,15 MPa arbeiten Einrichtungen der BMSR-Technik.
- Der Hochdruck von 0,2 bis 1,0 MPa wird in der Industriepneumatik und Fahrzeugpneumatik angewendet.
- Der Höchstdruck wird durch Drücke über 1,0 MPa gekennzeichnet. Anwendungsgebiete sind u. a. Dieselmotorensteuerungen, Flugzeugbau und Kraftwerksanlagenbau.

Der Druck pneumatischer Antriebe im Maschinenbau beträgt allgemein 0,63 MPa. Dieser niedrige Betriebsdruck gestattet nur geringe Kraftwirkungen (maximal $3 \cdot 10^4$ N). Dafür sind hohe Geschwindigkeiten der Luft in Zuleitungen und Pneumatikzylindern bis $5 \text{ m} \cdot \text{s}^{-1}$ möglich. Die Impulsübertragungsgeschwindigkeit kann sogar bis $300 \text{ m} \cdot \text{s}^{-1}$ (Schallgeschwindigkeit) betragen.

Druckstufen und Nenndrücke

Im Bereich der Hochdruckpneumatik liegen die Druckbereiche für die im Maschinenbau üblichen pneumatisch wirkenden Anlagen. Die Nenndrücke sind in 2 Druckstufen unterteilt:

p_n 0,63 : Drücke bis 0,63 MPa
p_n 1   : Drücke bis 1 MPa.

1.6. Wirkungsschemata hydraulischer und pneumatischer Anlagen

1.6.1. Darstellung des allgemeinen Aufbaus und der Wirkungsweise

Der allgemeine Aufbau und die Wirkungsweise hydraulischer und pneumatischer Anlagen sind gleichartig. Deshalb können sie in einem Blockschaltbild oder Wirkungsschema auch mit gleicher Symbolfrage dargestellt werden. In einem Blockschaltbild werden die Wirkungsorgane der Anlage, die Energieübertragungsrichtung und die Durchflußrichtung des Fluids von den Antriebs- und Anpassungsorganen zu den Arbeitsorganen veranschaulicht. Das Bild 1.6.1 läßt erkennen:

- Mechanische Energie wird dem Druckstromerzeuger als Antriebsorgan zugeführt und in die hydraulisch oder pneumatisch wirkende Energie des Druckstromes umgeformt.
- Zur Erzeugung des Druckstromes fließt aus einem Stoffspeicher das Fluid zu. In Hydraulikanlagen ist der Stoffspeicher ein Behälter für die Hydraulikflüssigkeit, in luftbetriebenen Pneumatikanlagen ersetzt ihn die um-

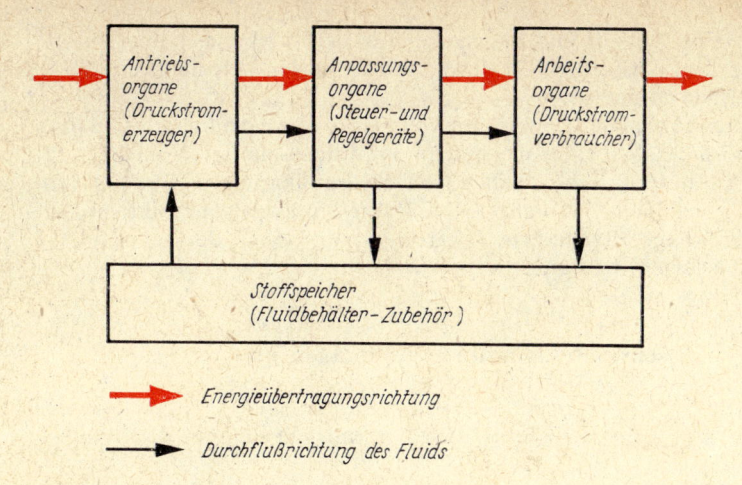

Bild 1.6.1. *Allgemeiner Aufbau hydraulisch und pneumatisch wirkender Anlagen*

gebende Raumatmosphäre. Nur unter Sonderbedingungen sind es spezielle Druckluft- oder Druckgasbehälter.
- Der Druckstrom dient zur Energieübertragung. Durch die Anpassungsorgane wird der Energiefluß gesteuert und geregelt.
- Der Druckstromverbraucher nimmt als Arbeitsorgan die Energieumformung von der hydraulisch oder der pneumatisch wirkenden Energie in mechanische Energie für die erforderliche Arbeitsverrichtung vor.
- Das Fluid fließt nach Beendigung des Arbeitsvorganges zum Stoffspeicher zurück.

In einem Schaltplan lassen sich gegenüber dem allgemeineren Blockschaltbild bereits Besonderheiten des Aufbaus und der Wirkungsweise einer Anlage erkennen (vgl. Bilder 1.2.1 und 1.3.1, jeweils Abbildung a) und b)). Die Darstellung hydraulischer und pneumatischer Anlagen erfolgt in Schaltplänen (Bau- und Funktionsschaltplänen) mit standardisierten Symbolen. Die gegenseitige Zuordnung und die funktionsabhängige Zusammenfassung von Baueinheiten, Baugruppen, Geräten oder Gerätekombinationen sind darin durch Grundsymbole, erweiterte Symbole und Symbolkombinationen dargestellt. Der Funktionsschaltplan entspricht nicht der realen Lage der Baueinheiten oder Geräte mit ihren Rohr- oder Schlauchverbindungen als Leitungsführung in der Anlage. Er soll den Wirkungsablauf darstellen. Für ihn gilt die Forderung nach Übersichtlichkeit. Den tatsächlichen Aufbau, die Verkettung der Geräte und den Verlauf der Leitungen gibt nur der dazugehörige Bauschaltplan wieder.

Eine gute Übersichtlichkeit der Darstellung wird erreicht, wenn der Energiestrom von unten nach oben (z. B. bei Arbeitszylindern) oder von links nach rechts (z. B. bei Rotationsgetrieben) verläuft. Beispiele hierzu zeigen die Bilder 1.6.2 und 1.6.5. Der konstruktive Aufbau und die tatsächliche Anordnung der Geräte können nur maßstabgerecht in einer technischen Zeichnung dargestellt werden.

Der allgemeine Aufbau und die Anordnung der Wirkungsorgane zur Beschreibung der Wirkungsweise einer Anlage lassen sich übersichtlich im Blockschaltbild darstellen.

Die funktionsabhängige Zuordnung von Geräten, Baueinheiten und Baugruppen wird als Wirkungsschema im Funktionsschaltplan und der tatsächliche gerätetechnische Aufbau von Hydraulikanlagen wird im Bauschaltplan gezeichnet. Die maßgerechte Darstellung des konstruktiven Aufbaus einer Anlage, Baueinheit, Baugruppe oder eines Gerätes erfolgt in einer technischen Zeichnung.

1.6.2. Wirkungsschemata hydraulischer Anlagen

Der prinzipielle Aufbau hydrostatisch wirkender Anlagen ist bereits am Wirkungsschema einer einfachen hydraulischen Einrichtung mit Handkolbenpumpe zu erkennen.

Das im Bild 1.6.2 dargestellte Schaltbild kann das Wirkungsschema einer hydraulischen Druckeinrichtung als Montagehilfe oder Wagenheber verdeutlichen.

Die Anordnung und Wirkungsweise der Antriebs- und Anpassungsorgane bestimmen die Durchflußrichtung des Fluids. Aus dem Hydraulikfluidbehälter *1* saugt die von Muskelkraft angetriebene Handkolbenpumpe *2* den Volumenstrom an und drückt ihn in den Hydraulikzylinder *3*. Die Wirkungsrich-

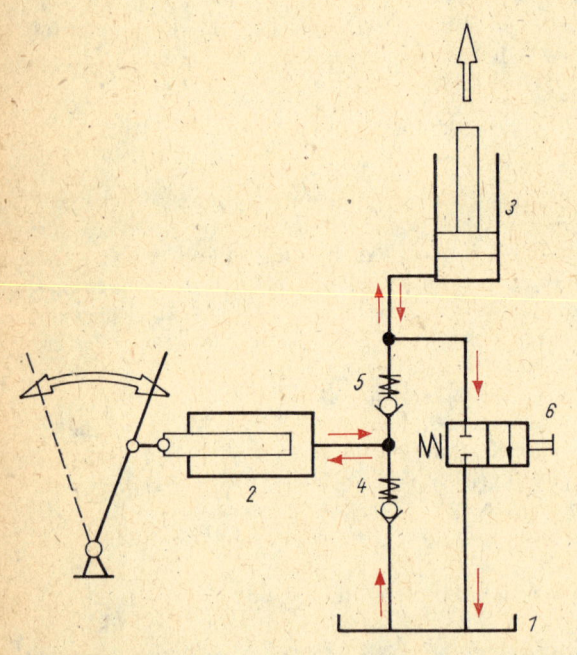

Bild 1.6.2. Wirkungsschema einer einfachen hydraulischen Einrichtung mit Handpumpe

1 Flüssigkeitsbehälter; *2* Handkolbenpumpe; *3* einfachwirkender Hydraulikzylinder; *4*, *5* federbelastete Rückschlagventile; *6* Absperrventil

tung der Energieübertragung wird durch die federbelasteten Rückschlagventile *4* und *5* sowie das Wegeventil *6* gesteuert. Während das Rückschlagventil *4* das Zurückströmen des Fluids aus der Handkolbenpumpe *2* in den Behälter *1* verhindert, sperrt das Rückschlagventil *5* den Volumenstrom vom Hydraulikzylinder *3* in Richtung der Handkolbenpumpe *2*. Durch Betätigen des Wegeventils *6* kann das Hydraulikfluid vom Hydraulikzylinder in den Behälter zurückfließen. Der Kolben im einfachwirkenden Hydraulikzylinder *3* muß durch äußere Kraftwirkung in seine Ausgangsstellung zurückgeführt werden.

Im Bild 1.6.3 ist ein doppeltwirkender Hydraulikzylinder *5* mit einem beidseitig beaufschlagten Scheibenkolben und doppelseitiger Kolbenstange dargestellt. Der von der nicht stellbaren Pumpe *1* kommende Druckstrom wird vom mechanisch betätigten Wegeventil *4* zu der jeweiligen Kolbenseite im Hydraulikzylinder *5* geleitet. Das zurückströmende Fluid reinigt das Filter *3* vor dem Eintritt in den Hydraulikfluidbehälter. Die Sicherung der Hydraulikanlage gegen Beschädigung durch unzulässigen Überdruck übernimmt das mit Federkraft belastete Druckbegrenzungsventil *2* als Sicherheitsventil mit einer Rückführleitung zum Behälter. Die gezeichnete Schaltstellung bedeutet Stillstand des Kolbens. Die Ausfahrgeschwindigkeit ist in beiden Richtungen gleich groß, sie kann nicht verändert werden.

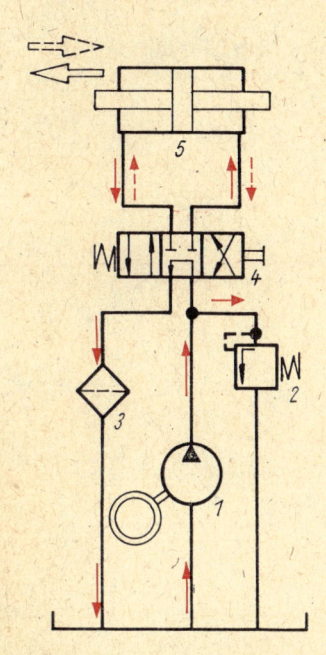

Bild 1.6.3. Wirkungsschema einer Hydraulikanlage mit nicht stellbarer Pumpe und Hydraulikzylinder

1 Pumpe; 2 Druckbegrenzungsventil als Sicherheitsventil; 3 Filter; 4 Wegeventil; 5 doppeltwirkender Hydraulikzylinder mit Scheibenkolben und beidseitiger Kolbenstange

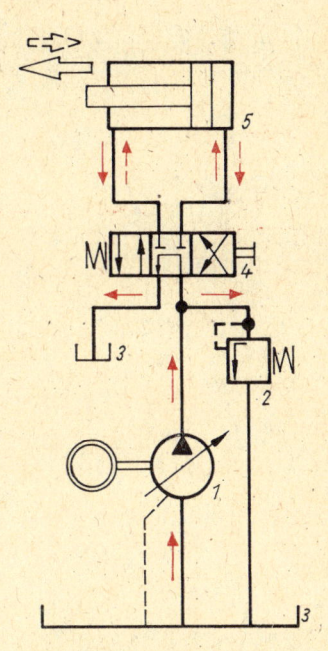

Bild 1.6.4. Wirkungsschema einer Hydraulikanlage mit stellbarer Pumpe und Hydraulikzylinder

1 Pumpe; 2 Druckbegrenzungsventil; 3 Flüssigkeitsbehälter; 4 Wegeventil; 5 Hydraulikzylinder

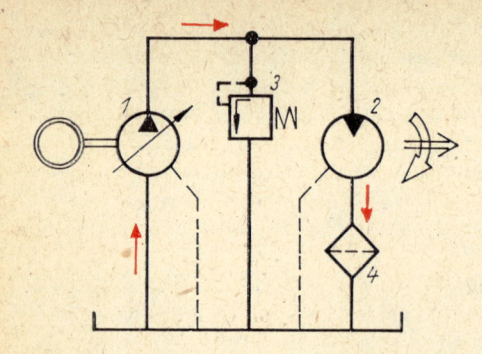

Bild 1.6.5. *Wirkungsschema einer Hydraulikanlage mit stellbarer Pumpe und Hydraulikmotor*
1 Pumpe; 2 Motor; 3 Druckbegrenzungsventil; 4 Filter

Eine analoge Anordnung, jedoch ohne Filter, mit stellbarer Pumpe *1* und direkter Rückführung *3* zum Behälter sowie einem doppeltwirkenden Hydraulikzylinder *5* mit Scheibenkolben und einseitiger Kolbenstange zeigt Bild 1.6.4. Durch die Stellbarkeit der Pumpe *1* kann die Geschwindigkeit der Kolbenbewegung verändert werden. Die Arbeitsrichtung des Scheibenkolbens wird bestimmt durch die Stellung des Wegeventils. Die gezeigte Stellung bedeutet Stillstand. Wird die Kolbenseite beaufschlagt, fährt der Kolben mit großer Kraft, aber kleiner Geschwindigkeit aus. Bei Beaufschlagung der Kolbenstangenseite wird eine kleinere Kraft, aber größere Geschwindigkeit erreicht.

Während ein Hydraulikzylinder hin- und hergehende geradlinige Bewegungen ausführt, gestattet der Konstantmotor *2* im Bild 1.6.5 die Erzeugung

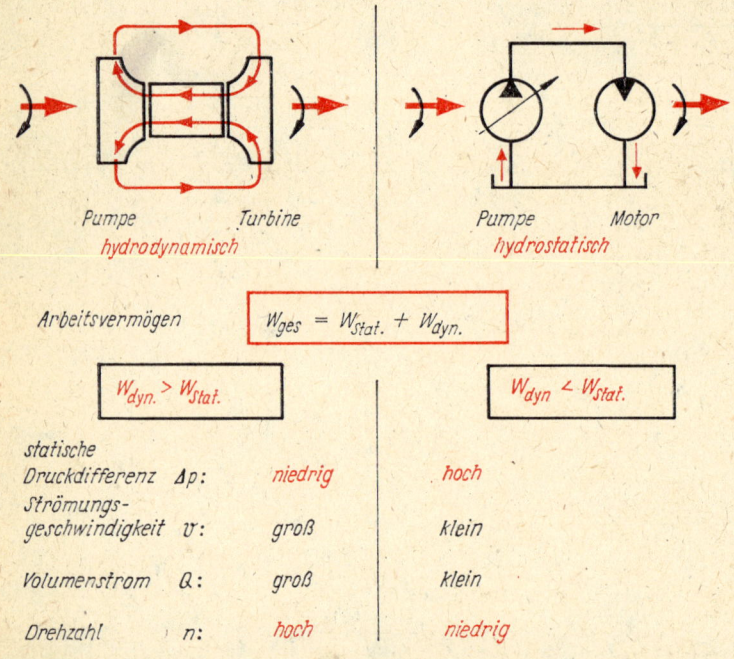

	hydrodynamisch	hydrostatisch
Arbeitsvermögen	$W_{ges} = W_{stat.} + W_{dyn.}$	
	$W_{dyn.} > W_{stat.}$	$W_{dyn.} < W_{stat.}$
statische Druckdifferenz Δp:	niedrig	hoch
Strömungsgeschwindigkeit v:	groß	klein
Volumenstrom Q:	groß	klein
Drehzahl n:	hoch	niedrig

Bild 1.6.6. *Gegenüberstellung der Kenngrößenverhältnisse von hydrostatisch und hydrodynamisch wirkenden Anlagen*

von Drehbewegungen. Der Druckvolumenstrom kommt von der stellbaren Pumpe *1*. Ein Druckbegrenzungsventil in der Druckleitung zwischen Pumpe und Motor mit einem Abfluß zum Behälter schützt die Hydraulikanlage vor Überdruckbeschädigung. Die Stellbarkeit der Pumpe verändert die Größe des Volumenstroms und damit die Drehzahl des Motors.

Das gesamte Arbeitsvermögen einer hydraulisch wirkenden Anlage setzt sich aus dem statischen Anteil und dem dynamischen Anteil zusammen.

$$\boxed{W_{ges} = W_{stat} + W_{dyn}} \qquad (1.44)$$

Im Bild 1.6.6 sind die Kenngrößenverhältnisse zur Charakterisierung der Eigenschaften von hydrostatischen und von hydrodynamischen Anlagen einander gegenübergestellt. Beide Anlagen bestehen grundsätzlich aus einer Pumpe und einem Motor. Hydrostatische Anlagen nutzen die hohen statischen Drücke der Druckvolumenströme, hydrodynamische Anlagen die Geschwindigkeitsenergie der sich mit hoher Geschwindigkeit bewegenden Volumenströme zur Energieübertragung. Dieser qualitative Unterschied bedingt z. B. den Einsatz der hydrodynamischen Anlagen bei der Forderung nach sehr hohen Drehzahlen und den der hydrostatischen Anlagen bei niedrigen Drehzahlen.

> Das Unterscheidungsmerkmal für eine hydrostatisch oder hydrodynamisch wirkende Anlage ist das Größenverhältnis des statischen und des dynamischen Anteils am gesamten Arbeitsvermögen der Anlage.
> Hydrostatische Anlagen nutzen den statischen Druck eines Volumenstromes zur Energieübertragung und hydrodynamische Anlagen die Strömungsenergie des Volumenstromes.

Beispiel

In welcher Zeit hebt ein hydraulischer Wagenheber, der nach dem Wirkungsschema im Bild 1.6.2 arbeitet, eine Last 125 mm hoch? Der Hydraulikzylinder hat einen Durchmesser von 100 mm, der Tauchkolben der Handkolbenpumpe taucht mit einem Durchmesser von 20 mm je Hub 50 mm in den Druckraum ein, und die Bedienperson führt 25 Hübe in der Minute aus.

Gegeben: Hubweg $s_A = 125$ mm
Zylinderdurchmesser $D_A = 100$ mm
Tauchkolbenweg $s_T = 50$ mm
Tauchkolbendurchmesser $D_T = 20$ mm
Handzeit $t_H = 0{,}04$ min je Hub

Gesucht: Hubzeit für 125 mm Hubweg $t_{sA} = \;?$

Lösung: $t_{sA} = \dfrac{A_A \cdot s_A \cdot t_H}{A_T \cdot s_T}; \quad t_{sA} = \dfrac{7850 \text{ mm}^2 \cdot 125 \text{ mm} \cdot 0{,}04 \text{ min}}{314 \text{ mm}^2 \cdot 50 \text{ mm}}$

$t_{sA} = 2{,}5$ min

Ergebnis: Um eine Last 125 mm hoch zu heben, benötigt die Bedienperson des hydraulischen Wagenhebers 2,5 min.

1.6.3. Wirkungsschemata pneumatischer Anlagen

Der prinzipielle Aufbau einer einfachwirkenden Druckluftanlage besteht im allgemeinen aus Absperr- und Wegeventil sowie dem Druckstromverbraucher. Die Druckluft wird über eine Wartungseinheit dem Betriebsnetz entnommen. Die vom Druckstromverbraucher kommende Abluft wird über Schalldämpfer in die Umgebungsluft ausgeblasen. Ein Beispiel zeigt Bild 1.6.7.
Während im Beispiel des pneumatischen Spannstockes der ständig wirkende Druck im Pneumatikzylinder den geforderten Arbeitsgang „Spannen des Werkstücks" im Ruhezustand ausführt, ist vielfach eine Verschiebebewegung für Transport- oder Zustellvorgänge zu realisieren.

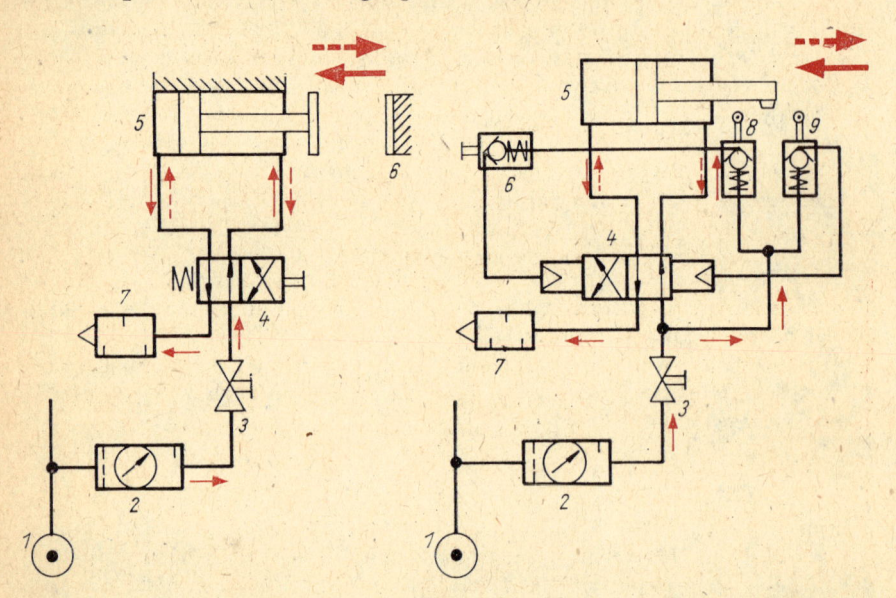

Bild 1.6.7. Wirkungsschema eines pneumatischen Spannstockes
1 Druckluftleitung; *2* Wartungseinheit; *3* Absperrventil; *4* Wegeventil; *5* Pneumatikzylinder; *6* Spannbacken; *7* Schalldämpfer

Bild 1.6.8. Wirkungsschema der Folgesteuerung eines Pneumatikzylinders
1 Druckluftleitung; *2* Wartungseinheit; *3* Absperrventil; *4* pneumatisch betätigtes Wegeventil; *5* Pneumatikzylinder; *6* von Hand betätigtes entsperrbares Rückschlagventil; *7* Schalldämpfer; *8, 9* entsperrbare Rückschlagventile mit Rollenhebelbetätigung

Im Bild 1.6.8 ist das Wirkungsschema der Folgesteuerung eines doppeltwirkenden Pneumatikzylinders dargestellt, dessen Arbeitszyklus durch entsperrbare Rückschlagventile bestimmt wird. Die Steuerimpulse für das pneumostatisch betätigte Wegeventil *4* kommen von den entsperrbaren Rückschlagventilen *6, 8, 9*. Durch das Hintereinanderschalten des von Hand betätigten entsperrbaren Rückschlagventils *6* und des entsperrbaren Rückschlagventils mit Rollenhebelbetätigung *8* wird erreicht, daß der neue Arbeitszyklus nur dann beginnt, wenn der Kolben des Pneumatikzylinders *5* tatsächlich eingefahren ist und das neue Startkommando von Hand am Ventil *6* eingegeben wird. Das Ventil *9* übernimmt das Umschalten des Wegeventils *4* für den Kolbenrücklauf. Die Rollenhebelbetätigung wird durch den an der Kolbenstange angebrachten Nocken erreicht. Die Einstellung der Nocken fixiert die jeweiligen Endlagen. Die Anordnung der Rückschlagventile *6, 8, 9* in diesem Wirkungsschema bewirkt die qualitative Veränderung der Steuerung und eine Erhöhung des Grades der Selbsttätigkeit im Vergleich zur einfachwirkenden Anlage nach Bild 1.6.7.

Durch das Hintereinanderschalten der Rückschlagventile *6* und *8* wurde von den Bauelementen die logische Aufgabe einer „UND-Funktion" erfüllt. Wirkungsschemata zur Erfüllung logischer Aufgaben haben den größten Anteil an teil- und vollautomatisierten pneumatischen Anlagen. Sie umfassen dabei auch Kontrollfunktionen wie Kontrolle der Beendigung eines Arbeitsganges, der erfolgten Materialeinlage oder der Befestigung von Arbeitsschutzvorrichtungen. Für solche Aufgaben werden Bauelemente mit „UND-Funktionen" verwendet. Um aber, z. B. beim Einrichten, die Anlage auch ohne solche Kontrolle betätigen zu können, lassen sich Bauelemente mit „ODER-Funktionen" hinzufügen.

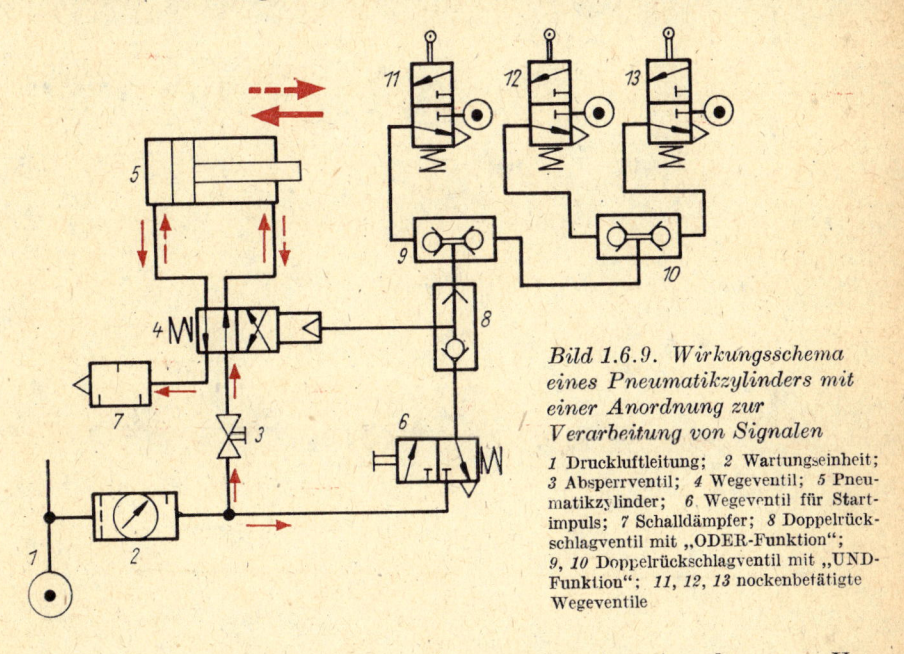

Bild 1.6.9. Wirkungsschema eines Pneumatikzylinders mit einer Anordnung zur Verarbeitung von Signalen

1 Druckluftleitung; *2* Wartungseinheit; *3* Absperrventil; *4* Wegeventil; *5* Pneumatikzylinder; *6* Wegeventil für Startimpuls; *7* Schalldämpfer; *8* Doppelrückschlagventil mit „ODER-Funktion"; *9, 10* Doppelrückschlagventil mit „UND-Funktion"; *11, 12, 13* nockenbetätigte Wegeventile

Als Beispiel zeigt Bild 1.6.9 das Wirkungsschema einer Anordnung zur Verarbeitung von Signalen durch Doppelrückschlagventile. Ein Druckimpuls zur Betätigung des pneumatisch gesteuerten Wegeventils *4* kann nur dann über die Wegeventile *11, 12* und *13* erteilt werden, wenn jedes von ihnen betätigt ist. Das Doppelrückschlagventil *10* löst den an das Doppelrückschlagventil *9* zu gebenden Druckimpuls nur aus, wenn sowohl vom Wegeventil *13* als auch vom Wegeventil *12* Druck anliegt. In gleicher Weise wirkt das Wegeventil *11* mit seinem Druck gleichzeitig mit dem von dem Doppelrückschlagventil *10* kommenden Druck auf das Doppelrückschlagventil *9* ein, und nur dadurch wird der Druckimpuls zur Betätigung des Wegeventils *4* über das Doppelrückschlagventil *8* weitergeleitet. Durch Betätigung des Wegeventils *6* von Hand (Handsteuerung) kann nun über das Doppelrückschlagventil mit

„ODER"-Funktion" 8, unabhängig von den Stellungen der Wegeventile 11, 12, 13, auf das pneumostatisch betätigte Wegeventil 4 eingewirkt und damit der Pneumatikzylinder 5 gesteuert werden.

> **Logische Aufgaben erfüllen Ventile mit „UND-Funktion" durch eine Hintereinanderschaltung und mit „ODER-Funktion" durch Parallelschaltung.**

Einen Sonderfall in der vorliegenden Betrachtung der Pneumatikanlagen stellt die pneumatische Förderung dar. Der pneumatische Transport gewinnt immer mehr an Bedeutung im Rahmen der sozialistischen Rationalisierung bei der Mechanisierung und Automatisierung von Produktionsprozessen zur Erzeugung, Aufbereitung und Verarbeitung von flüssigen, staubförmigen, körnigen, faserigen, strangförmigen und bahnförmigen Stoffen.

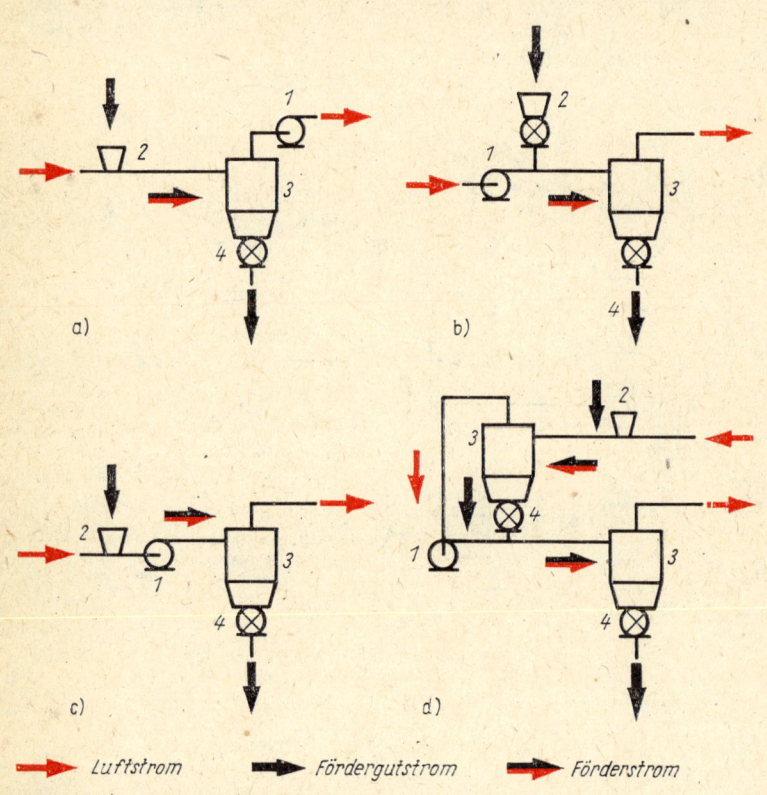

Bild 1.6.10. *Pneumatische Förderanlagen*
a) Sauganlage; b) Druckanlage; c) Saug-Druck-Anlage mit Lüfterförderung; d) Saug-Druck-Anlage mit Zwischenabscheidung
1 Lüfter; *2* Fördergutaufgabe; *3* Abscheider; *4* Gutaustrag

Anlagen für die pneumatische Förderung sind stets für den speziellen Transportprozeß ausgelegt. Sie unterscheiden sich prinzipiell nur durch Anordnungen und Arten der Luftstromerzeugung (Lüfter), Fördergutaufgabe, Gutabscheidung und Gutaustrag. Nach den Anordnungen unterscheiden sich die Anlagen in:

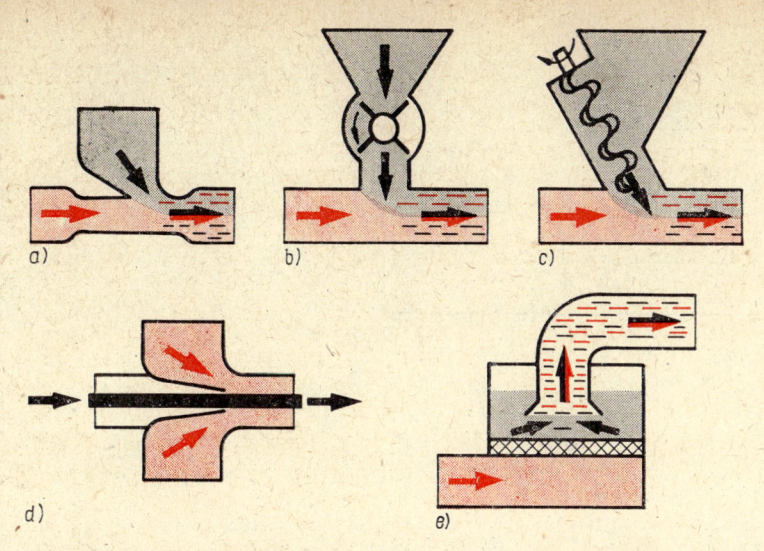

Bild 1.6.11. Methoden der Fördergutaufgabe in pneumatischen Förderanlagen
a) Düseneinlauf; b) Eintrag mit Zellradschleuse; c) Eintrag mit Förderschnecke; d) Ein- und Abzug mit Strahlapparat (Injektor); e) Wirbelschichtförderer

    Sauganlagen (Bild 1.6.10a),
    Druckanlagen (Bild 1.6.10b),
    Saug-Druck-Anlagen mit Lüfterförderung (Bild 1.6.10c),
    Saug-Druck-Anlagen mit Zwischenabscheidung (Bild 1.6.10d).

Die Fördergeschwindigkeiten, -leistungen und -weiten hängen sowohl von der Art und Größe des Luftstromerzeugers, des Durchmessers und des Weges der Rohrleitung als auch von den Fördereigenschaften des Fördergutes ab.
Besondere Probleme bringt oft die Fördergutaufgabe mit sich. Im Bild 1.6.11 sind einige Methoden zur Fördergutaufgabe dargestellt, die zum Einbringen von flüssigen, staubförmigen, faserigen und körnigen Stoffen benutzt werden (Beispiele a, b, c). Spezielle Methoden sind der Ein- und Abzug für strang- und bahnförmige Stoffe (Beispiel d) und der Eintrag von feinstaubigen Stoffen mit dem Wirbelschichtförderer (Beispiel e).
Für den innerbetrieblichen Transport haben die Rohrpostanlagen und Luftkissenförderer Bedeutung. Diese pneumatisch wirkenden Einrichtungen sind als Rationalisierungsmittel an anderer Stelle tiefgründiger zu behandeln.

1.6.4. Wirkungsschemata pneumohydraulischer Anlagen

Der prinzipielle Aufbau der Wirkungsschemata pneumohydraulischer Anlagen stimmt mit denen hydraulischer und pneumatischer Anlagen überein. Sie stellen deren Kombination dar. Besondere Bauelemente trennen den Druckflüssigkeits- und den Druckluftstrom, wie beispielsweise in pneumostatisch-hydrostatischen Druckübersetzern.
Pneumohydraulische Anlagen nutzen in der Kombination der Pneumatik mit der Hydraulik die besseren Stromregelungsmöglichkeiten zum Erreichen

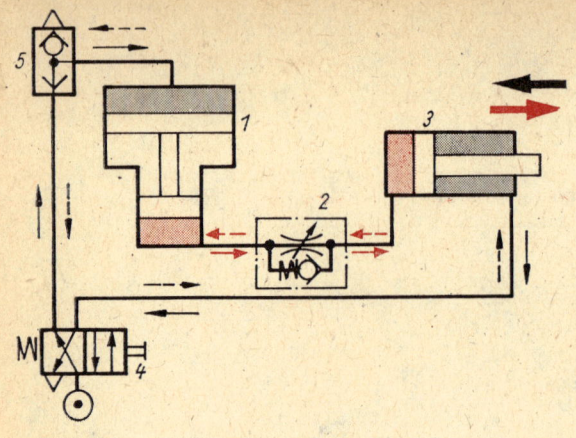

Bild 1.6.12. Wirkungsschema einer pneumohydraulischen Hubeinrichtung mit einem Drucküberseter

1 pneumostatisch-hydrostatischer Drucküberseter; 2 Drosselventil mit Rückschlagventil; 3 hydraulisch-pneumatisch wirkender Zylinder; 4 Wegeventil; 5 Schnellentlüftungsventil

geradliniger, gleichförmiger Bewegungen. Sie vereinigen damit viele Vorteile auf sich:

- Geschwindigkeiten sind stufenlos einstellbar.
- Von Eil- auf Arbeitsgang kann in schnell wechselnder Folge umgestellt werden.
- Der für hydraulische Anlagen erforderliche Pumpenantrieb entfällt.
- Mit Umformen läßt sich die Leistungsbegrenzung durch den Betriebsdruck der Hochdruckpneumatik umgehen.
- Die Bauform der Umformer bestimmt die Verschiebewege.

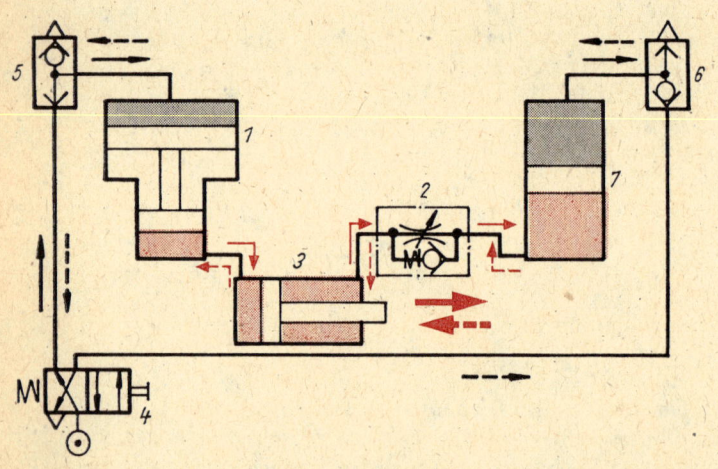

Bild 1.6.13. Wirkungsschema einer pneumohydraulischen Anlage mit zwei Druckumformern

1 pneumostatisch-hydrostatischer Drucküberseter; 2 Drosselventil mit Rückschlagventil; 3 Hydraulikzylinder; 4 Wegeventil; 5, 6 Schnellentlüftungsventile; 7 pneumohydraulischer Druckumformer

Im Bild 1.6.12 ist das Wirkungsschema einer pneumohydraulischen Hubeinrichtung dargestellt. Im pneumostatisch-hydrostatischen Druckübersetzer *1* erfolgt die Druckumformung. Der Druck der Druckluft 1 MPa wird auf einen Druck der Hydraulikflüssigkeit bis 6,3 MPa verstärkt. Das Hydraulikfluid durchströmt mit diesem erhöhten Druck das Drosselrückschlagventil *2* und bewirkt den hydrostatischen Vorlauf des Kolbens im Zylinder *3*. Über das Wegeventil *4* wird der Kolbenrücklauf im Eilgang pneumatisch gesteuert. Das Hydraulikfluid strömt durch das Rückschlagventil *2* zurück. Die Luft entweicht aus dem Druckübersetzer *1* über das Schnellentlüftungsventil *5*. Beim Einsatz von standardisierten Hydraulikzylindern in pneumohydraulischen Anlagen kann die Trennung des Hydraulikfluids vom Pneumatikfluid durch einen zweiten Druckumformer erfolgen (Bild 1.6.13).

2. Hydraulische und pneumatische Wirkungsmechanismen

2.1. Allgemeine Gestaltungsrichtlinien

Für die Gestaltung von Wirkungsmechanismen in hydraulischen und pneumatischen Anlagen sind die Gebrauchswerteigenschaften wesentlich, die neben den funktionsbedingten Vorteilen gegenüber mechanischen oder elektrischen Wirkungselementen noch konstruktiv und fertigungsmäßig wirksam werden:

- geringe Abmessungen und Massen,
- einfache Montage und Demontage,
- beliebige Einbaulage,
- Kombinationsfähigkeit,
- hohe Betriebssicherheit,
- niedriger Wartungsaufwand,
- hohe Lebensdauer.

Besonders die notwendige Dichtheit der Verbindungsstellen stellt bei der Herstellung dieser Wirkungsmechanismen hohe Anforderungen an die Fertigungstechnik. Ein zu hoher Aufwand kann durch günstige konstruktive Gestaltung und günstigen Materialeinsatz vermieden werden.
Die funktionssichere Gestaltung der Wirkungsmechanismen geht einher mit der Berechnung der Betriebskenngrößen der Anlage. Grundlage für die Berechnung der Kenngrößen sind die physikalischen Gesetzmäßigkeiten (Abschn. 1.4.). Diese Berechnungen werden mit dem Ziel durchgeführt, über die Ermittlung von Betriebskenngrößen den gewünschten Funktionsablauf und die Betriebssicherheit vorauszubestimmen oder nachzuweisen. Zu den wichtigsten Betriebskenngrößen gehören:

- erforderliche Kräfte,
- notwendige Durchsatzvolumina,
- einzuhaltende Geschwindigkeiten und Beschleunigungen,
- Größe der Mengen- und Druckverluste,
- Leistungsbedarf und Wirkungsgrad,
- Dimensionierung der Bauelemente.

Es ist äußerst schwierig, alle Betriebskenngrößen in ihrem Zusammenhang zu erfassen, besonders ihre Veränderung während des Betriebes. In der Praxis erfolgt die Ermittlung der wichtigsten Betriebskenngrößen mittels Nomogrammen, die auf der Grundlage von Berechnungen oder durch Auswertung von Meßversuchen aufgestellt werden. Bei der Behandlung der hydraulischen und pneumatischen Geräte (Abschn. 5. und 6.) werden solche Berechnungen angeführt. Die Anwendung und Vertiefung des Wissens bleiben weiterführenden Bildungseinrichtungen vorbehalten.
Eine Entscheidung, welche Arten von Wirkungsmechanismen zur Lösung einer Aufgabe in der Mechanisierung oder Automatisierung anzuwenden sind,

ist auf jeden Fall erst nach einem Vergleich zu treffen. Ausschlaggebend für die Entscheidung muß die Wirtschaftlichkeitsbetrachtung sein, die die Gesamtkosten umfaßt, d. h. alle Kosten, die sich aus den Kosten für den Betrieb der Anlage, den Kosten für die Beschaffung der Bauelemente und den Kosten für die Wartung ergeben.

2.2. Hydraulische und pneumatische Antriebsorgane

2.2.1. Wirkungspaare und Wirkungsweisen

> Unter dem Begriff Antriebsorgan werden als funktionelle Einheit einzelne Wirkungsmechanismen oder Kombinationen von Wirkungsmechanismen eingeordnet, die im Energiefluß als Leiter, Teiler, Speicher und Umformer wirken.

Als Antriebsorgane (Tafel 2.2.1) treten neben komplizierten auch einfache Wirkungsmechanismen auf, die jeweils nur von einem Bauelement gebildet werden, das eine solche selbständige Funktion im Energiefluß übernimmt. Es gibt Wirkungselemente, die gleichzeitig die Funktionen mehrerer Organe im Energiefluß einer Anlage ausüben können. Je nach dem Betrachtungsstandpunkt sind dann Haupt- und Nebenfunktionen der Wirkungselemente zu unterscheiden.

Tafel 2.2.1. Antriebsorgane in Hydraulik- und Pneumatikanlagen

| Energie- | Antriebsorgane | | | |
träger	Leiter	Teiler	Speicher	Umformer
Flüssigkeit (Hydraulikfluid)	Rohre, Schläuche, Kanäle, Durchflußbohrungen	Rohrverzweigungen, Kanalverzweigungen, Anschlußpunkte, Stromteilventile	Fluidbehälter, Druckspeicher	Pumpen, Rotationsmotoren, Drehwinkelmotoren, Hydraulikzylinder, Druckumsetzer, Druckumformer
Gas (Pneumatikfluid)	Rohre, Schläuche, Durchflußbohrungen	Rohrverzweigungen, Anschlußpunkte, Stromteilventile	Druckspeicher, Ausgleichsbehälter	Verdichter, Rotationsmotoren, Drehwinkelmotoren, Pneumatikzylinder, Druckumsetzer, Druckumformer

Die Hauptfunktion der Antriebsorgane in hydraulisch und pneumatisch wirkenden Anlagen besteht in der

- Fortleitung
- Teilung
- Umformung
- Speicherung

der mechanischen Energie in flüssigen und gasförmigen Fluids. Sowohl die Teilung als auch die Speicherung und Umformung erfordern die Fortleitung der mechanischen Energie auf pneumatischem oder hydraulischem Wege. Deshalb gilt für diese Vorgänge des Wirkungsprinzip Impulsaustausch [vgl. Abschn. 1.4.4., Gln. (1.42) und (1.43) sowie dazugehörigen Text].
Während der Impulsaustausch die naturwissenschaftlich-technische Grundgesetzmäßigkeit für alle diese Vorgänge ist, unterscheiden sich die Vorgänge in ihrer Wirkungsweise als technisch-funktionelle Gesetzmäßigkeit. So bedeutet die verlustlose Fortleitung eine Energieübertragung bei gleichbleibendem Impuls, d. h. bei gleichem Produkt aus Masse und Geschwindigkeit des Druckübertragungsmittels. Bei der Teilung dagegen wird die zuströmende Masse mit ihrer Geschwindigkeit auf die Anzahl der Abströmungen aufgeteilt und kann dort zu unterschiedlichen abströmenden Massen mit verschiedenen Geschwindigkeiten führen. Solche Teilungsvorgänge verlaufen stets verlustbehaftet.
Bei Umformungsvorgängen verändern sich neben den physikalischen Größen Masse und Geschwindigkeit auch das Volumen und der Druck im Druckübertragungsmittel und damit gleichzeitig der Energieinhalt, der auch von einem Fluid auf ein anderes übergehen kann.
Die Speichervorgänge umfassen Teilungs- und Umformungsvorgänge. Die zugeführte Energie wird durch Umformung kinetischer Energie in potentielle Energie gespeichert. Die Abzweigung des Energieflusses zum Speicher stellt dabei die Teilung dar.

Die Wirkungspaare für die Fortleitung, Teilung, Umformung und Speicherung der mechanischen Energie auf hydraulischem und pneumatischem Wege bilden das Fluid und dessen räumliche Führung.

Eine räumliche Führung geben beispielsweise Rohrwände, Schlauch- oder Kanalwände, Zylinderbohrungen und Kolbenflächen. Die konstruktive Gestaltung dieser räumlichen Führungen ergibt die Bauelemente einer Anlage, z. B. Rohre, Schläuche, Kanäle und Zylinder. In den räumlichen Führungen werden die Druckkräfte des Fluids über bestimmte Strecken fortgeleitet (vgl. Bild 1.4.1).
Die Umformung der mechanischen Energie in hydraulischen und pneumatischen Anlagen erfolgt durch Verdrängung oder Geschwindigkeitsänderung des Druckübertragungsmittels in den Wirkungspaaren (vgl. Bild 1.4.5).

- Fluid/Zylinder und Kolben,
- Fluid/Düse und Freistrahl,
- Fluid/Strahl und Strahlumlenkung.

Diese Wirkungspaare nehmen die Geschwindigkeits-, die Kraft- und die Druckumformung vor. Die für die Umformvorgänge gültigen physikalischen Gesetze wurden im Abschnitt 1.4.3. beschrieben.

Die technisch-konstruktiven Gesetzmäßigkeiten lassen eine Vielfalt von Gestaltungsmöglichkeiten zur Anwendung der Wirkungsweisen zu. Wir finden sie gleichermaßen in Druckstromverbrauchern und in Druckstromerzeugern wieder. Kolbenpumpen, Kolbenverdichter, Kolbenmotoren, Druckübersetzer, Flügelzellenmotoren, Zahnradpumpen und Zylinder nutzen die Wirkungspaarung Fluid/Kolben und Zylinder. Die Wirkungspaarung Fluid/Düse und Freistrahl wird vorwiegend in Strahlapparaten (Injektoren) verwendet. Die Wirkungspaarung Fluid/Strahl und Strahlumlenkung kommt z. B. in Turbinen, Turboverdichtern, hydrodynamischen Kupplungen und Getrieben zum Einsatz.

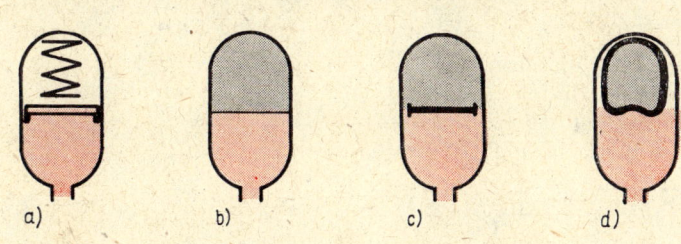

Bild 2.2.1. *Wirkungsweisen von Druckspeichern*
a) Federspeicher; b) gasgefüllter Druckspeicher ohne Trennwand; c) gasgefüllter Druckspeicher mit Trennkolben; d) gasgefüllter Druckspeicher mit elastischer Gummiblase

Speichervorgänge werden vorzugsweise durch Verdrängung in den Wirkungsweisen zur Umformung potentieller in kinetische und kinetischer in potentielle Energie bewirkt.

Die Verdrängung beim Speichervorgang kann durch Verschieben eines belasteten Kolbens erreicht werden (Bilder 2.2.1a und c) oder durch Kompression eines Speichergases, das sich über einer Flüssigkeit befindet oder in einer elastischen Gummiblase eingeschlossen ist (Bilder 2.2.1b und c). Für pneumatische Druckspeicher dient das Pneumatikfluid selbst als Kompressionsgas, so daß dieser Speicher ein einfaches Druckgefäß ist. Beim Speicherfüllvorgang drückt der Wirkungsdruck das Speichergas zusammen. Die Entnahme kommt zustande, indem der Kompressionsdruck frei wird und dem eingespeicherten Fluid die Ausströmgeschwindigkeit verleiht [vgl. Gl. (1.30)].

2.2.2. Speicher in hydraulisch und pneumatisch wirkenden Anlagen

Die Speicher lassen sich nach ihrer Funktion im Stoffluß einteilen in

- Stoffspeicher
- Druckspeicher

Die Stoffspeicher sind Behälter für das Fluid (Stoff), z. B. Hydraulikfluidbehälter. Das Fluid befindet sich dort in der Regel unter Normalbedingungen. Aus dem Stoffspeicher entnimmt der Druckstromerzeuger das Hydraulikfluid. Für pneumatische Anlagen entfallen unter Normalbedingungen diese Speicher, Stoffspeicher ist hier die Umgebungsluft.

Die Druckspeicher befinden sich im Stoffluß zwischen Druckstromerzeuger und Druckstromverbraucher. Sie übernehmen die Hauptfunktion Speicherung der mechanischen Energie. Sowohl in hydraulischen als auch in pneumatischen Anlagen tritt bei Druckspeichern gleichzeitig eine Stoffspeicherung auf (Bild 2.2.1). Deshalb werden Druckspeicher dort verwendet, wo in einer Anlage der Verbrauch von unter Druck stehendem Fluid sehr unterschiedlich ist oder zeitweise ein Druckvolumenstrom überhaupt nicht benötigt wird. Neben dem Ausgleich diskontinuierlicher Druckströme der Fluids dient ihr Einsatz auch dazu, trotz relativ kleiner Druckstromerzeuger kurzzeitig größere Druckströme zu liefern. Dort helfen Druckspeicher, einen rationellen Energieverbrauch zu gewährleisten. Gleichzeitig können sie als Energiequelle bei ausfallendem Druckstromerzeuger dienen und dadurch die Betriebssicherheit erhöhen.

Druckflüssigkeitsspeicher arbeiten nach den Prinzipien der Flüssigkeitsspeicherung volumetrisch und druckabhängig. Es handelt sich meist um gas- oder federbelastete (vgl. Bild 2.2.1), seltener um massebelastete Druckspeicher. Druckluftspeicherung ist volumetrisch und druckabhängig auf Grund der Kompressibilität der Luft möglich (Abschn. 1.4.4.).

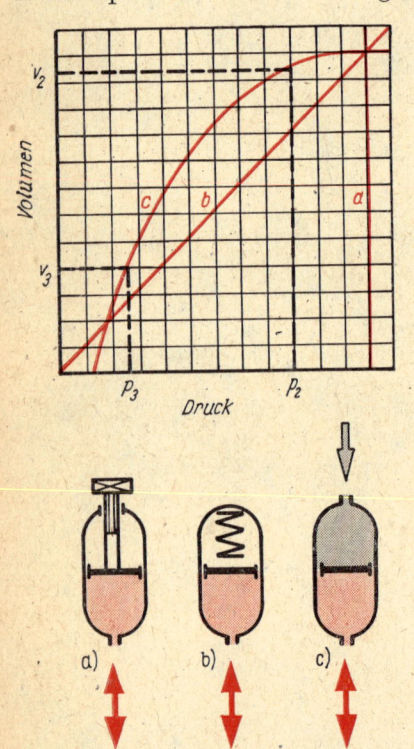

Bild 2.2.2. *Kennlinien von Druckflüssigkeitsspeichern*

a) massebelastet; b) federbelastet; c) gasbelastet

Für Druckflüssigkeitsspeicher wird das Füllen und Entleeren durch den Betriebsdruck des Arbeitsmediums bestimmt. Die Kennlinie des Druckspeichers, das Speicherdiagramm, ergibt sich aus der Belastungsart (Bild 2.2.2). Die gasbelasteten Druckflüssigkeitsspeicher sind in ihrem Verhalten wie die Druckluftspeicher von den thermodynamischen Gasgesetzen abhängig (Bild 2.2.2, Kurvenverlauf c). Das Nutzvolumen gasbelasteter Druckflüssigkeitsspeicher ergibt sich druckabhängig gemäß (Gl. 1.22) zu

$$V_{nutz} = V_2 - V_3 \tag{2.1}$$

$$V_{nutz} = V_1 \left[\left(\frac{p_1}{p_2}\right)^{\frac{1}{n}} - \left(\frac{p_1}{p_3}\right)^{\frac{1}{n}} \right] \tag{2.2}$$

V_1 Gesamtspeichervolumen
V_2, V_3 Volumen bei Betriebsdruck p_2, p_3
p_1 Gasfülldruck
n   Polytropenexponent

1. Beispiel

Welche Speicherkapazität besitzt ein druckgasbelasteter Druckflüssigkeitsspeicher mit 5 dm³ Nutzvolumen, dessen Gasfülldruck 0,16 MPa beträgt und dessen Betriebsdruck sich während des Speichervorganges von 0,3 MPa auf 0,45 MPa erhöht?

Gegeben: Speichervolumen $V_{nutz} = 5$ dm³
         Gasfülldruck $p_1 = 0{,}16$ MPa
         Betriebsdruck $p_2 = 0{,}45$ MPa
         Betriebsdruck $p_3 = 0{,}3$ MPa

Gesucht: Speicherkapazität $W = ?$

Lösung: $W = V_{nutz} (p_2 - p_3)$
        $W = 0{,}005$ m³ $(0{,}45 \cdot 10^6$ N $\cdot$ m$^{-2} - 0{,}3 \cdot 10^6$ N $\cdot$ mm$^{-2})$
        $W = 750$ N $\cdot$ m

Ergebnis: Die Speicherkapazität beträgt 750 N · m.

2. Beispiel

Ist der druckgasbelastete Druckflüssigkeitsspeicher mit einem Gesamtspeichervolumen von 25 dm³ richtig ausgewählt? Der Gasfülldruck soll 0,2 MPa, der maximale Betriebsdruck 0,5 MPa, der minimale Betriebsdruck 0,3 MPa und das erforderliche Speichervolumen 5 dm³ betragen.

Gegeben: Gesamtspeichervolumen $V_1 = 25$ dm³
         erforderliches Speichervolumen $V_{nutz\,erf} = 5$ dm³
         Gasfülldruck $p_1 = 0{,}2$ MPa
         Betriebsdrücke $p_2 = 0{,}5$ MPa
                         $p_3 = 0{,}3$ MPa
         Polytropenexponent n $= 1{,}4$

Gesucht: Tatsächlich nutzbares Speichervolumen $V_{nutz\,tats.} = ?$

Lösung: $V_{nutz\,tats.} = V_1 \left[\left(\dfrac{p_1}{p_2}\right)^{\frac{1}{n}} - \left(\dfrac{p_1}{p_3}\right)^{\frac{1}{n}} \right]$

$V_{nutz\,tats.} = 25$ dm³ $\left[\left(\dfrac{0{,}2 \text{ MPa}}{0{,}5 \text{ MPa}}\right)^{\frac{1}{1{,}4}} - \left(\dfrac{0{,}2 \text{ MPa}}{0{,}3 \text{ MPa}}\right)^{\frac{1}{1{,}4}} \right]$

$V_{nutz\,tats.} = -5{,}78$ dm³
$5{,}78 > 5$

Ergebnis: Das Gesamtspeichervolumen ist unter den gegebenen Bedingungen um 5,78 dm³ zusammendrückbar. Der Speicher ist richtig ausgewählt.

2.2.3. Leiter in hydraulisch und pneumatisch wirkenden Anlagen

Die Fortleitung hydraulischer und pneumatischer Druckvolumenströme ist nur unter Aufwendung mechanischer Energie möglich. Um das Arbeitsvolumen vom Druckstromerzeuger zum Druckstromverbraucher zu fördern, ist bereits ein Druckgefälle erforderlich. Dieses Druckgefälle stellt einen Druckverlust dar, der sich aus dem Massentransportaufwand, den Reibungsverlusten und den Widerstandsverlusten im Druckvolumenstrom ergibt [vgl. Gl. (1.36)]. Die Druckverluste, die sich auf den Volumenstrom beziehen, ändern sich quadratisch mit der Durchflußgeschwindigkeit. Für hydrostatische Anlagen werden deshalb niedrige Durchflußgeschwindigkeiten angestrebt. Der Druckabfall soll während des Umlaufs in den Leitungen 10% des Arbeitsdruckes nicht überschreiten.

Für die in den Abschnitten 1.5.2.4. und 1.5.3.3. angegebenen ausgewählten zulässigen Geschwindigkeiten stellt sich in den Rohrleitungen stets ein laminarer Strömungszustand ein, wenn vor einem Einlauf in das Rohr eine Anlaufstrecke und nach Hindernissen in der Leitung eine Beruhigungsstrecke mit einer Länge von mehr als dem zehnfachen Rohrdurchmesser (in Hydraulikanlagen 200 bis 1600 mm) als gerade Rohrleitung zugeordnet wird. Jeder Umlenkung des Druckvolumenstromes sowie jeder Querschnittsveränderung und Druckvolumenstromteilung oder -vereinigung sind Druckverluste zuzurechnen. Sie werden in den Widerstandszahlen für die Leitungsabschnitte und Bauteile erfaßt [Gl. (1.36)]. Bei guter Strömungsführung werden Widerstandszahlen von $\zeta = 0{,}1 \cdots 0{,}5$ erreicht. In ungünstigen Leitungen liegen sie über 10, ja sogar bei 100 und darüber.

Diese Widerstandszahlen werden in Versuchen meßtechnisch bestimmt. Sie werden häufig von den Herstellern in den Bauelementcharakteristiken angegeben.

Ein günstiger Wirkungsgrad einer Anlage hängt von der Erzielung niedriger Widerstandszahlen ab. Bei Rohrleitungen wird die Widerstandszahl abgeleitet von der Rohrwandungsbeschaffenheit und dem geometrischen Verhältnis zu

$$\zeta = \lambda \cdot \frac{l}{D} ; \qquad (2.3)$$

ζ Widerstandszahl
λ Reibungsbeiwert
l Rohrlänge
D Rohrinnendurchmesser.

Für Bohrungsdurchmesser bis 4 mm und $d/D \leq 0{,}5$ sowie $l/d = 0{,}5 \cdots 20$ gilt für $Re = 250 \cdots 5000$

$$\zeta = \frac{64}{Re} \cdot \frac{l}{d} + \frac{64}{Re} + 1{,}4 ; \qquad (2.4)$$

ζ Widerstandszahl
Re Reynoldszahl
d Bohrungsdurchmesser
l Bohrungslänge
D Zu- und Abflußdurchmesser.

Die Widerstandszahl ζ für Rechteckspalte bis $h = 400$ mm mit $d_h/D_h < 0{,}1$ und $\mathrm{Re} = 2\,hv/\nu$ errechnet sich zu

$$\zeta = \frac{96}{\mathrm{Re}} \cdot \frac{l}{d_h} + 1{,}5; \qquad (2.5)$$

h Spalthöhe
l Spaltlänge
d_h hydraulischer Spaltdurchmesser
D_h hydraulischer Durchmesser des Zu- und Abflußquerschnittes

$$d_h = \frac{2\,A}{U} \qquad (2.6)$$

A Strömungsquerschnitt
U benetzter Umfang.

Für Ringspalte gilt Gl. (2.5) sinngemäß, wobei $d = d_h$ und $D = D_h$ ist.

Beispiel

Für eine hydraulische Kantensteuerung ist das Steuergerät mit einer Drosselstelle im Verteilerblock anzupassen. Wie groß ist die Widerstandszahl der Drosselstelle? Sie ist als reduzierte Bohrung von $d = 3$ mm und 12 mm Länge bei einem Zu- und Abflußdurchmesser von 10 mm ausgeführt, der Durchflußstrom für das Fluid HLP 46 F beträgt $0{,}5$ dm³·s⁻¹.

Gegeben: Bohrungsdurchmesser $d = 3$ mm
              Bohrungslänge $l = 12$ mm
              Zu- und Abflußdurchmesser $D = 10$ mm
              Volumenstrom $Q = 0{,}5$ dm³·s⁻¹
              kinematische Zähigkeit $\nu = 50{,}6$ mm²·s⁻¹ (nach Tafel 1.5.1)

Gesucht: Widerstandszahl der Drosselstelle $\zeta_{Dr} = \,?$

Lösung: $\zeta_{Dr} = \dfrac{64}{\mathrm{Re}} \cdot \dfrac{l}{d} + \dfrac{64}{\mathrm{Re}} + 1{,}4$

(gilt für $\mathrm{Re} = 250 \cdots 5000$)

$\mathrm{Re} = 4250$ [Berechnung mit Gl. (1.31)]

$$\zeta_{Dr} = \frac{64 \cdot 12 \text{ mm}}{4250 \cdot 3 \text{ mm}} + \frac{64}{4250} + 1{,}4$$

$\zeta_{Dr} = 1{,}475$

Ergebnis: Die Widerstandszahl der Drosselstelle hat den Wert $1{,}476$.

2.2.4. Umformer in hydraulisch und pneumatisch wirkenden Anlagen

Die Funktionen, die den Umformern in hydraulisch und pneumatisch wirkenden Anlagen zukommen, sind stets der Hauptfunktion Umformung der mechanischen Energie untergeordnet. Im besonderen stellen sie aber Umformvorgänge für die an der Fortleitung der Energie beteiligten kinetischen und kinematischen Kenngrößen dar:

- Umformung der potentiellen Energie in kinetische Energie und umgekehrt;
- Umformung der Bewegung des Stoffstromes und der Wirkungsmechanismen von
  - geradlinig fortlaufend in geradlinig hin- und hergehend,
  - geradlinig fortlaufend in schwingend,
  - geradlinig fortlaufend in drehend,
  - drehend in hin- und hergehend,
  - drehend in schwingend

  und deren Bewegungsumkehrungen;
- Umformung des Bewegungsablaufs von
  - schnell in langsam,
  - gleichförmig in ungleichförmig

  und in umgekehrter Weise;
- Umformung der Kraftwirkung;
- Umformung des Druckes;
- Umformung bei gleichzeitigem Übergang der Energie von einem Fluid auf ein anderes.

In den Wirkungsweisen können sich die Umformvorgänge überlagern.
Die Berechnungsgrundlagen für die Umformvorgänge leiten sich theoretisch aus den physikalischen Gesetzen der Geschwindigkeits-, Kraft- und Druckumformung (vgl. Abschn. 1.4.) und den Gesetzmäßigkeiten für die Fortleitung der Energie in Hydraulik- und Pneumatikfluids ab. Die in der Praxis für die Auslegung und Beurteilung von Antriebsorganen als Druckstromerzeuger oder Druckstromverbraucher verwendeten Kennlinien und Nomogramme sind in der Regel aus Meßversuchen gewonnen. Die Einflüsse auf die Kenngrößen beim Ablauf der Vorgänge sind kompliziert und vielfältig, so daß sich die Ergebnisse theoretischer Berechnungen nur als Richtwerte betrachten lassen. Die durch Versuche gewonnenen Ergebnisse haben auch nur unter den für die Versuchsbedingungen geltenden Kenngrößen Gültigkeit.
Die Methode „Verdrängung" mit ihrer Vielzahl von Wirkungsweisen ist in den Wirkungsmechanismen der Umformer am meisten vertreten. Das Wirkungspaar Fluid/Zylinder und Kolben wird in vielfältigen funktionellen und konstruktiven Varianten eingesetzt. Bild 2.2.3 zeigt die Wirkungsweisen und Wirkungsmechanismen in verschiedenen Anordnungen. Kolben-, Schieber- und Flügelanordnung sind sowohl in Druckstromerzeugern als auch in Druckstromverbrauchern einsetzbar; die Schraubenanordnung und die Zahnradanordnung findet man mit nur wenigen Ausnahmen in Druckstromerzeugern.
Durch Kombination gleich- oder verschiedenartiger Wirkungsmechanismen und entsprechende Dimensionierung lassen sich alle Umformvorgänge den erforderlichen Bedingungen anpassen und zur Erfüllung der Hauptfunktionen und Nebenfunktionen als Antriebsorgan einsetzen.
Die Methode Geschwindigkeitsänderung wird zur Fortleitung und Umformung mechanischer Energie mit dem Wirkungspaar Fluid/Strahl und Strahlumlenkung in hydrodynamischen Getrieben angewandt. Die Wirkungsweise besteht darin, daß dem Fluid Bewegungsenergie erteilt wird und ein Strahl durch Strahlumlenkung über den Impulsaustausch diese Bewegungsenergie fortleiten kann. Die erforderlichen Wirkungsmechanismen sind dabei Strömungsführungen in der Form von Kanälen. Sie bewegen sich relativ gegeneinander und können von Fluid axial oder radial durchströmt werden.

Bild 2.2.4 zeigt die schematische Anordnung der Wirkungsmechanismen als Radiallaufräder einer Pumpe *1*, einer Turbine *2* sowie die feststehenden, mit dem Gehäuse verbundenen Leitschaufeln *3*. Die Wirkungsweise kennzeichnet die mit Pfeilen angedeutete Durchflußrichtung der Strömung des Fluids, im Beispiel eine radiale Durchflußrichtung.

Bild 2.2.3. *Wirkungsweisen von Wirkungsmechanismen von Umformern nach der Methode „Verdrängung" mit dem Wirkungspaar „Fluid/Zylinder und Kolben"*

a) Zylinder mit Tauchkolben, einfachwirkend; b) Zylinder mit Scheibenkolben und einseitiger Kolbenstange einfachwirkend; c) Zylinder mit Scheibenkolben und einseitiger Kolbenstange, doppeltwirkend; d) Zylinder mit Scheibenkolben und beidseitiger Kolbenstange, doppeltwirkend; e) Zylinder mit Membranenkolben, doppeltwirkend; f) Zylinder mit Teleskopkolben, einfachwirkend; g) Drehwinkelmotor-Drehschieberanordnung; h) Drehwinkelmotor-Drehflügelanordnung; i) Pumpe-Radialkolbenanordnung; k) Pumpe-Axialkolbenanordnung; l) Pumpe-Flügelzellenanordnung; m) Pumpe-Zahnradanordnung; n) Pumpe-Schraubenanordnung

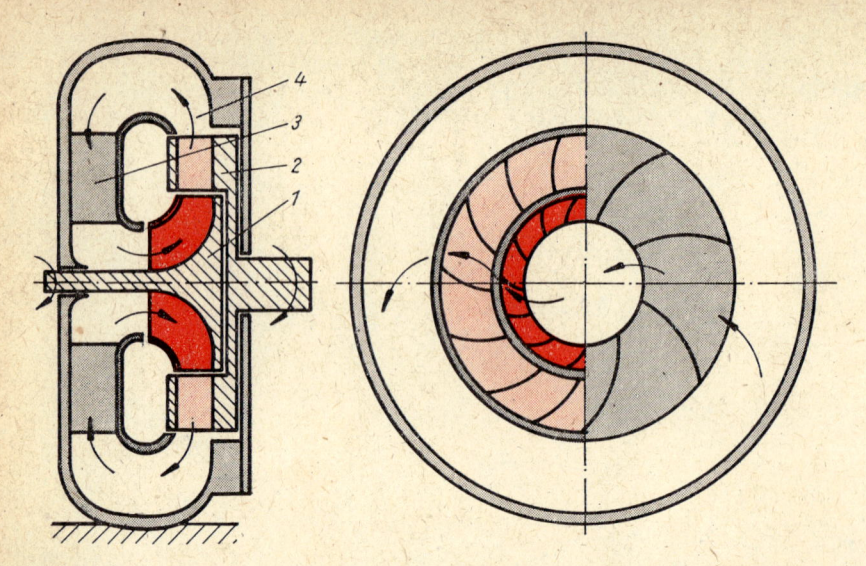

Bild 2.2.4. *Wirkungsweise und Wirkungsmechanismen in einem hydrodynamischen Getriebe*
1 Radialpumpe; 2 Radialturbine; 3 Leitschaufel; 4 Umlenkkanal

Die Umformung der Bewegungsenergie hängt von den durch die Strahlumlenkung übertragenen Kraftwirkungen (Bild 2.2.5) ab. Diese Kraftwirkungen werden größenmäßig durch den auftretenden Massendurchsatz m/t und die Geschwindigkeitsänderung Δc bestimmt. Die erforderlichen Geschwindigkeitsverhältnisse des Massenstromes lassen sich durch entsprechende Strömungsführung in den Kanälen und durch die Drehzahlen erzielen.

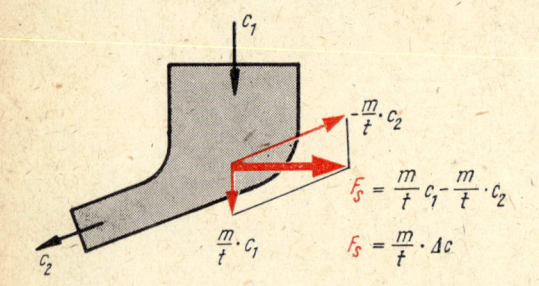

$$F_S = \frac{m}{t} c_1 - \frac{m}{t} \cdot c_2$$

$$F_S = \frac{m}{t} \cdot \Delta c$$

Bild 2.2.5. *Kraftwirkung eines strömenden Mediums durch Strahlumlenkung in einem gekrümmten Kanal*
F_S Schubkraft; m/t Durchsatz der Masse m in der Zeit t; c_1 Eintrittsgeschwindigkeit des Strahls; c_2 Austrittsgeschwindigkeit des Strahls; Δc Geschwindigkeitsänderung in Größe und Richtung

Die Wirkungsgrade der Umformer werden von der konstruktiven Gestaltung und der fertigungstechnischen Ausführung der Wirkungsmechanismen beeinflußt. Große Bedeutung kommt dabei den Führungselementen des Massenstromes zu, die nach strömungstechnisch günstigen Bedingungen geformt sein müssen und nur geringste Druck- und Leckverluste zulassen dürfen.

2.3. Hydraulische und pneumatische Anpassungsorgane

2.3.1. Wirkungspaare und Wirkungsweisen

> Unter dem Begriff Anpassungsorgan werden als funktionelle Einheit einzelne Wirkungsmechanismen oder Kombinationen von Wirkungsmechanismen eingeordnet, die im Energiefluß als Schalter, Widerstände, Regler und Meßmittel wirken.

Anpassungsorgane (Tafel 2.3.1) gewährleisten die Einhaltung eines bestimmten Funktionsablaufs aller Wirkungsmechanismen, aus denen eine Anlage besteht. Die Schalter gestatten ein beliebiges Unterbrechen und Zuschalten des Energieflusses, ohne daß Leitungselemente durch Montage oder Demontage verändert werden müssen. Widerstände, Regler und Meßmittel werden druck-, geschwindigkeits- und volumenabhängig wirksam.
In den hydraulisch und pneumatisch wirkenden Anpassungsorganen finden wir die Wirkungspaare und Wirkungsweisen von hydraulisch und pneumatisch wirkenden Arbeitsorganen wieder. In besonderer Form treten Schieber,

Tafel 2.3.1. Anpassungsorgane in Hydraulik- und Pneumatikanlagen

Energieträger	Anpassungsorgane		
	Schalter	Widerstände	Regler und Meßmittel
Flüssigkeit (Hydraulikfluid)	Absperrschieber, Absperrhähne, Druckschalter, Strömungsschalter, Wegeventile, Sperrventile	Blenden, Drosselklappen, Drosselwiderstände, Drosselventile, Rückschlagventile, Filter, Endlagenbremsungen, Stromventile	Füllstandregler, Druckregler, Druckschalter, Strömungsschalter, Thermoregler, Druckbegrenzungsventile, Druckminderventile, Druckdifferenzventile, Druckverhältnisventile, Strombegrenzungsventile, Druckmesser, Differenzdruckmesser, Strommesser, Temperaturmesser
Gas (Pneumatikfluid)	Absperrschieber, Absperrhähne, Druckschalter, Strömungsschalter, Wegeventile, Sperrventile	Blenden, Drosselklappen, Drosselwiderstände, Drosselventile, Rückschlagventile, Filter, Endlagenbremsungen, Stromventile, Schalldämpfer	Druckregler, Druckschalter, Strömungsschalter, Thermoregler, Druckbegrenzungsventile, Druckminderventile, Druckdifferenzventile, Druckverhältnisventile, Strombegrenzungsventile, Druckmesser, Differenzdruckmesser, Strommesser, Temperaturmesser

Kolben, Klappen und Blenden im Durchflußstrom zur Querschnittsänderung zwecks Beeinflussung des Druckes, der Durchflußmenge und der Durchflußrichtung auf. Die Anpassungsorgane werden in den meisten Anlagen als Kombinationen eingesetzt, wodurch sie eine selbsttätige Steuerung bewirken können.

2.3.2. Schalter in hydraulisch und pneumatisch wirkenden Anlagen

Die Funktionen des Zuschaltens und Unterbrechens des Stoff- und Energieflusses übernehmen in hydraulischen und pneumatischen Anlagen Absperrschieber, Absperrhähne, Sperrventile, Druckschalter, Strömungsschalter und Wegeventile. Sie sperren den Durchflußquerschnitt an der Wirkungsstelle entweder ganz ab oder geben ihn voll frei. Ihre Betätigung erfolgt mechanisch durch Muskelkraft, durch Federkraft, durch Kurven und Nocken. Sie ist auch hydro- oder pneumostatisch, elektromagnetisch und elektromotorisch möglich. Die Art der Betätigung wird durch den gesamten Prozeßablauf und die verwendeten Hilfsenergien in den Anlagen bestimmt.

2.3.3. Widerstände in hydraulisch und pneumatisch wirkenden Anlagen

Zur Einwirkung auf den Stoff- und Energiefluß sind neben den Schaltern auch Anpassungsorgane erforderlich, die den Stoff- oder Energiefluß nur teilweise drosseln oder anderweitig beeinflussen. Die Funktion übernehmen Widerstände, die mit konstanter oder veränderlicher Größe wirken können. Ihre Wirkungsweisen sind durch Drosselspaltwirkungen gekennzeichnet, die bei Kolben-, Teller-, Kugel- und Kegelausführungen der Wirkungselemente zur Querschnittsveränderung unterschiedliche Wirkungen im Druckvolumenstrom hervorbringen.
In hydraulischen und pneumatischen Anlagen sind solche Widerstände hauptsächlich in der Form von Drosselventilen zu finden. Beispiele der konstruktiven Gestaltung der Drosselspalte zeigt Bild 2.3.1. Die Drosselspaltwirkungen sind druckabhängig. Der durch den Drosselquerschnitt hindurchtretende Massenstrom ist vom Druck vor und hinter der Drosselstelle abhängig und vom Druckverlust, der durch den Öffnungsgrad des Spaltes bestimmt wird.
Für einen Kolbenringspalt (Bild 2.3.1a) nimmt z. B. die Widerstandszahl bei einem Öffnungsgrad von 100% einen Wert von $\zeta = 0{,}05$ an, bei 50% $\zeta = 2{,}0$ und bei 10% $\zeta = 100$.
Ähnliche Verhältnisse treten auch beim Tellerringspalt (Bild 2.3.1b) mit $\zeta = 2{,}5$ auf.
Günstigere Ausführungen sind in den Bildern 2.3.1c bis f dargestellt.
Die Spaltformen a bis d haben als Nachteile geringe Feineinstellmöglichkeit und Verstopfungsgefahr bei Verschmutzung des Fluids. Die Ausführung des Spaltes mit den Wirkungselementen Ringblende und Axialkerbe (Bild 2.3.1f) — eine sehr gute Möglichkeit der Feineinstellung und geringste Verschmutzungsgefahr — ist jedoch technologisch sehr aufwendig. Am häufigsten wird praktisch die Dreieckkerbe (Bild 2.3.1e) angewendet, die eine sehr gute Empfindlichkeit bei der Einstellung kleiner Querschnitte hat, jedoch auch anfällig gegen Verschmutzung ist.

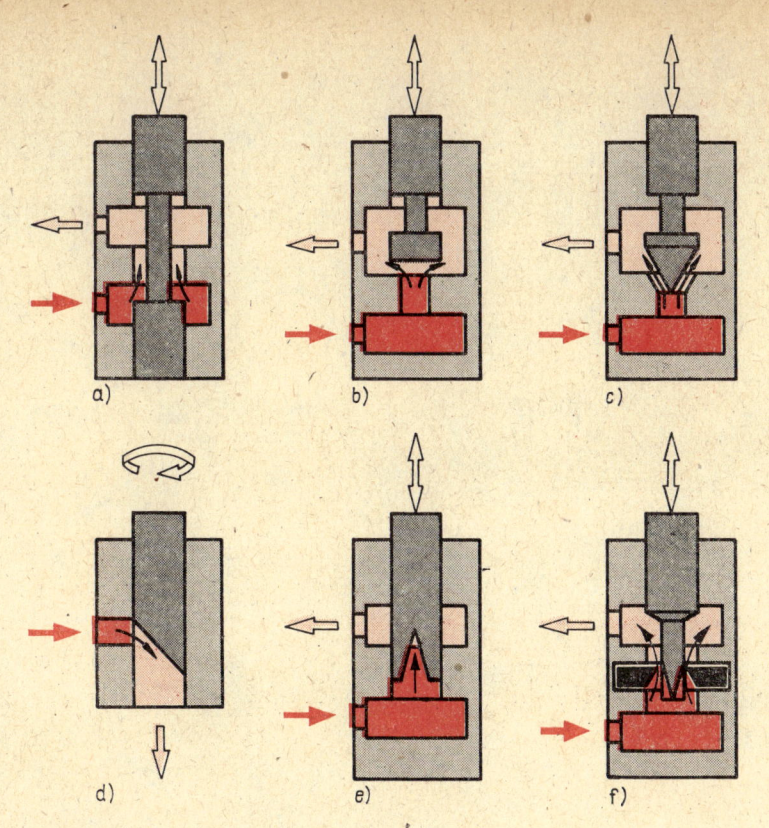

Bild 2.3.1. Drosselspaltausführungen
a) Kolbenringspalt; b) Tellerringspalt; c) Kegelringspalt; d) Kreissegmentspalt; e) Dreieckkerbe; f) Axialkerbe und Blende

2.3.4. Regler und Meßmittel in hydraulisch und pneumatisch wirkenden Anlagen

Zur Gewährleistung der Betriebssicherheit von hydraulisch und pneumatisch wirkenden Anlagen dienen Regler und Meßmittel. Meßmittel informieren mit Hilfe von Anzeige- oder Registriereinrichtungen über die Zustände der gemessenen Kenngrößen an den Meßstellen innerhalb der Anlage (Tafel 2.3.1). Die Meßgrößen werden oft als Regelgrößen benutzt. Beispielsweise können Druck- und Strömungsschalter innerhalb eines Stellbereiches ein Zweipunktregelverhalten durch Ein- und Ausschalten in Abhängigkeit von der Regelgröße bewirken.

Bei Reglern wirkt die Regelgröße unmittelbar auf die Stelleinrichtung des Reglers oder mittelbar über eine Servoeinrichtung. Die Regelgrößen beeinflussen den Regler in Abhängigkeit von

- Druck
- Volumen
- Geschwindigkeit

a)

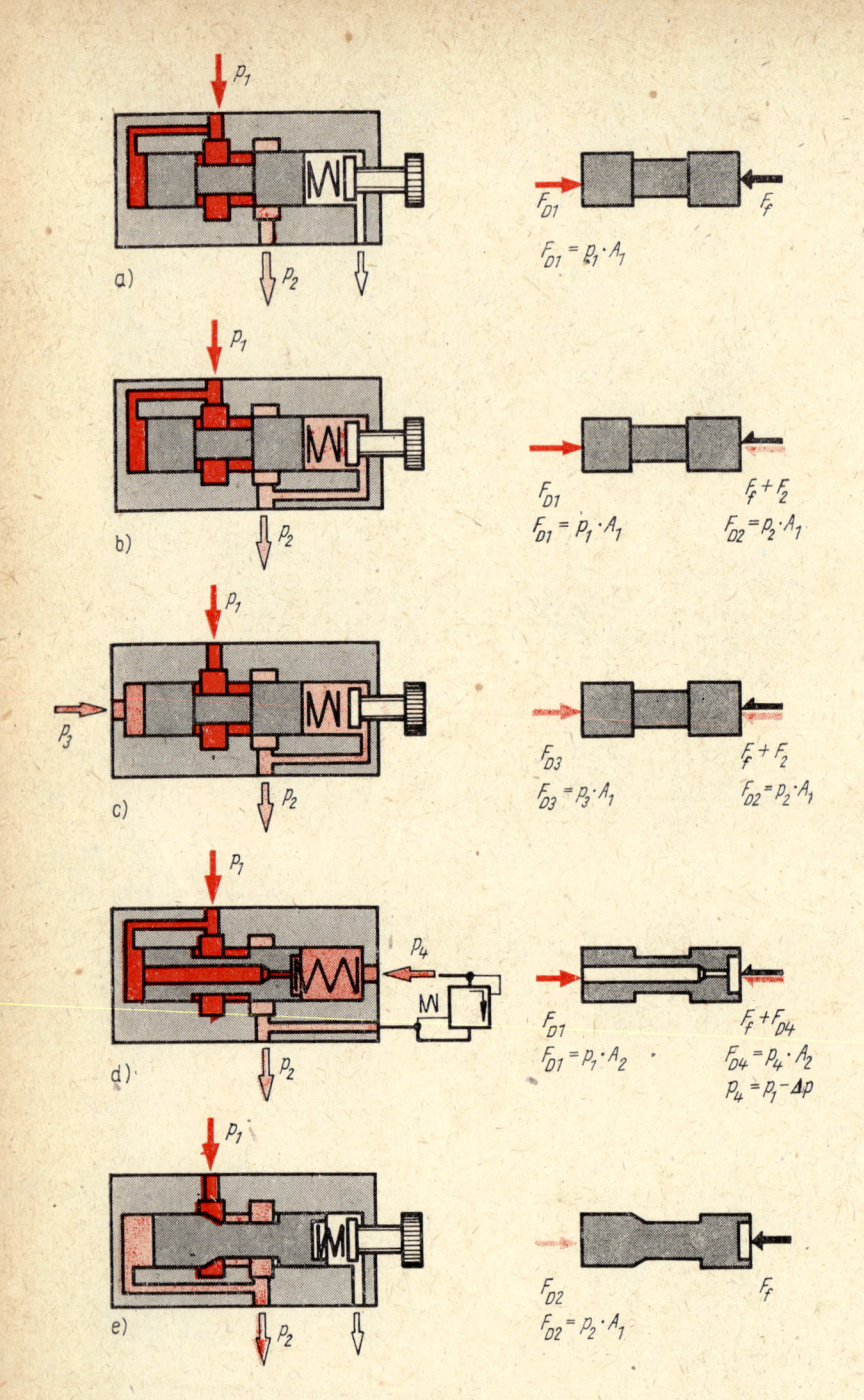

F_{D1} F_f
$F_{D1} = p_1 \cdot A_1$

b)

F_{D1} $F_f + F_2$
$F_{D1} = p_1 \cdot A_1$ $F_{D2} = p_2 \cdot A_1$

c)

F_{D3} $F_f + F_2$
$F_{D3} = p_3 \cdot A_1$ $F_{D2} = p_2 \cdot A_1$

d)

F_{D1} $F_f + F_{D4}$
$F_{D1} = p_1 \cdot A_2$ $F_{D4} = p_4 \cdot A_2$
                    $p_4 = p_1 - \Delta p$

e)

F_{D2} F_f
$F_{D2} = p_2 \cdot A_1$

Bild 2.3.2. (a–e)

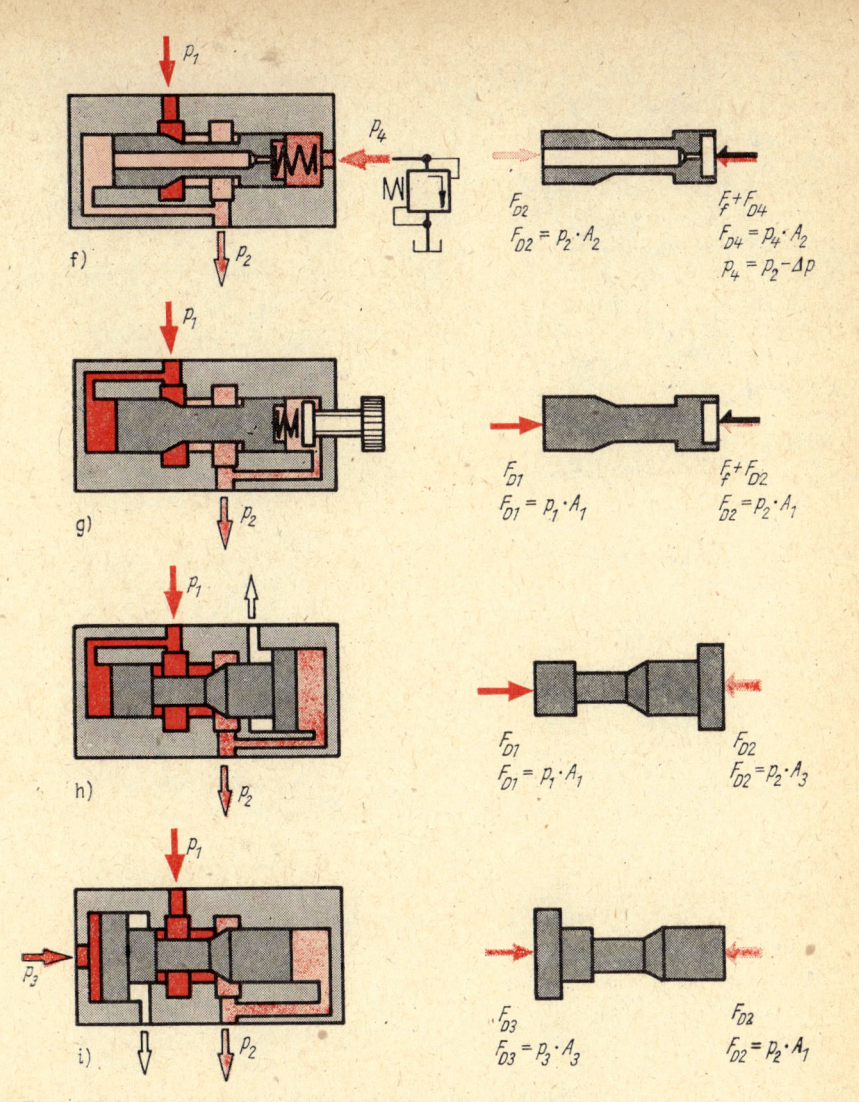

Bild 2.3.2. *Druckabhängig gesteuerte Ventile als Regler*

a) eigengesteuertes Druckbegrenzungsventil, ablaufdruckentlastet; b) eigengesteuertes Druckbegrenzungsventil, nicht ablaufdruckentlastet; c) fremdgesteuertes Druckbegrenzungsventil, nicht ablaufdruckentlastet; d) eigengesteuertes Druckbegrenzungsventil mit Vorsteuerung, Vorsteuerventil wie Ausführung b); e) direktgesteuertes Druckminderventil; f) vorgesteuertes Druckminderventil, Vorsteuerventil wie Ausführung b); g) eigengesteuertes Druckdifferenzventil $p_1 > p_2$; h) eigengesteuertes Druckverhältnisventil, $p_1 : p_2 =$ konst.; i) fremdgesteuertes Druckverhältnisventil, $p_2 : p_3 =$ konst.

Druckabhängig wirken als Regler (Bild 2.3.2)

- Druckbegrenzungsventile
- Druckminderventile
- Druckdifferenzventile
- Druckverhältnisventile.

Die einzuhaltenden Druckverhältnisse können durch eine Federkraft oder eine hydro- oder pneumostatische Kraft am Steuerkolben vorgegeben werden. Zur besseren Übersicht sind die wirkenden Kräfte an den Steuerkolben in den Bildern 2.3.2 a bis i gezeichnet, um so die Wirkungsweise zu veranschaulichen. Bei einem eigengesteuerten Druckbegrenzungsventil (Bild 2.3.2a) wird die Ventilbetätigung dann eingeleitet, wenn der Druck in der Zuleitung p_1 den mit der Druckfeder eingestellten Öffnungsdruck des Ventils überschreitet. Für das Kräfteverhältnis am Steuerkolben gilt dann $F_{D1} = p_1 \cdot A_1 > F_f$. Ein Teilstrom fließt gedrosselt über den frei gewordenen Öffnungsquerschnitt in die Abflußleitung am Kolben. Durchfließendes Lecköl wird aus dem Federraum über eine getrennte Leckölleitung unabhängig vom in der Ablaufleitung herrschenden Druck p_2 zum Behälter abgeleitet — ablaufdruckentlastet.

Wird diese Leckölleitung innerhalb des Ventils mit der Ablaufleitung verbunden (Bild 2.3.2b), so baut sich der Druck p_2 im Federraum auf und bewirkt die Gegenkraft $F_{D2} = p_2 \cdot A_1$, die nun mit der Federkraft F_f der Verschiebung des Steuerkolbens mit der Kraft $F_{D1} = p_1 \cdot A_1$ entgegenwirkt, bis sich das Kräftegleichgewicht von $F_{D1} = F_{D2} + F_f$ einstellt. Da der Ablaufdruck unterschiedliche Werte haben kann, sind diese nicht ablaufdruckentlasteten Ventile ungenauer.

Im fremdgesteuerten Druckbegrenzungsventil (Bild 2.3.2c) wird der Steuerkolben von einem beliebigen Druck p_3 beaufschlagt, der unabhängig vom gesteuerten Druck p_1 ist. Da das Ventil nicht ablaufdruckentlastet ist, wird die Stellung des Steuerkolbens durch die Kraftwirkung des Steuerdruckes $F_{D3} = p_3 \cdot A_1$ und die Wirkung der Gegenkräfte F_f und $F_{D2} = p_2 \cdot A_1$ bestimmt.

Bei einem vorgesteuerten Druckbegrenzungsventil (Bild 2.3.2d) wird der Öffnungsdruck am Vorsteuerventil eingestellt und wirkt von dort auf das Hauptsteuerventil. Das Vorsteuerventil regelt den Differenzdruck p_4 und bestimmt so die Stellung des Steuerkolbens im Hauptsteuerventil zusammen mit der Wirkung der Federkraft F_f. Es stellt sich somit das Kräftegleichgewicht $F_{D1} = F_{D4} + F_f$ ein.

Der Öffnungsdruck kann bei direktgesteuerten Ventilen mit einer Feder nur in einem bestimmten Druckbereich eingestellt werden. Durch Austausch der Federn erhält man bei gleicher Ventilkonstruktion die Möglichkeit, in verschiedenen Druckbereichen arbeiten zu können. Der Druckeinstellbereich umfaßt bei vorgesteuerten Ventilen die Werte von etwa 5% bis 100% des Nenndruckes. In gleicher Weise können Druckminderventile, Druckdifferenzventile und Druckverhältnisventile vorgesteuert werden.

Druckminderventile halten den Druck p_2 in der Abflußleitung, unabhängig vom Druck p_1 in der Zuleitung und von den Belastungen im Nebenkreislauf, auf dem mit der Federkraft F_f eingestellten Wert (Bilder 2.3.2e und f) konstant.

In Druckdifferenzventilen (Bild 2.3.2g) wird die Druckdifferenz zwischen dem gesteuerten Druck p_1 und dem Steuerdruck p_2 durch die eingestellte Federkraft bestimmt.

Die Druckverhältnisventile (Bilder 2.3.2h und i) stellen das Druckverhältnis in umgekehrter Größe des Verhältnisses der Steuerkolbenflächen ein.

Volumen- und geschwindigkeitsabhängig wirken als Regler

- Drosselventile
- Strombegrenzungsventile
- Rohrbruchventile.

Strombegrenzungsventile sind Kombinationen von Drossel- und Druckdifferenzventilen. Druckdifferenzventile im Zulaufleitungsteil bzw. im Abflußleitungsteil halten die Druckdifferenz über dem Drosselventil konstant, unabhängig vom Arbeitsdruck in der Abfluß- und in der Zulaufleitung, so daß der Durchflußstrom und Belastungsänderungen des Druckstromverbrauchers unabhängig werden. Die Einstellung des Durchflußstromes erfolgt also mittels der eingestellten Druckverhältnisse an den Drosselventilen.

Eine Bedeutung erlangten auf Grund von Forderungen des Arbeitsschutzes die Rohrbruchventile. Sie vermeiden in Hebezeugen z. B. das Abfallen von Lasten oder in anderen Anlagen das Leerlaufen von Druckspeichern, indem sie nach Überschreiten des zulässigen Durchflußstromes den Durchfluß sperren. Heute werden sie oftmals durch entsperrbare Rückschlagventile ersetzt.

2.4. Gerätesysteme der Hydraulik und Pneumatik

2.4.1. Merkmale

Antriebs- und Anpassungsorgane in hydraulisch und pneumatisch wirkenden Anlagen sind selbständige Geräte, die standardisiert sind und kombiniert werden können. Den Forderungen nach Kombinierbarkeit, Wiederhol- und Austauschbarkeit werden die vom VEB Kombinat ORSTA-Hydraulik entwickelten Gerätesysteme ORSTA-Hydraulik und ORSTA-Pneumatik gerecht, die im Abschnitt 5. näher erläutert werden.

2.4.2. Kenngrößen

Der Bedarf an hydraulischen und pneumatischen Geräten wächst in allen Industriezweigen der Volkswirtschaft ständig. Um möglichst alle Forderungen der verschiedenen Anwendungsbereiche erfüllen zu können, wurden unter der Bezeichnung ORSTA-Hydraulik bzw. ORSTA-Pneumatik komplette Gerätesysteme entwickelt, die vielseitig einsetzbar, universell verkettungsfähig und in ihren Kenngrößen standardisiert sind. Diese Kenngrößen bestimmen wesentlich die Abmessungen und den konstruktiven Aufbau der Geräte, die Kombinationsfähigkeit der Geräte miteinander und das Einsatzgebiet. Standardisierte Grundkenngrößen sind:

Nenndruck	p_n
Nennverdrängungsvolumen	V_{gn}
Nennvolumenstrom	Q_n
Nennweite	D_n
Nenndrehzahl	n_n
Nennmoment	M_n
Venninhalt	V_n

Nenndruck ist der maximale hydrostatische oder pneumostatische Druck, bei dem die Funktionssicherheit der Geräte während der festgelegten Betriebsdauer garantiert wird. Kurzzeitige Überschreitungen des Nenndruckes

(Druckspitzen) sind möglich; sie sind aus den Belastungsdiagrammen der Geräte zu entnehmen. Vorzugsgrößen sind

Hydraulik: $p_n = 6{,}3$; 16 oder 32 MPa,
Pneumatik: $p_n = 0{,}16$; 0,63 oder 1,0 MPa.

Nennverdrängungsvolumen ist die Summe aller Volumenänderungen der Saug- oder Druckräume, die durch die Bewegung der Verdrängerelemente von Druckstromerzeugern und -verbrauchern während einer Umdrehung der Antriebswelle bzw. eines Doppelhubes des Antriebsgliedes entstehen. Nennverdrängungsvolumina sind nur für hydraulische Pumpen und Motoren standardisiert und bewegen sich im Bereich

Hydraulik: $V_{gn} = 0{,}5 \cdots 800$ cm³.

Nennvolumenstrom (Nennförderstrom) ist der Volumenstrom, den hydraulische Pumpen bei Nenndrehzahl und Nenndruck abgeben bzw. den hydraulische Motoren bei Nenndrehzahl und Nennmoment aufnehmen. Nennvolumenströme sind standardisiert:

Hydraulik: $Q_n = 1 \cdots 1600$ dm³/min.

Nennweite ist der Nennwert der lichten Weite des kreisförmigen Strömungsquerschnittes der Rohrleitungen oder der entsprechenden Gehäusebohrungen von Hydraulik- bzw. Pneumatikgeräten. Die Nennweite ist der Hauptkennwert von Ventilen und Rohrleitungselementen. Geräte gleicher Nennweite lassen sich direkt kombinieren. Vorzugsgrößen sind

Hydraulik: $D_n = 4$; 6; 10; 13; 16; 20; 25; 32; 40 und 50 mm,
Pneumatik: $D_n = 1{,}6$; 2,5; 6; 10; 16; 25 und 40 mm.

Nenndrehzahl ist die Drehzahl, bei der hydraulische oder pneumatische Druckstromerzeuger bzw. -verbraucher mit rotierender An- bzw. Abtriebsbewegung die vorgegebenen Kennwerte erreichen. Folgende Nenndrehzahlen sind standardisiert:

Hydraulik und Pneumatik:
$n_n = 750$; 1000; 1500 und 3000 min⁻¹.

Nennmoment ist das Moment, das von hydraulischen bzw. pneumatischen Motoren mit drehender Antriebsbewegung bei Nennbedingungen abgegeben wird. Es ist ein Hauptkennzeichen für alle Rotationsmotoren. Nennmomente sind standardisiert:

Hydraulik: $M_n = 16 \cdots 2000$ N · m,
Pneumatik: $M_n = 0{,}2 \cdots 100$ N · m.

Nenninhalt wird das Volumen eines Fluids in einem Gefäß unter Nennbedingungen genannt. Dies kann beispielsweise der maximale Flüssigkeitsinhalt von Behältern, der von den Behälterwänden eingeschlossene Raum von Druckluftspeichern oder die Summe der Volumina aus Gas- und Flüssigkeitsraum von Druckflüssigkeitsspeichern sein. Standardisierte Nenninhalte sind

Hydraulik und Pneumatik:
$V_n = 1 \cdots 25000$ dm³.

3. Anordnungen der Wirkungsmechanismen in hydraulischen und pneumatischen Anlagen

3.1. Allgemeine Anordnungen der Wirkungsmechanismen

> Wie die Wirkungsmechanismen in hydraulisch und pneumatisch wirkenden Anlagen angeordnet werden, hängt von der geforderten Einwirkung auf den Energie- oder Informationsfluß ab.

Wirkungsmechanismen im Informationsfluß weisen niedrige Druckbereiche und geringe Volumenströme, jedoch hohe Impulsgeschwindigkeiten und kurze Schaltzeiten sowie eine große Anzahl der Schaltungen ($> 1 \cdot 10^9$) auf.
Wirkungsmechanismen im Energiefluß müssen im Bereich der Nenndrücke den Forderungen der Hochdruckpneumatik und -hydraulik gerecht werden.
Daraus ergeben sich, dem Verwendungszweck entsprechend, kleinere oder größere Bauweisen und vielseitige Verkettungsmöglichkeiten. In modernen Anlagen, die gleichzeitig pneumatisch oder hydraulisch gesteuert oder geregelt werden, finden wir diese Wirkungsmechanismen gemeinsam eingesetzt.
Die Betätigung der Wirkungsmechanismen in Anpassungsorganen solcher Anlagen ist beispielsweise durch pneumatische Stelleinheiten für pneumatische Programmsteuerungen oder hydraulische Verstellungen möglich. Gegenüber der Handbetätigung haben mechanische Steuerungen und Betätigungen mittels Elektromagneten den Vorzug.
Grundsätzlich bestehen die Anlagen aus Druckstromerzeugern und Druckstromverbrauchern. Abhängig von ihrer Funktion werden die Anlagen durch Antriebs- und Anpassungsorgane ergänzt. Die Reihenfolge der Anpassungsorgane kann einerseits qualitative Unterschiede in der Wirkungsweise hervorbringen, andererseits ist die Wirkung eines Umformers, z. B. eines Zylinders, durch die Anordnung der Anpassungsorgane in der Zulaufleitung oder in der Ablaufleitung beeinflußbar.
Druckstromerzeuger und Druckstromverbraucher haben häufig das gleiche Konstruktionsprinzip und sind in ihrem Aufbau ähnlich. Deshalb können auch die meisten Druckstromerzeuger als Druckstromverbraucher arbeiten, wenn ihnen ein Druckvolumenstrom zugeführt wird.
Für die Erzeugung von Drehbewegungen oder geradlinigen Bewegungen werden die gleichen Druckstromerzeuger verwendet. Die Druckstromverbraucher zur Erzeugung der Abtriebsbewegung unterscheiden sich ebenso wie die dazugehörigen Anpassungsorgane. Drehbewegungen werden von hydraulischen oder pneumatischen Rotationsmotoren, geradlinige Bewegungen von Zylindern erzeugt. Den Druckstromverbrauchern sind als Schalter meist Wegeventile vorgeschaltet, Widerstände können in der Form von Drosselventilen vor- oder nachgeschaltet sein. Häufig findet man hydraulische Antriebe dort eingesetzt, wo eine stufenlose Drehzahländerung erforderlich ist. Hierzu werden stellbare Pumpen und Motoren mit stufenlos veränderlichen Verdrängungsvolumen verwendet, die einander direkt zugeordnet

werden. Sie erfordern zur Mengenregelung keine Anpassungsorgane im Druckvolumenstrom.

> **Über die Funktion eines Gerätes als Druckstromerzeuger oder -verbraucher entscheidet nicht allein sein Aufbau, sondern seine Anordnung innerhalb des Energieflusses.**

3.2. Wirkungsmechanismen im Energiefluß

Die Belastung dieser Wirkungsmechanismen durch den Druckvolumenstrom wird stets vom Druckstromverbraucher bestimmt. In ihm stellt sich ein Druck ein. Er ist vom äußeren Widerstand in der Form einer zu überwindenden Kraft am Zylinder oder eines abgenommenen Drehmomentes am Motor abhängig. Der Maximalwert wird durch die Leistung des Druckstromerzeugers bestimmt.

Zur Erzeugung von Druckvolumenströmen in hydraulischen Anlagen dient prinzipiell eine Verdrängerpumpe, die mit einem Wirkungsmechanismus nach Bild 2.2.3i bis n ausgerüstet ist. Der Hydraulik-Rotationsmotor weist meist auch die gleichen Wirkungsmechanismen (Bild 2.2.3i bis l; vgl. auch Tafeln 5.2.1 und 5.3.1) auf. Über den von der Pumpe geförderten Druckvolumenstrom wird die zugeführte Energie fortgeleitet. Die Drehzahl des Hydraulikmotors hängt von seinem Schluckvolumen und dem von der Pumpe geförderten Volumen ab. Das im Druckvolumenstrom durch Leckverluste infolge Undichtheit der Leitungen, Verbindungen und Geräte verlorengehende Leckvolumen verursacht den sogenannten Schlupf. Er zeigt sich in einer Verringerung der Motordrehzahl. Dieser Schlupf wird durch den volumetrischen Wirkungsgrad erfaßt. So ergibt sich zwischen der Antriebsdrehzahl der Pumpe und der Abtriebsdrehzahl des Hydraulikmotors über das Fördervolumen der Pumpe und das Schluckvolumen folgendes Verhältnis:

$$n_P \cdot V_P \cdot \eta_{vol} = n_M \cdot V_M \tag{3.1}$$

η_{vol} volumetrischer Wirkungsgrad
n_P Antriebsdrehzahl der Pumpe
V_P Fördervolumen (Verdrängungsvolumen) der Pumpe
n_M Abtriebsdrehzahl des Motors
V_M Schluckvolumen (Verdrängungsvolumen) des Motors.

Die Pumpe wird meist von einem Elektro- oder Verbrennungsmotor mit konstanter Drehzahl angetrieben. Zur stufenlosen Einstellung der erforderlichen Antriebsdrehzahl werden entweder das Fördervolumen der Pumpe, das Schluckvolumen des Hydraulikmotors oder beide stufenlos verändert. Die Antriebsdrehzahl ergibt sich dann aus Gl. (3.1) zu

$$n_M = \frac{V_P}{V_M} \cdot n_P \cdot \eta_{vol}. \tag{3.2}$$

Für überschlägliche Berechnungen kann der volumetrische Wirkungsgrad vernachlässigt werden.

Die hydraulische Leistung, die von der Pumpe dem Druckvolumenstrom zugeführt wird, ist proportional dem Druckvolumenstrom (Förderstrom) und dem Druck, vgl. Gl. (1.4).

$$P_{\text{hyd}} = Q_P \cdot p \tag{3.3}$$

P_{hyd} hydraulische Leistung
Q_P Druckvolumenstrom der Pumpe
p Druck des Volumenstroms

Beim Bestimmen der Leistung an der Antriebswelle des Hydraulikmotors sind der mechanische Wirkungsgrad und der volumetrische Wirkungsgrad zu berücksichtigen.

$$P_M = Q_P \cdot p \cdot \eta_{\text{vol M}} \cdot \eta_{\text{mech M}} \tag{3.4}$$

$\eta_{\text{mech M}}$ mechanischer Wirkungsgrad des Motors
$\eta_{\text{vol M}}$ volumetrischer Wirkungsgrad des Motors

Die von der Pumpe aufgenommene mechanische Leistung, z. B. die eines Elektromotors, wird dem Druckvolumenstrom als hydraulische Leistung ebenfalls mit Verlusten übertragen. Diese Verluste werden mit dem mechanischen und dem volumetrischen Wirkungsgrad der Pumpe erfaßt. Damit ergibt sich die von der Pumpe abgegebene Leistung:

$$P_P = P_{\text{mech}} \cdot \eta_{\text{vol P}} \cdot \eta_{\text{mech P}} \tag{3.5}$$

P_P abgegebene hydraulische Leistung der Pumpe
P_{mech} von der Pumpe aufgenommene mechanische Leistung
$\eta_{\text{vol P}}$ volumetrischer Wirkungsgrad der Pumpe
$\eta_{\text{mech P}}$ mechanischer Wirkungsgrad der Pumpe.

Berücksichtigt man noch die Leitungsleckverluste mit einem volumetrischen Wirkungsgrad, dann ist die am Druckstromverbraucher wirksame hydraulische Leistung

$$P_{\text{hyd}} = P_P \cdot \eta_{\text{vol L}} \tag{3.6}$$

$\eta_{\text{vol L}}$ volumetrischer Wirkungsgrad zur Erfassung der Leitungsleckverluste.

Die der Pumpe zuzuführende mechanische Antriebsleistung ergibt sich nun mit allen Einzelwirkungsgraden und der Antriebsleistung an dem Hydraulikmotor.

$$P_{\text{mech}} = \frac{P_M}{\eta_{\text{vol P}} \cdot \eta_{\text{mech P}} \cdot \eta_{\text{vol M}} \cdot \eta_{\text{mech M}} \cdot \eta_{\text{vol L}}} \tag{3.7}$$

Die Einzelwirkungsgrade werden zu einem Gesamtwirkungsgrad der Anlage zusammengefaßt.

$$\eta_{\text{ges}} = \eta_{\text{vol P}} \cdot \eta_{\text{mech P}} \cdot \eta_{\text{vol M}} \cdot \eta_{\text{mech M}} \cdot \eta_{\text{vol L}} \tag{3.8}$$

η_{ges} Gesamtwirkungsgrad

Damit wird die mechanische Antriebsleistung der Gesamtanlage mit der Motorabtriebsleistung beschrieben.

$$P_{\text{mech}} = \frac{P_M}{\eta_{\text{ges}}} \tag{3.9}$$

Das zu einem Druckstromverbraucher fließende Volumen kann nicht nur mit einem Druckstromerzeuger mit stufenlos einstellbarem Verdrängungsvolumen, sondern auch durch Teilen des Druckvolumenstromes bei Druckstromerzeugern mit konstantem Fördervolumen verändert werden. Der abgezweigte Druckvolumenstrom fließt in die Ablaufleitung und wirkt innerhalb der Anlage wie ein Leckverlust, d. h. als ein niedriger volumetrischer Wirkungsgrad in den Leitungen. Diese Drosselmethode bringt immer Leistungsverluste und wird deshalb nur in hydraulischen Anlagen mit kleinen Leistungen bzw. in pneumatisch wirkenden Anlagen mit Druckluft aus einem zentralen Verteilernetz angewendet.

> **Zur Erzeugung hin- und hergehender Bewegungen bzw. Drehrichtungswechsel ist die Herbeiführung einer Bewegungsumkehr durch ein Wegeventil oder einen in seiner Förderrichtung umkehrbaren Druckstromerzeuger notwendig.**

Die Bewegungsgeschwindigkeit des Kolbens in einem Zylinder hängt von dem in den Zylinder hineingeförderten Volumenstrom oder von dem auf der Gegenseite des Kolbens verdrängten Volumenstrom ab.

$$v_k = \frac{Q}{A_k} \tag{3.10}$$

v Kolbengeschwindigkeit
Q Volumenstrom
A beaufschlagte Kolbenfläche

Der Volumenstrom kann durch Drosselung des zu- oder abfließenden Volumenstromes und auch durch Veränderung des Förderstromes einer stellbaren Pumpe verändert werden. Damit ist die Beeinflussung der Kolbengeschwindigkeit möglich. Für eine kurzzeitige Beeinflussung der Bewegung, beispielsweise zum Anfahren oder Verzögern, benutzt man häufig auch die Steuerkanten der Wegeventile zur Erzielung einer veränderlichen Drosselwirkung. Im Normalfall übernehmen Stromventile als feste oder einstellbare Geschwindigkeitsdrosseln die Geschwindigkeitsveränderungen.
In vielen Fällen führen mehrere Druckstromverbraucher, die von nur einem Druckstromerzeuger angetrieben werden, zu einer besseren und wirtschaftlicheren Ausnutzung der Hydraulikanlage.
Die Kolbenkraft von Zylindern wird durch Drucksteuerung mittels Druckbegrenzungsventilen beeinflußt. Arbeitsdruck und Arbeitsgeschwindigkeit des Kolbens gleichzeitig mit einem Gerät zu steuern ist nicht möglich.
Eine andere Art, die Kraftwirkung zu beeinflussen, ist das Verändern der wirksamen Kolbenfläche durch druckabhängiges Zuschalten zusätzlicher Hydraulikzylinder oder größerer Kolbenflächen. Die Kraftwirkung wird pro-

portional zur zusätzlichen Kolbenfläche vergrößert, die Arbeitsgeschwindigkeit nimmt jedoch im gleichen Verhältnis ab.

Durch die Anordnung von Druckbegrenzungsventilen in Reihe hintereinander oder mittels Druckminderventilen wird das gleichzeitige Wirken verschiedener Arbeitsdrücke in Teilzweigen einer Anlage erzielt. Der Druck in jedem Teilzweig ist gleich der Summe des eingestellten Öffnungsdruckes der nachfolgenden hintereinander angeordneten Ventile bei nicht ablaufdruckentlasteten Druckbegrenzungsventilen (vgl. Bild 2.3.2b) und gleich dem Öffnungsdruck des nächstfolgenden Ventils bei ablaufdruckentlasteten Druckbegrenzungsventilen (vgl. Bild 2.3.2a). Unabhängig von Druckschwankungen im Hauptzweig kann der Druck in einem Nebenzweig durch ein Druckminderventil konstant gehalten werden (vgl. Bild 2.3.2e).

Sollen sich mehrere Druckstromverbraucher mit gleicher Geschwindigkeit bewegen, dann ist das durch eine starre mechanische Verbindung zwischen ihnen oder durch Dosierung des Druckvolumenstromes zu jedem einzelnen Verbraucher zu erreichen. Die Belastungsunterschiede zwischen ihnen lassen sich mit speziellen Ventilkombinationen ausgleichen.

Sind im Vorwärtsgang und im Rückwärtsgang verschiedene Geschwindigkeiten gefordert, z. B. Eilgang im Rückwärtslauf, so kann durch Reduzieren von Strömungswiderständen in Ablaufleitungen oder Abluftleitungen, durch Umströmen von Drosselventilen über Rückschlag- oder Wegeventil sowie mit Hilfe eines Schnellentlüftungsventils in einer Richtung die Geschwindigkeit erhöht werden.

1. Beispiel

Wie groß ist die Antriebsdrehzahl einer Pumpe zu wählen? Ihr Fördervolumenstrom beträgt 10 dm^3 · min^{-1}, der Hydraulikmotor hat einen Schluckvolumenstrom von 76 dm^3 · min^{-1} bei einem volumetrischen Wirkungsgrad von 0,8, die Abtriebsdrehzahl soll 100 min^{-1} sein.

Gegeben: Fördervolumenstrom der Pumpe $Q_P = 10$ dm^3 · min^{-1}
 Schluckvolumenstrom $Q_M = 76$ dm^3 · min^{-1}
 volumetrischer Wirkungsgrad $\eta_{\text{vol M}} = 0,8$
 Motordrehzahl $\eta_M = 100$ min^{-1}

Gesucht: Pumpendrehzahl $n_P = ?$

Lösung: $n_P = \dfrac{Q_M \cdot n_M}{Q_P \cdot \eta_{\text{vol M}}}$; $\eta_P = \dfrac{76 \text{ dm}^3 \cdot \text{min}^{-1} \cdot 100 \text{ min}^{-1}}{10 \text{ dm}^3 \cdot \text{min}^{-1} \cdot 0,8}$

$n = 950$ min^{-1}

Ergebnis: Die Antriebsdrehzahl der Pumpe ist mit 950 min^{-1} zu wählen.

2. Beispiel

Es ist die mechanische Antriebsleistung des Druckstromerzeugers einer Hydraulikanlage zu berechnen, von der bekannt ist, daß der Druckstromverbraucher eine Abtriebsleistung von 5 kW aufbringen muß. Die volumetrischen Wirkungsgrade von Pumpe und Motor werden mit jeweils 0,96, der volumetrische Wirkungsgrad der Leitungen mit 0,9, der mechanische Wirkungsgrad der Pumpe mit 0,85 und der des Hydraulikmotors mit 0,92 angenommen.

Gegeben: Leistung des Motors $P_M = 5 \text{ kW}$
volumetrische Wirkungsgrade $\eta_{vol\,P} = 0,96$
$\eta_{vol\,M} = 0,96$
$\eta_{vol\,L} = 0,9$
mechanische Wirkungsgrade $\eta_{mech\,P} = 0,85$
$\eta_{mech\,M} = 0,92$

Gesucht: Mechanische Antriebsleistung der Pumpe $P_{mech\,P} = \,?$

Lösung: $$P_{mech\,P} = \frac{P_M}{\eta_{vol\,P} \cdot \eta_{mech\,P} \cdot \eta_{vol\,M} \cdot \eta_{mech\,M} \cdot \eta_{vol\,L}}$$

$$P_{mech\,P} = \frac{5 \text{ kW}}{0,96 \cdot 0,85 \cdot 0,96 \cdot 0,92 \cdot 0,9}$$

$$P_{mech\,P} = 7,71 \text{ kW}$$

Ergebnis: Für den mechanischen Antrieb des Druckstromerzeugers ist eine Leistung von 7,71 kW erforderlich.

3.3. Wirkungsmechanismen im Informationsfluß

Die Wirkungsmechanismen im Informationsfluß erfüllen Steuerungs- und Regelungsfunktionen sowie logische Aufgaben. Das Verarbeiten und Speichern von Signalen erfolgt mit Wegeventilen und Doppelrückschlagventilen (vgl. Bilder 1.6.8 und 1.6.9) sowie mit speziellen aktiven und passiven Elementen im Informationsfluß. Die Behandlung dieser Wirkungsmechanismen und ihrer Funktionen bleibt der MSR-Technik an anderer Stelle vorbehalten.

4. Schaltungen hydraulischer und pneumatischer Anlagen

4.1. Merkmale, Einteilung

Die Verbindungswege des Fluids vom Stoffspeicher durch die Antriebs- und Anpassungsorgane zu den Arbeitsorganen einer Anlage werden als Kreisläufe bezeichnet.
Die Darstellungen der Wirkungsmechanismen oder Organe in den Kreisläufen als Wirkungsschemata (vgl. Abschn. 1.6.) werden analog zur Elektrotechnik als Schaltungen bezeichnet, unabhängig davon, ob sie sich auf die Darstellung des Informationsflusses oder des Energieflusses in einer Anlage beziehen.
Je nachdem, in welcher Weise die Stoffspeicher in die Kreisläufe einbezogen sind, unterscheidet man

- offene Kreisläufe,
- geschlossene Kreisläufe
- kombinierte Kreisläufe.

4.2. Schaltungen offener Kreisläufe

4.2.1. Merkmale

> Im offenen Kreislauf fördert der Druckstromerzeuger das Fluid unmittelbar aus dem Fluidbehälter als Druckvolumenstrom in die Leitungen und Steuerelemente zum Druckstromverbraucher. Von diesem wird es über die Steuerelemente und Leitungen wieder in den Behälter zurückgeführt.

Schaltungen offener Kreisläufe werden durch folgende Merkmale charakterisiert:

- Der Fluidbehälter wird ständig vom gesamten in der Anlage befindlichen Fluid durchflossen, er wirkt als Beruhigungsstrecke (Ausscheiden von Lufteinschlüssen, sehr gute Filtermöglichkeiten).
- Die eingesetzten Pumpen haben nur eine Förderrichtung (eine Antriebsdrehrichtung).
- Die Begrenzung des maximal zulässigen Betriebsdrucks wird durch ein unmittelbar an oder hinter der Pumpe angeordnetes Druckbegrenzungsventil gewährleistet.
- Bewegungsrichtungen des Hydromotors werden durch Schaltung von Wegeventilen oder entsperrbaren Rückschlagventilen bestimmt.

Offene hydraulische Kreisläufe sind einfach in ihrem Aufbau und werden deshalb überwiegend eingesetzt.

Tafel 4.1.1. Vor- und Nachteile sowie Anwendung der Grundkreisläufe in Hydraulikanlagen

Ein-schätzung	Kreisläufe		
	offen	geschlossen	kombiniert
Vorteile	ständig große Hydraulikfluidmengen an der Energieübertragung beteiligt; ständige Zufuhr von frischem Hydraulikfluid, geringe gleichmäßige Erwärmung; lange Beständigkeit des Hydraulikfluids, keine Kühleinrichtungen erforderlich	gleichmäßige Arbeitsbewegungen, da Gegendruck (Zusatzpumpe) vorhanden; erhöhte Stabilität bessere Energieausnutzung durch Nutzbremsung (Umkehrbarkeit des Motors)	soll die Vorteile des offenen und des geschlossenen Kreislaufes erreichen (bedingt nur teilweise realisierbar)
Nachteile	Belastungsschwankungen wirken sich aus; geringe Stabilität der Gesamtanlage (kann durch Widerstandsventil in Rückleitung verbessert werden); es treten Schwingungen auf	geringe Umwälzzeit für Hydraulikfluid im Kreislauf; erhebliche Temperaturdifferenzen zwischen Hydraulikfluid im Kreislauf und im Behälter; hohe Anforderungen an das Fluid; geringe Beständigkeit des Hydraulikfluids; Mehraufwand an Bauteilen (Rückschlagventile, Überstromventile, Zusatzpumpen usw.)	großer Aufwand durch eine Vielzahl zusätzlicher Ventile und weiterer Bauelemente; Umkehrbarkeit nur durch weitere Zusatzeinrichtungen möglich; komplizierter Gesamtaufbau
Anwendung	in einfachen hydraulischen Anlagen bei druck- und leistungsmäßig gering beanspruchten Maschinen	in kleinen und mittelgroßen hydraulischen Anlagen, die eine hohe Stabilität erfordern, bei häufiger Umkehr der Bewegungsrichtung und zulässiger Erwärmung der Bauteile	bei großer Leistungs- und Stabilitätsanforderung mit mittlerer zulässiger Erwärmung

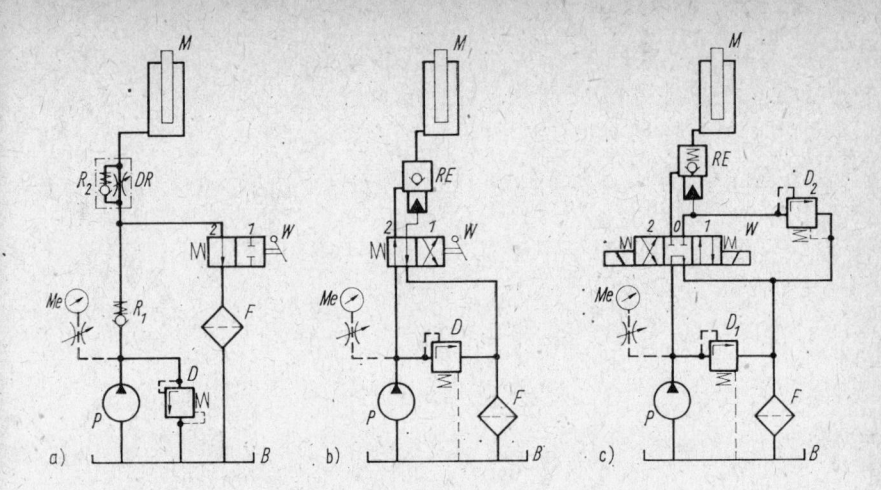

Bild 4.2.1. *Möglichkeiten zur Schaltung einfachwirkender Hydraulikzylinder*
a) mit Drosselrückschlagventil; b) und c) mit entsperrbarem Rückschlagventil

P Pumpe; *M* Hydraulikzylinder; *W* Wegeventil; D_1, D_2 Druckbegrenzungsventile; R_1, R_2 Rückschlagventile; *RE* entsperrbares Rückschlagventil; *DR* Drosselventil; *F* Filter; *B* Behälter; M_e Meßgerät (Manometer)

4.2.2. Grundschaltungen einfachwirkender Hydraulikzylinder

Bild 4.2.1 zeigt drei Möglichkeiten, einen einfachwirkenden Tauchkolbenzylinder zu steuern.

Im Bild 4.2.1a wird der Druckvolumenstrom der Pumpe (konstantes Verdrängungsvolumen, damit unveränderbare Ausfahrgeschwindigkeit) in der gezeichneten Stellung *2* über das Wegeventil *W* und das Filter *F* zum Behälter geleitet.

Der Kolben des Hydraulikzylinders *M* bewegt sich durch eine aufliegende Last langsam (gebremst durch das Drosselventil *DR*) in die untere Lage. Nach dem Schalten des Wegeventils *W* in die Stellung *1* wird der Ablauf gesperrt, und der Druckvolumenstrom beaufschlagt den Kolben über das Rückschlagventil R_2, der Kolben fährt aus. Der Maximaldruck wird durch ein nicht ablaufdruckentlastetes Druckbegrenzungsventil *D* eingestellt, das vom Ventil abfließende Fluid wird nicht gefiltert.

Durch ein entsperrbares Rückschlagventil *RE* (Bild 4.2.1b) wird eine unbeabsichtigte Abwärtsbewegung des Kolbens verhindert. Erst ein Umschalten des Wegeventils in die Stellung *1* entsperrt das Rückschlagventil und ermöglicht damit das Einfahren des Kolbens. Der Volumenstrom der Pumpe *P* muß dabei über das ablaufdruckentlastete Druckbegrenzungsventil *D* fließen (hydraulische Energie wird in Wärme umgewandelt). Vorteilhaft ist, daß auch das vom Druckbegrenzungsventil abfließende Fluid gefiltert wird.

Durch den Einsatz eines 3-Stellungs-Wegeventils (Bild 4.2.1.c) läuft in der 0-Stellung der Volumenstrom frei um, es entstehen keine Verluste durch Umwandlung in Wärme (besserer Wirkungsgrad der Anlage). Da zum Entsperren nur ein niedriger Druck benötigt wird (etwa ein Fünftel bis ein Siebentel des Anlagendruckes), wird ein Druckventil D_2 eingebaut. Somit sind die hydraulischen Energieverluste auch in der Schaltstellung *2* nur gering.

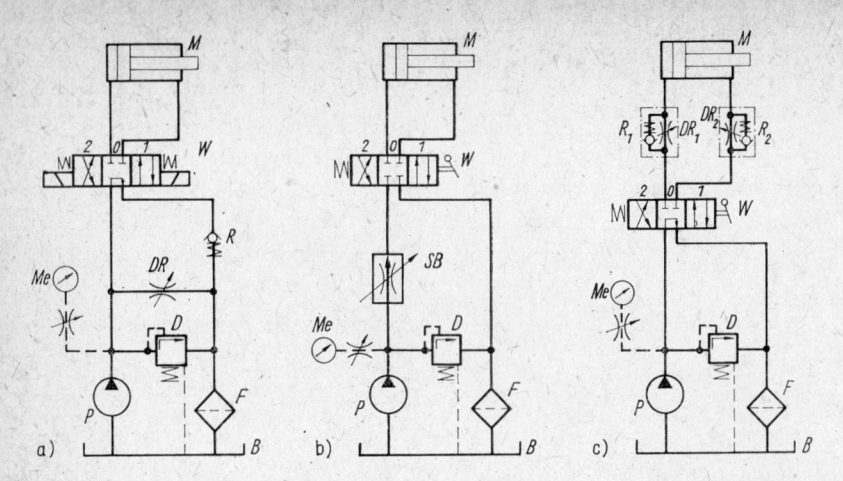

Bild 4.2.2. Möglichkeiten zur Geschwindigkeitsregelung doppeltwirkender Hydraulikzylinder
a) mit Drosselventil; b) mit Stromstellventil; c) mit Drosselrückschlagventilen
P Pumpe; M Hydraulikzylinder; W Wegeventil; D Druckbegrenzungsventil; DR Drosselventil; SB Strombegrenzungsventil; R, R_1, R_2 Rückschlagventile; F Filter; B Behälter; Me Meßgerät

4.2.3. Grundschaltungen doppeltwirkender Hydraulikzylinder

Die im Bild 4.2.2 dargestellten Schaltungen zeigen Möglichkeiten zur stufenlosen Einstellung der Kolbengeschwindigkeit.

Im Bild 4.2.2a wird der von der Pumpe P geförderte Druckvolumenstrom durch Öffnen des Drosselventils DR geteilt und so die Kolbengeschwindigkeit

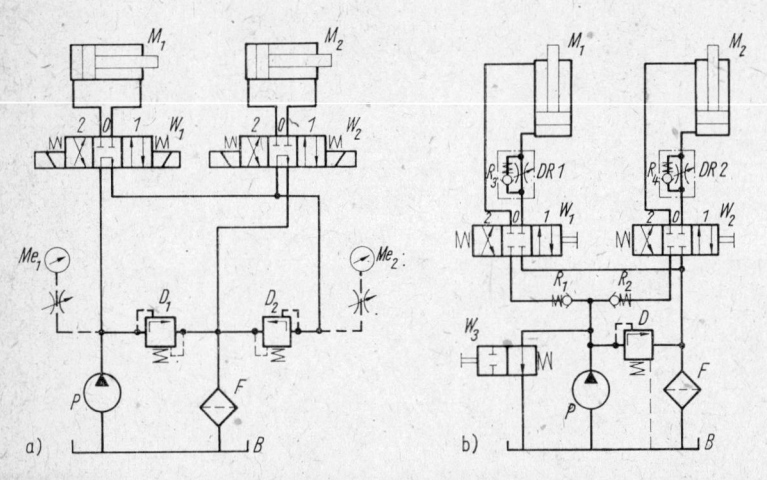

Bild 4.2.3. Beaufschlagung mehrerer Hydraulikzylinder von einer Pumpe
a) Reihenschaltung von Hydraulikzylindern; b) Parallelschaltung von Hydraulikzylindern
Erläuterung der Kurzzeichen s. Bild 4.2.2:

verändert; bei der Schaltung nach Ausführung im Bild 4.2.2b wird das Drosselorgan im Strombegrenzungsventil SB direkt in die Druckleitung eingebaut. Der nicht durchfließende Volumenstrom muß über das Druckbegrenzungsventil D verdrängt werden. Mit dieser Schaltung läßt sich kein freier Umlauf des Druckvolumenstromes der Pumpe realisieren (ständige Energieumwandlung in Verlustwärme).
Bei der im Bild 4.2.2c gezeigten Schaltung wird der Volumenstrom nicht im Zulauf zum Zylinder gedrosselt, sondern durch die Drosselventile DR_1 und DR_2 im Ablauf aus dem Zylinder. Damit wird gegenüber den beiden erstgenannten Lösungen erreicht, daß der Kolben im Hydraulikzylinder immer eingespannt bleibt und somit seine Bewegung genau dosiert werden kann.

4.2.4. Reihen- und Parallelschaltung von Druckstromverbrauchern

Bei der im Bild 4.2.3a gezeigten Reihenschaltung der Hydraulikzylinder besteht ein druckloser Umlauf des Volumenstromes in der 0-Stellung beider Wegeventile W_1 und W_2.
Erreicht ein Kolben seine Endlage, so bleibt auch der zweite stehen, weil der Volumenstrom dann über D_1 ,das durch den Druckanstieg öffnet, abfließt.
Die Drücke und Geschwindigkeiten beider Motoren beeinflussen sich bei gleichzeitigem Schalten beider Wegeventile gegenseitig. Zum Ausgleich der durch die unterschiedlichen Kolbenflächen bewirkten Druckübersetzung ist das Ventil D_2 vorgesehen, das auf einen niedrigeren Druck als D_1 einzustellen ist.
Bei der Parallelschaltung (Bild 4.2.3b) beider Motoren muß für den drucklosen Umlauf der Pumpe ein zusätzliches Wegeventil W_3 eingebaut werden. Das gleichzeitige Steuern beider Motoren ist möglich, es muß jedoch beachtet werden, daß zuerst der weniger belastete Kolben ausfährt und erst in der Endlage dieses Kolbens der zweite folgt. Das läßt sich durch Strombegrenzungsventile im Zulauf beider Zylinder ändern. Die Rückschlagventile R_1 und R_2 verhindern, daß bei Zuschaltung des niedriger belasteten Motors ein Absinken des höher belasteten Motors eintritt.

4.3. Schaltungen geschlossener Kreisläufe

> In geschlossenen Kreisläufen sind die Druckstromerzeuger druck- und saugseitig mit dem Druckstromverbraucher verbunden.
> Das Fluid läuft zwischen beiden um, Leckverluste werden durch Zusatzeinrichtungen (Hilfspumpen) ergänzt.

Bei geschlossenen Kreisläufen kann sich der Stoffspeicher in größerer Entfernung von den Druckstromerzeugern und -verbrauchern befinden. Nachteilig wirkt sich aber aus, daß eine Zusatzpumpe benötigt wird, die das Leckvolumen von Pumpe und Motor, das im Kreislauf fehlt, aus dem Stoffspeicher ständig ergänzt. Als Überlastsicherung ist der Zusatzpumpe stets ein Sicherheitsventil nachgeschaltet (Bilder 4.3.1a bis d). Das im geschlossenen

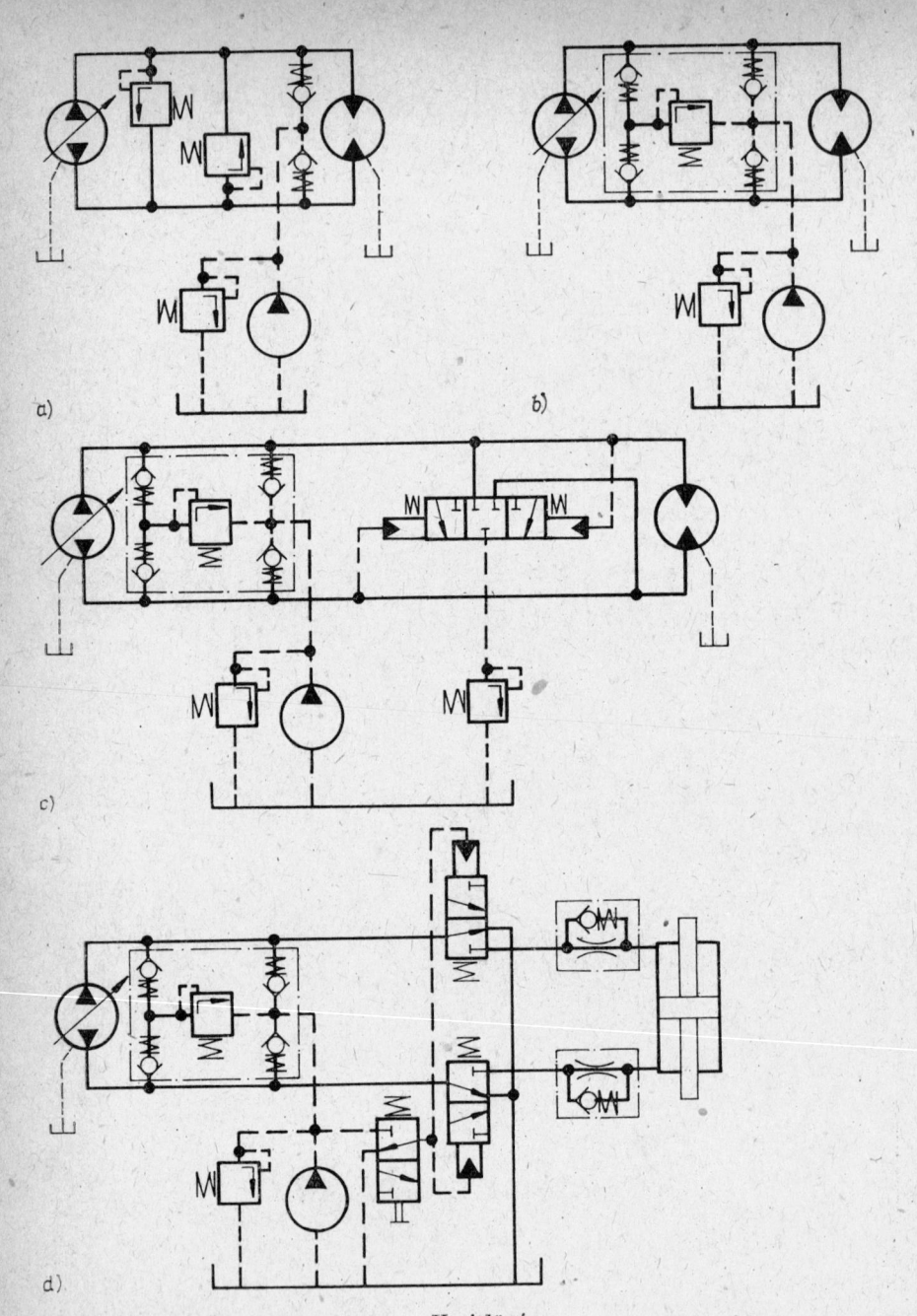

Bild 4.3.1. Schaltungen geschlossener Kreisläufe

a) hydraulisches Getriebe (stellbare Pumpe und Rotationsmotor) mit zwei Druckbegrenzungsventilen und Leckölergänzung durch Hilfspumpe; b) hydraulisches Getriebe mit Kreislaufsicherheitsventil, Leckölergänzung durch Hilfspumpe; c) hydraulisches Getriebe mit Kreislaufsicherheitsventil, Warmölaustragung durch richtungsabhängig schaltendes Wegeventil; d) hydraulisches Getriebe (stellbare Pumpe und Zylinder) mit Kreislaufsicherheitsventil und Haltschaltung durch Wegeventile

Kreislauf ständig umlaufende Fluid erwärmt sich sehr stark; deshalb wurden spezielle Schaltungen zum Austragen warmen Fluids und Ergänzen durch kälteres aus dem Stoffspeicher entwickelt (Bild 4.3.1c). Beispiele von Schaltungen geschlossener Kreisläufe zeigt Bild 4.3.1. Sie werden vorteilhaft bei hydraulischen Getrieben angewendet.

4.4. Schaltungen kombinierter Kreisläufe

Die kombinierten Kreisläufe sind eine Überlagerung offener und geschlossener Kreisläufe in einer Anordnung.

Ihren Zweck, die Vorteile des offenen und des geschlossenen Kreislaufes zu erreichen, erfüllen sie nur bedingt (vgl. Tafel 4.1.1). Es ist ein großer Aufwand an zusätzlichen Ventilen und anderen Geräten erforderlich, so daß ein komplizierter Gesamtaufbau entsteht.

5. Hydraulische Geräte und Anlagen

5.1. Aufbau und Darstellung von Hydraulikanlagen

Vom VEB Kombinat ORSTA-Hydraulik wird ein standardisiertes Hydraulik-Gerätesystem (Einzelteile, Baugruppen, Geräte, Gerätekombinationen, Aggregate) gefertigt, aus dem komplette Hydraulikanlagen zusammengestellt werden können.

Nach funktionellen Merkmalen werden die Bauelemente einer Hydraulikanlage in vier Hauptgruppen unterschieden (s. auch Bild 1.2.1):

- Druckstromerzeuger — Hydraulikpumpen

Sie formen die zugeführte mechanische Energie in Druckenergie um und erzeugen den Drucköl strom im Hydraulikkreislauf.

- Druckstromverbraucher — Hydraulikmotoren und -zylinder

Sie formen die Druckenergie des Drucköl stromes in eine Bewegung des Abtriebsgliedes um. Nach der Art der Abtriebsbewegung werden Druckstromverbraucher eingeteilt in

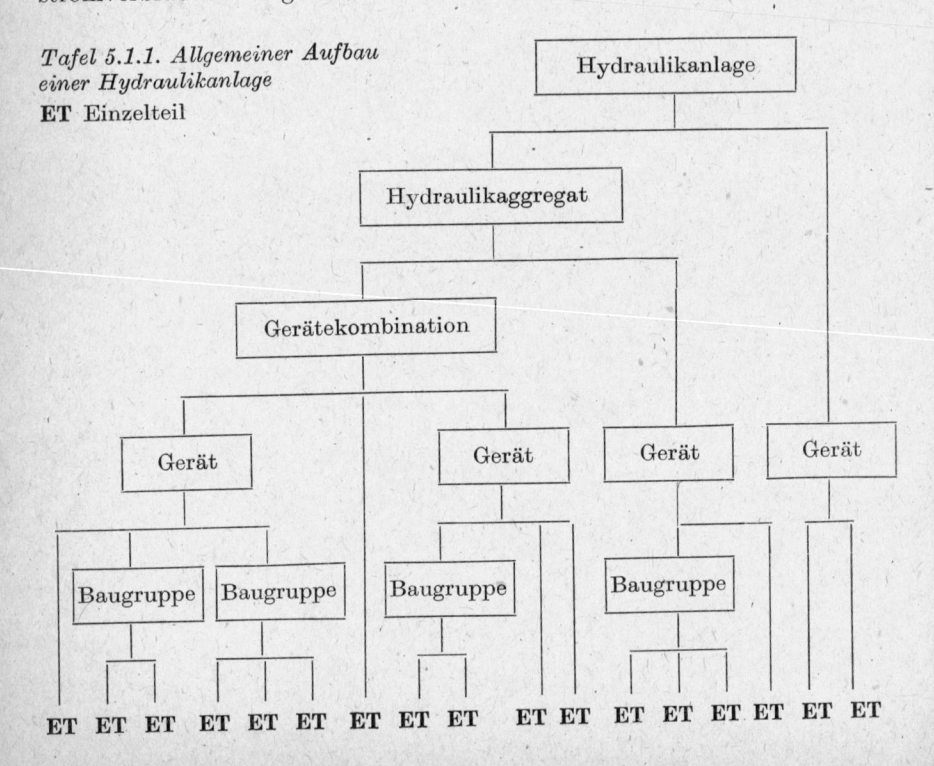

Tafel 5.1.1. Allgemeiner Aufbau einer Hydraulikanlage
ET Einzelteil

Hydraulikmotoren (Rotationsmotoren) — drehende Abtriebsbewegung,
Hydraulikzylinder (Arbeitszylinder) — geradlinige Abtriebsbewegung,
Hydraulikdrehwinkelmotoren — schwenkende Abtriebsbewegung mit begrenztem Drehwinkel.

- Steuer- und Regelgeräte — Hydraulikventile

Sie steuern und regeln Druck, Größe oder Richtung des Fluidstromes. Entsprechend der jeweiligen Aufgabe im Hydraulikkreislauf werden vier Ventilarten unterschieden:

Druckventile — beeinflussen den Druck des Fluidstromes
Stromventile — beeinflussen die Größe des Fluidstromes
Wegeventile — bewirken Richtungsänderungen entsprechend den festgelegten Schaltstellungen,
Sperrventile — bewirken Richtungsänderungen durch selbsttätiges Sperren bestimmter Durchflußrichtungen.

- Hydraulikzubehör

Zum Zubehör gehören alle Geräte und Baugruppen, die zur Lagerung (Fluidbehälter), Filterung und zum Transport (Rohrleitungen, Verbindungselemente) des Hydraulikfluids benötigt werden.

Für jedes Hydraulikgerät ist ein die Funktion symbolisierendes, vereinfachtes Schaltbild international festgelegt. Die standardisierten Symbole (TGL 8672) werden zur schnellen, einfachen und allgemeinverständlichen Darstellung der hydraulischen Wirkungsabläufe (Hydraulikschaltpläne) weltweit angewendet (vgl. Abschn. 1.6.).

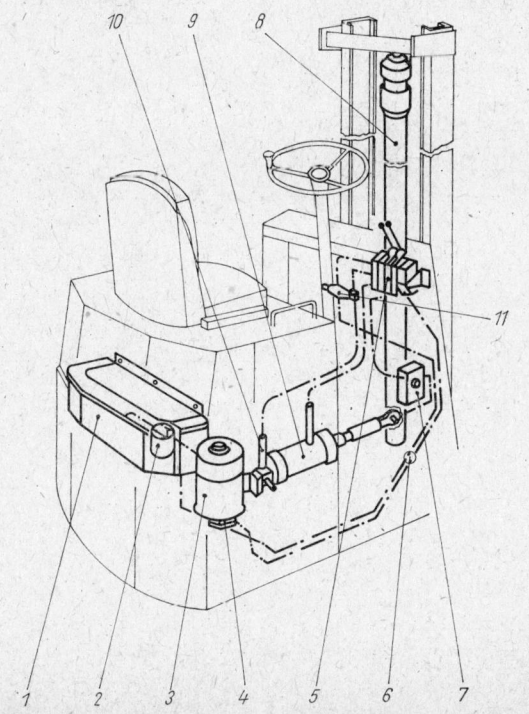

Bild 5.1.1. Perspektivische Darstellung der Hydraulikanlage eines Gabelstaplers

1 Fluidbehälter; 2 Gerätekombination aus mechanischem Abflußfilter, Sperrventil; 3 Elektromotor; 4 Zahnradpumpe; 5 Gerätekombination aus Wegeventilen, Sperrventilen, Druckventil; 6 Schlauch- und Rohrleitungen; 7 Gerätekombination aus Stromventil, Sperrventil, Druckventil; 8 Arbeitszylinder (Hubbewegung); 9 Arbeitszylinder (Schwenkbewegung); 10 Gerätekombination aus Stromventil, Sperrventil; 11 Druckventil

Bild 5.1.2. Darstellungsformen der Hydraulikanlage eines Gabelstaplers

a) Hydraulikschaltplan (Schaltbild)
b) allgemeines Blockschaltbild

1 Fluidbehälter; 2 Gerätekombination aus mechanischem Abflußfilter, Sperrventil; 3 Elektromotor; 4 Zahnradpumpe; 5 Gerätekombination aus Wegeventilen, Sperrventilen, Druckventil; 6 Schlauch- und Rohrleitungen; 7 Gerätekombination aus Stromventil, Sperrventil, Druckventil; 8 Arbeitszylinder (Hubbewegung); 9 Arbeitszylinder (Schwenkbewegung); 10 Gerätekombination aus Stromventil, Sperrventil; 11 Druckventil

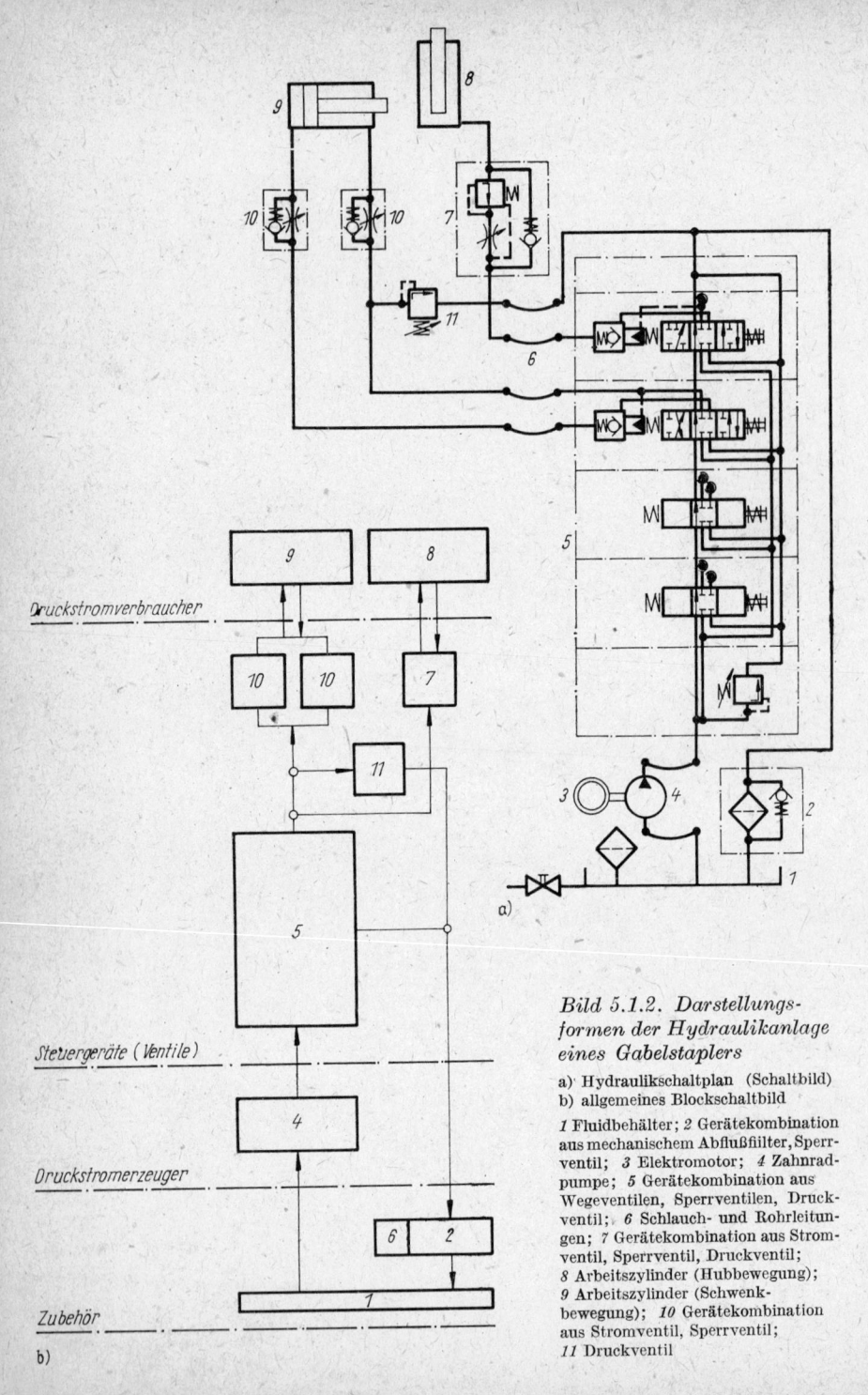

5.2. Druckstromerzeuger — Hydraulikpumpen

5.2.1. Merkmale, Einteilung, Kennwerte

Die gebräuchlichsten Hydraulikpumpen arbeiten nach dem Verdrängerprinzip. Das Hydraulikfluid wird durch rotierende oder geradlinig hin- und herbewegte Verdrängerelemente angesaugt und in die Hydraulikanlage gedrückt. Die Wirkungsweise der Verdränger sowie deren konstruktive Gestaltung bestimmen die Einteilung der Hydraulikpumpen (Tafel 5.2.1).
Neben den in Tafel 5.2.1 gezeigten hauptsächlichen Unterscheidungsmerkmalen, Wirkungsweise und Aufbau der Verdrängerelemente, gibt es eine Reihe weiterer Unterscheidungsmöglichkeiten:

- Stellbarkeit

nicht stellbare Pumpe – der Wert des Verdrängungsvolumens je Umdrehung ist konstant,
stellbare Pumpe – der Wert des Verdrängungsvolumens je Umdrehung kann durch Stelleinheiten verändert werden;

- Förderrichtung

gleichbleibende Förderrichtung,
umkehrbare Förderrichtung (Übernullsteuerung);

- Drehrichtung

vorgeschriebene Antriebsdrehrichtung (links- oder rechtsdrehend),
beliebige Antriebsdrehrichtung;

- Anzahl der Volumenströme

einströmig,
mehrströmig;

- Saugfähigkeit

selbstansaugend – das Hydraulikfluid wird angesaugt, der Eingangsdruck liegt unter dem atmosphärischen Druck,
nicht selbstansaugend – das Hydraulikfluid fließt der Pumpe zu, der Eingangsdruck liegt über dem atmosphärischen Druck.

> **Die Hauptkennwerte einer Hydraulikpumpe sind das geometrische Verdrängungsvolumen und der Nenndruck.**

Diese Kennwerte der Pumpe werden für einen bestimmten Hydraulikkreislauf von dem geforderten Volumenstrom und dem benötigten maximalen Betriebsdruck bestimmt.
Der theoretische Volumenstrom eines Druckstromerzeugers ist der maximal mögliche Volumenstrom, den die Pumpe liefern könnte, würden keine Verluste auftreten.

$$Q_{th} = \frac{V_g \cdot n_1}{1000}$$

Q_{th}	V_g	n_1
dm³·min⁻¹	cm³	min⁻¹

(5.1)

Q_{th} theoretischer Volumenstrom
V_g geometrisches Verdrängungsvolumen je Umdrehung bzw. Hub
n_1 Antriebsdrehzahl

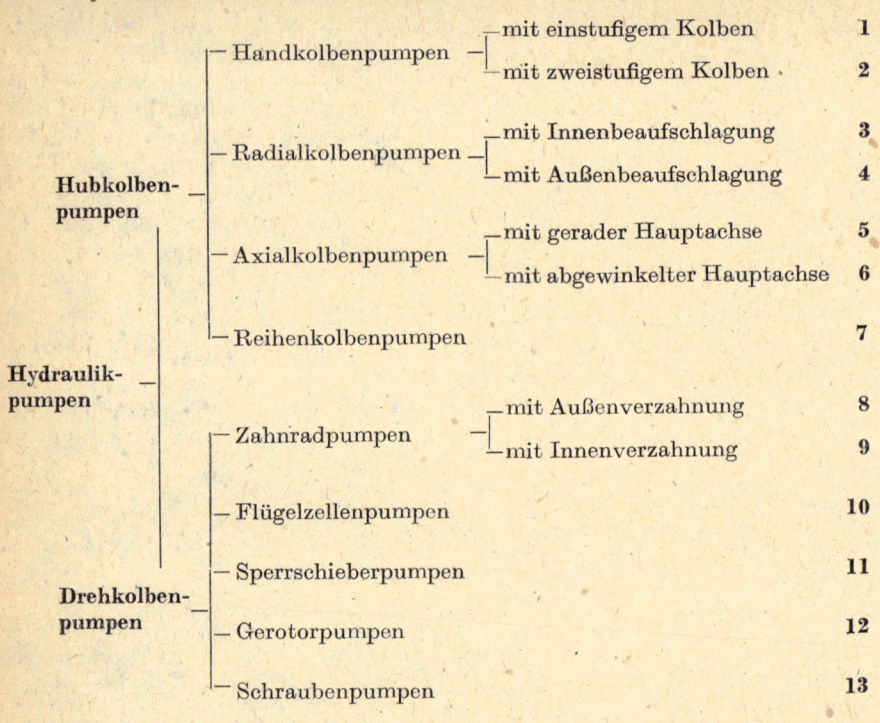

Tafel 5.2.1. *Einteilung der Hydraulikpumpen nach der Wirkungsweise der Verdrängerelemente sowie deren konstruktiver Gestaltung*

Hydraulikpumpen	Hubkolbenpumpen	Handkolbenpumpen — mit einstufigem Kolben	1
		— mit zweistufigem Kolben	2
		Radialkolbenpumpen — mit Innenbeaufschlagung	3
		— mit Außenbeaufschlagung	4
		Axialkolbenpumpen — mit gerader Hauptachse	5
		— mit abgewinkelter Hauptachse	6
		Reihenkolbenpumpen	7
	Drehkolbenpumpen	Zahnradpumpen — mit Außenverzahnung	8
		— mit Innenverzahnung	9
		Flügelzellenpumpen	10
		Sperrschieberpumpen	11
		Gerotorpumpen	12
		Schraubenpumpen	13

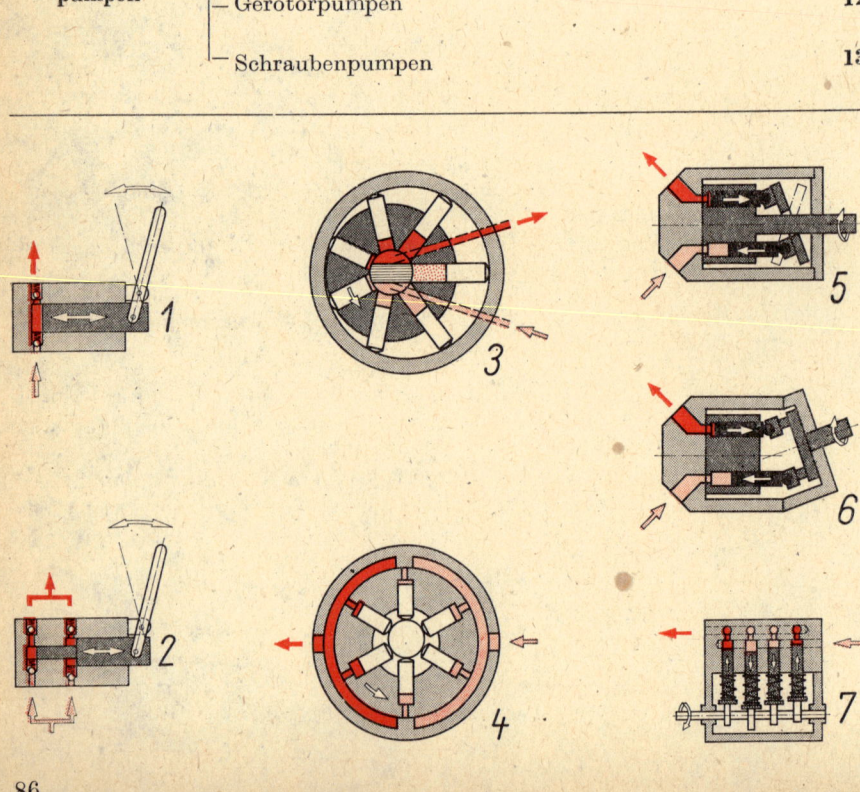

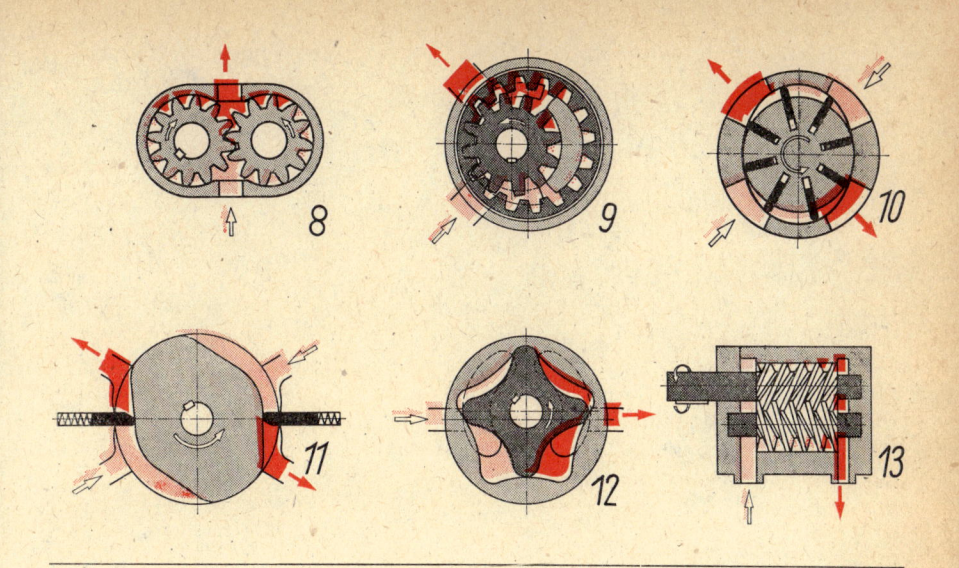

Tafel 5.2.2. Einsatzbereiche der Hydraulikpumpen nach Tafel 5.2.1

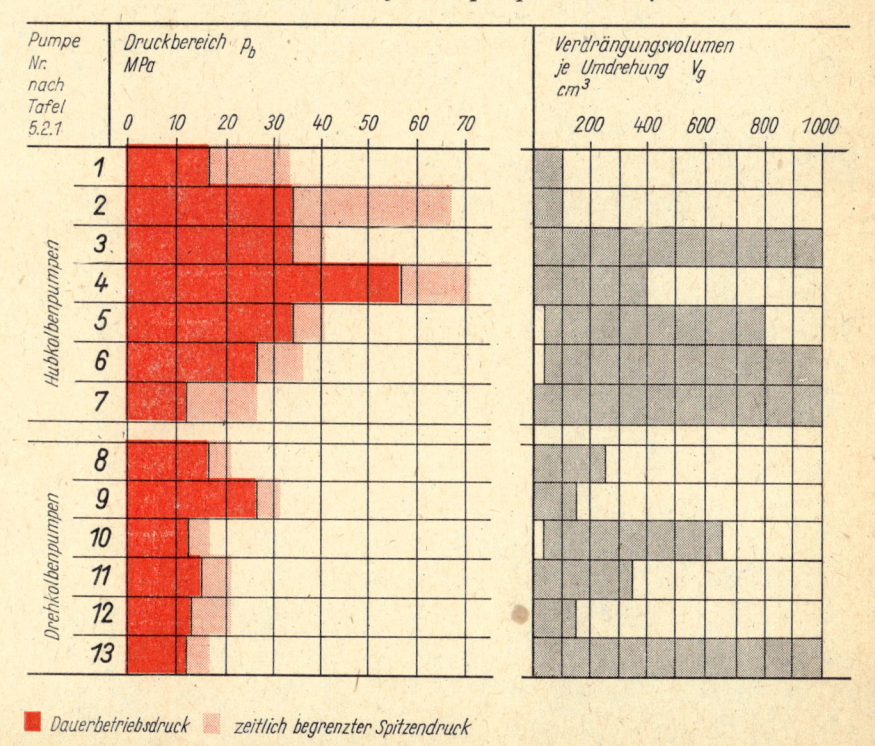

Pumpe Nr. nach Tafel 5.2.1	Druckbereich p_b MPa								Verdrängungsvolumen je Umdrehung V_g cm³				
	0	10	20	30	40	50	60	70	200	400	600	800	1000
Hubkolbenpumpen													
1													
2													
3													
4													
5													
6													
7													
Drehkolbenpumpen													
8													
9													
10													
11													
12													
13													

■ Dauerbetriebsdruck ▨ zeitlich begrenzter Spitzendruck

Der effektive Volumenstrom berücksichtigt die auftretenden hydraulischen Verluste in der Hydraulikpumpe.

$$Q_2 = Q_{th} \cdot \eta_{vol} \tag{5.2}$$

Q_2 effektiver Volumenstrom im Ausgangsanschluß
η_{vol} volumetrischer Wirkungsgrad

Der volumetrische Wirkungsgrad ist eine Verhältniszahl, die die Füllungs- und Leckverluste berücksichtigt. Er ist druckabhängig und je nach Ausführungsart der Pumpen unterschiedlich. Da bei geringem Druck die Leckverluste klein sind, ist der volumetrische Wirkungsgrad groß ($\eta_{vol} = 0{,}98$). Mit zunehmendem Druck wird er jedoch kleiner.
Die vom Druckstromerzeuger abgegebene effektive hydraulische Leistung wird durch den effektiv abgegebenen Volumenstrom und den erzeugten Betriebsdruck bestimmt.

$$P_2 = \frac{Q_2 \cdot p_b}{60} \qquad \begin{array}{c|c} P_2 & p_b \\ \hline kW & MPa \end{array} \tag{5.3}$$

P_2 Ausgangsleistung
p_b Betriebsdruck

Damit der Druckstromerzeuger diese Leistung an den Druckflüssigkeitsstrom abgeben kann, ist eine bestimmte Antriebsleistung (Eingangsleistung) notwendig. Da der Gesamtwirkungsgrad stets < 1 ist, wird die benötigte Antriebsleistung immer größer sein müssen als die abgegebene hydraulische Leistung.

$$P_1 = \frac{P_2}{\eta_{ges}} \tag{5.4}$$

P_1 Antriebsleistung
η_{ges} Gesamtwirkungsgrad

Die Reibungsverluste, die an den bewegten Teilen des Druckstromerzeugers entstehen, werden im mechanischen Wirkungsgrad ausgedrückt. Der Gesamtwirkungsgrad ist gleich dem Produkt aus mechanischem und volumetrischem Wirkungsgrad [vgl. Gl. (1.40a)].

$$\eta_{ges} = \eta_{mech} \cdot \eta_{vol} = \eta_{mech} \cdot \frac{Q_2}{Q_{th}} \tag{5.5}$$

η_{mech} mechanischer Wirkungsgrad

Aus den unterschiedlichen Wirkungsweisen und Gestaltungen der Wirkungsmechanismen ergeben sich die Einsatzbereiche der Druckstromerzeuger, die durch den Nenndruck und das geometrische Verdrängungsvolumen bestimmt werden.

5.2.2. Hubkolbenpumpen

5.2.2.1. Merkmale, Einteilung

Als Verdrängerelemente dienen in Hubkolbenpumpen zylindrische Kolben, die eine hin- und hergehende Bewegung (Hubbewegung) ausführen. Das Hydraulikfluid wird durch Vergrößerung des Hubraumes angesaugt und anschließend, durch Steuerstege oder Ventile gesteuert, durch Verringerung des Hubraumes in die Hydraulikanlage verdrängt. Nach der Art des Antriebes werden Hand- und Motorpumpen unterschieden.

5.2.2.2. Handkolbenpumpen

Handkolbenpumpen sind Verdrängerpumpen, deren Kolbenhub durch Handbetätigung (Muskelkraft) erfolgt. Die Steuerung des Druckflüssigkeitsstromes übernehmen federbelastete Rückschlagventile. Wir unterscheiden einstufige und zweistufige Handkolbenpumpen.
Wie die symbolische Darstellung im Bild 5.2.1 b zeigt, sind Handkolbenpumpen Gerätekombinationen aus den eigentlichen Verdrängerelementen KP, einem Wegeventil W und zwei Rückschlagventilen R_1 und R_2.

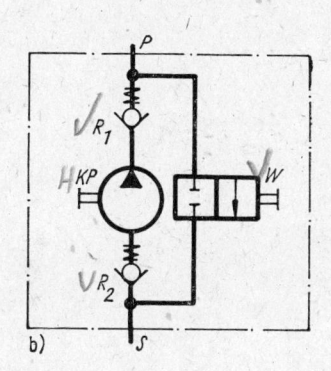

Bild 5.2.1. Einstufige Handkolbenpumpe
a) Ansicht; b) symbolische Darstellung
S Sauganschluß; P Druckanschluß; KP Kolbenpumpe; W Wegeventil (Ablaßventil); R_1 Rückschlagventil Saugraum/Hubraum; R_2 Rückschlagventil Druckraum/Hubraum

Einstufige Handkolbenpumpen

Wirkungsweise

Die durch einen Schwenkhebel *1* betätigten Kolben *2* saugen beim Aufwärtshub Hydrauliköl über das geöffnete Rückschlagventil R_1 *4* aus dem Saugraum *5* an. Beim Abwärtshub wird das Rückschlagventil R_1 geschlossen, das Hydrauliköl wird dabei aus dem Hubraum *3* über das Rückschlagventil R_2 *7* zum Druckraum *8* und damit in die Hydraulikanlage gedrückt. Über das Wegeventil W *6* kann der Druckraum mit dem Saugraum verbunden und damit die Druckleitung entleert werden (Bild 5.2.2).

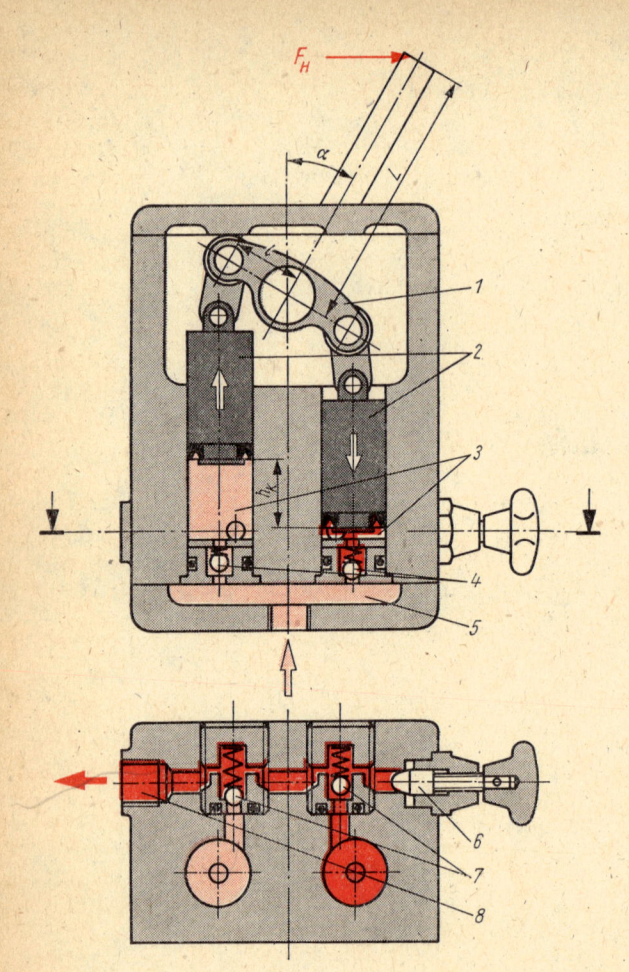

Bild 5.2.2. Wirkungsweise einer einstufigen Handkolbenpumpe, Nenngröße 32/6,3

1 Schwenkhebel; 2 Kolben; 3 Hubräume; 4 Rückschlagventile R_1; 5 Saugraum; 6 Wegeventil W; 7 Rückschlagventile R_2; 8 Druckanschluß P

Berechnung der Kennwerte

Geometrisches Verdrängungsvolumen V_g

$$V_g = A_K \cdot h_K \cdot z \tag{5.6}$$

A_K Kolbenfläche
h_K Kolbenhub
z Anzahl der Kolben

Theoretischer Volumenstrom Q_{th}

$$Q_{th} = \frac{V_g \cdot i_n}{1000} \qquad \begin{array}{c|c|c} Q_{th} & V_g & i_n \\ \hline dm^3 \cdot min^{-1} & cm^3 & min^{-1} \end{array} \tag{5.7}$$

i_n Anzahl der Doppelhübe je min

Kolbenhub h_K

$$h_K = 2 \cdot l \cdot \sin \alpha \qquad (5.8)$$

l wirksame Schwenkhebellänge
α Schwenkwinkel

Erforderliche Handkraft F_H

$$F_H = \frac{A_K \cdot p_b \cdot l \cdot 100}{L \cdot \eta_{ges}} \qquad (5.9)$$

F_H	A_K	p_b	l	L	η_{ges}
N	cm²	MPa	cm	cm	—

F_H erforderliche Kraft am Hebel L
L wirksame Handhebellänge

Ausführungen

Handkolbenpumpen haben nur eine Gehäusebaugröße. Durch unterschiedliche Kolbendurchmesser werden 4 Nenngrößen realisiert, die 4, 10, 16 und 32 cm³ Verdrängungsvolumen je Doppelhub bei voller Ausnutzung des Schwenkwinkels α haben. Unter Beachtung der erforderlichen Handkraft $F_H \approx 250$ N lassen sich damit maximale Drücke von 63, 32, 16 und 6,3 MPa erreichen.

Zweistufige Handkolbenpumpen

Wirkungsweise

Diese Gerätekombination besteht aus zwei Stufenkolben (siehe Tafel 5.2.1. — Ausführung 2), die ähnlich denen der Kolbenpumpen nach Bild 5.2.2 wechselseitig auf- und abbewegt werden. Bis zum Erreichen des Druckes $p_n =$

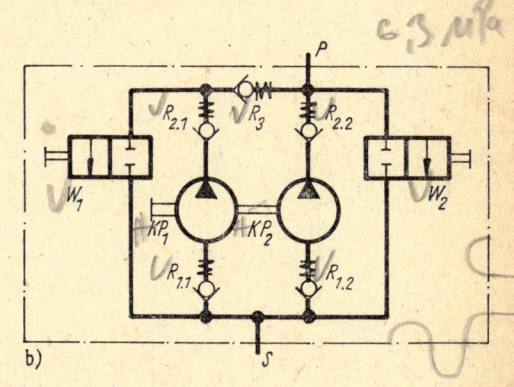

Bild 5.2.3. *Zweistufige Handkolbenpumpe*
a) Ansicht; b) symbolische Darstellung

S Sauganschluß; P Druckanschluß; KP_1 Kolbenpumpe (Niederdruck); KP_2 Kolbenpumpe (Hochdruck); W_1, W_2 Wegeventile; $R_{1.1}, R_{1.2}$ Rückschlagventile Saugraum/Hubraum; $R_{2.1}, R_{2.2}$ Rückschlagventile Hubraum/Druckraum; R_3 Rückschlagventil Hochdruck/Niederdruck

6,3 MPa (Niederdruckstufe) arbeiten die Kolben mit dem großen Durchmesser und die Kolben mit dem kleinen Durchmesser über getrennte Saugventile $R_{1.1}$, $R_{1.2}$ bzw. Druckventile $R_{2.1}$, $R_{2.2}$ in die gemeinsame Druckleitung P. Sollen Drücke bis maximal $p_\text{a} = 63$ MPa (Hochdruckstufe) erreicht werden, wird das handbetätigte Wegeventil W_1 geschaltet. Damit verdrängen die Kolben mit dem großen Durchmesser KP_1 die Druckflüssigkeit wieder in den Saugraum S, während der in die Druckleitung P gedrückte Volumenstrom allein von den Kolben mit dem kleinen Durchmesser KP_2 gefördert wird. Das Rückschlagventil R_3 verhindert ein Überströmen dieses Volumenstromes in den Kreislauf der Kolbenpumpe KP_1. Das Entleeren der Druckleitung wird durch das Ventil W_2 erreicht.

Ausführungen

Von den äußeren Abmessungen gibt es ebenfalls nur eine Baugröße, die durch entsprechende Kolbendurchmesser zu 3 Nenngrößen gestaltet werden kann.
Die erforderlichen Handkräfte F_H am 1 m langen Hebel betragen bei ein- und zweistufigen Handkolbenpumpen ≈ 250 N in allen Nenndruckbereichen.
Der volumetrische Wirkungsgrad beträgt bei ein- bzw. zweistufigen Pumpen:

$p_\text{n} = 6{,}3$ MPa, $\quad \eta_\text{vol} = 0{,}97$,
$p_\text{n} = 16 $ MPa, $\quad \eta_\text{vol} = 0{,}83$,
$p_\text{n} = 32 $ MPa, $\quad \eta_\text{vol} = 0{,}79$,
$p_\text{n} = 63 $ MPa, $\quad \eta_\text{vol} = 0{,}75$.

Handkolbenpumpen werden vor allem in Landmaschinen (Betätigung von Kippeinrichtungen), in Transportgeräten (Handhubwagen, Kleinanhänger), in Fahrzeugen (Kippvorrichtungen für Anhänger), in der Kleinmechanisierung und als Notpumpen in Hydraulikanlagen verwendet.

5.2.2.3. Radialkolbenpumpen

Wirkungsweise und Aufbau

Radialkolbenpumpen werden durch Verbrennungs- oder Elektromotoren angetrieben. Die Verdrängerelemente (zylindrische Hubkolben) führen ihre Hubbewegung radial zur Rotationsachse aus. Sie werden von innen (durch den Steuerzapfen) mit dem Hydraulikfluid beaufschlagt. Steuerschlitze steuern den Druckflüssigkeitsstrom, dessen Größe durch Einstellung des Kolbenhubes von Null bis zu seinem Maximalwert stufenlos verändert werden kann. Radialkolbenpumpen werden in jedem Fall als Gerätekombination ausgeführt, die aus mindestens drei Baugruppen besteht: der eigentlichen Radialkolbenpumpe, einem Antriebslager und einer Stelleinheit. Bei einströmigen Radialkolbenpumpen ist darüber hinaus der Anbau von Zwischenflanschen und Elektromotoren möglich, damit entstehen einbaufertige Pumpeneinheiten.

Anwendung

Radialkolbenpumpen werden vorwiegend in stationären Hydraulikanlagen angewendet. Haupteinsatzgebiete sind dabei Werkzeugmaschinen, hydraulische Pressen, Plastverarbeitungsmaschinen, Schwermaschinen- und Walzwerksantriebe sowie Textil- und Papiermaschinen. Sehr vielseitig ist auch die Anwendung im Schiffbau für Rudermaschinen, Lukenschließanlagen und

Decksmaschinen. Bei mobilen Hydraulikanlagen ist die Anwendung in Mobilbaggern sowie im Zugtraktor ZT 300 besonders zu erwähnen. Radialkolbenpumpen sind die in der DDR am häufigsten angewendeten Druckstromerzeuger mit veränderlichem Verdrängungsvolumen.

Einströmige Radialkolbenpumpen

Aufbau

Die im Bild 5.2.4 gezeigte Gerätekombination besteht aus der eigentlichen Verdrängereinheit Radialkolbenpumpe RKP_1, einem angebauten Antriebslager, Bauform C mit eingebauter zweiströmiger Zahnradpumpe ZP_2, ZP_3, einem eingeschraubten Druckbegrenzungsventil D und einer Servostelleinheit $C\ 21.11$, deren Verstärkerglied durch Elektromagneten fernbetätigt werden kann.

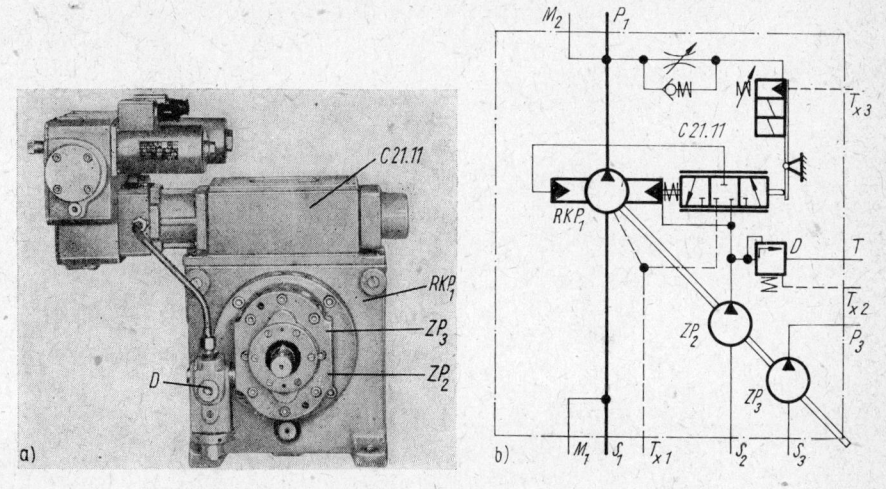

Bild 5.2.4. *Einströmige Radialkolbenpumpe mit angebauter Zahnradpumpe und Servostelleinheit*
a) Ansicht der Gerätekombination; b) symbolische Darstellung
RKP_1 Radialkolbenpumpe; ZP_2, ZP_3 zweiströmige Zahnradpumpe; D Druckbegrenzungsventil; $C\ 21.11$ Servostelleinheit mit Magnetbetätigung; S_1, S_2, S_3 Saugleitungen der Pumpen RKP_1, ZP_2, ZP_3; P_1, P_3 Druckleitungen; T_{x1}, T_{x2}, T_{x3} Leckleitungen; M_1, M_2 Manometeranschlüsse; T Ablaufleitung

Das für die Erzeugung der Druckvolumenströme erforderliche Antriebsdrehmoment wird über die im Bild 5.2.4 sichtbare Antriebswelle eingeleitet. Auf dieser Antriebswelle ist das Antriebsrad der als 3-Platten-Pumpe mit Konstantspiel aufgebauten zweiströmigen Zahnradpumpe gelagert. Die beiden Volumenströme werden durch eine aus 3 Zahnrädern bestehende Radkette nach der im Bild 5.2.5 gezeigten Wirkungsweise erzeugt.

Wirkungsweise

In einem öldichten Gehäuse 4 ist der Steuerzapfen 6 mit den äußeren Anschlüssen — Sauganschluß 8 und Druckanschluß 5 — gelagert. Um den zylin-

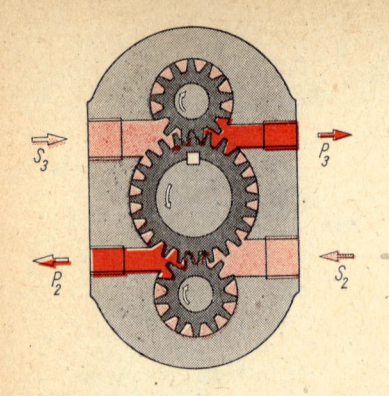

Bild 5.2.5. *Wirkungsweise der zweiströmigen Zahnradpumpe* $p_n = 6{,}3\ MPa$, *die für den Anbau an Radialkolbenpumpen vorgesehen ist*
S_2, S_3 Saugleitungen der Zahnradpumpe; P_2, P_3 Druckleitungen der Zahnradpumpe

drischen Ansatz im Inneren dreht sich, über eine Kreuzscheibenkupplung *2* und die Antriebswelle *3* vom Motor angetrieben, der Zylinderkörper *1*. Die im Zylinderkörper sternförmig angeordneten Kolben *7* werden durch die Fliehkraft an den Innenring eines exzentrisch angeordneten Schrägkugellagers *9* gedrückt. Durch die exzentrische Anlaufbahn werden die Kolben während des Umlaufs radial im Zylinderkörper bewegt und rufen damit die Pumpwirkung hervor. Der Abstand zwischen Leitringmitte (Innenring Kugellager) und Zylinderkörpermitte heißt Exzentrizität *e*. Jeder Kolben führt bei einer Umdrehung einen Doppelhub von $2e$ aus, der dazugehörige Zylinderraum wird abwechselnd mit dem Druckraum *5* bzw. dem Saugraum *8* verbunden. Bei der Auswärtsbewegung wird der Zylinderraum vollgesaugt. Hat der Kolben die äußere Totpunktlage erreicht, erfolgt die Umsteuerung zur Druckseite. Der Kolben wird nach innen gedrückt und verdrängt das Hydraulikfluid aus dem Zylinderraum in den Druckraum. Nach dem Erreichen der inneren Totpunktlage beginnt der Saugvorgang von neuem.

Bild 5.2.6. *Schnittmodell einer einströmigen Radialkolbenpumpe*

1 Zylinderkörper; *2* Kreuzscheibenkupplung; *3* Antriebswelle; *4* Gehäuse; *5* Druckanschluß; *6* Steuerzapfen; *7* Kolben; *8* Sauganschluß; *9* Schrägkugellager; *10* Schwenkrahmen; *11* Schwenkbolzen

Das Verdrängungsvolumen und damit der abgegebene Volumenstrom der Pumpe hängen von der Exzentrizität e ab. Das Kugellager 9 (Bild 5.2.7a) ist in dem Schwenkrahmen 10 aufgenommen, der um den Schwenkbolzen 11 schwenkbar ist.

Wird der Schwenkrahmen nach rechts geschwenkt (Bild 5.2.7a), so wird bei Drehrichtung links aus dem unteren Steuerzapfenraum das Fluid gesaugt und in den oberen Steuerzapfenraum gedrückt.

Ist die Exzentrizität gleich Null, so findet kein Fördervorgang statt. Wird der Schwenkrahmen nach links geschwenkt (Bild 5.2.7b), so wird bei gleicher Drehrichtung die Förderrichtung umgekehrt. Diesen Vorgang nennt man Übernullsteuerung.

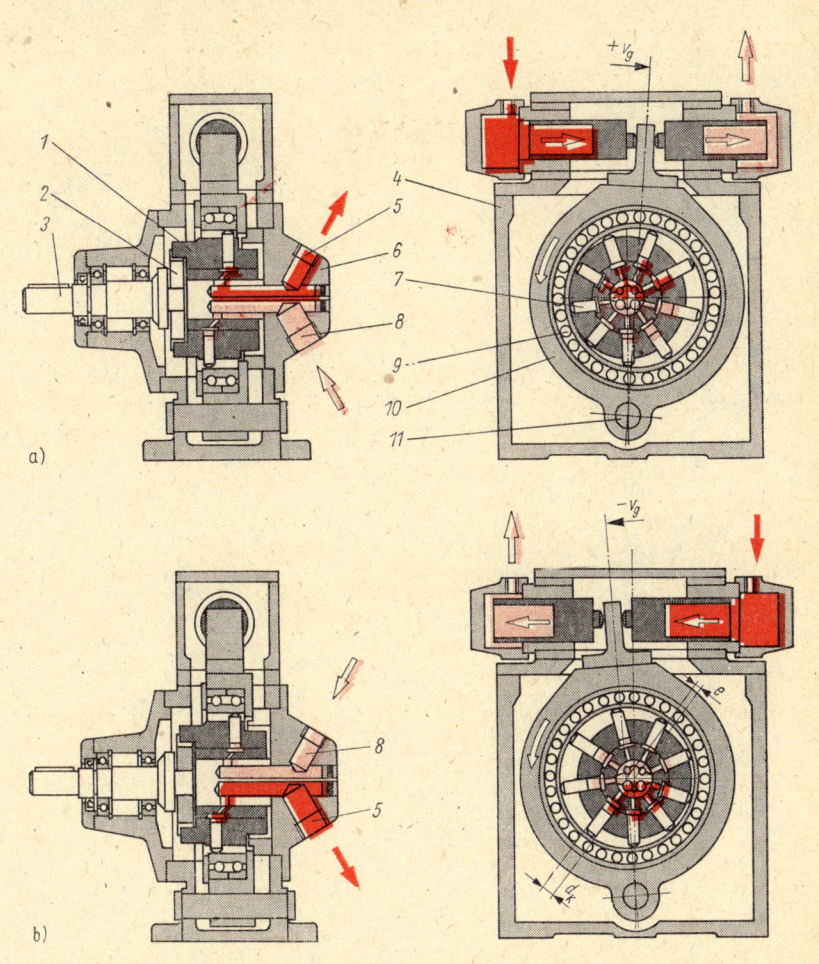

Bild 5.2.7. *Wirkungsweise einer einströmigen Radialkolbenpumpe, Nenngröße 32/16 (Darstellung der Übernullsteuerung)*

a) Schwenkrahmen rechts; Sauganschluß unten, Druckanschluß oben; b) Schwenkrahmen links; Sauganschluß oben, Druckanschluß unten
1 Zylinderkörper; *2* Kreuzscheibenkupplung; *3* Antriebswelle; *4* Gehäuse; *5* Druckanschluß; *6* Steuerzapfen; *7* Kolben; *8* Sauganschluß; *9* Schrägkugellager; *10* Schwenkrahmen; *11* Schwenkbolzen

Tafel 5.2.3. Standardisierte Stelleinheiten für Radialkolbenpumpen

Benennung, Kurzzeichen	Veränderung des V_g	Symbolische Darstellung
Mechanische Stelleinheit, B 10	durch Drehbewegung am Handrad	
Elektromechan. Stelleinheit, B 21	über Getriebe, angetrieben durch Elektromotor	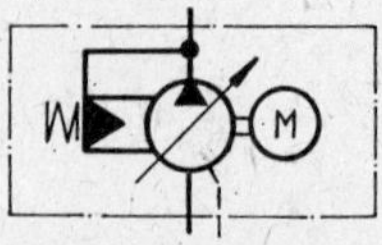
Hydraulische Stelleinheit, C 00	durch hydraulische Kolben, beaufschlagt mit hydraulischer Hilfsenergie *Stelleinheit s. Bild 5.2.7*	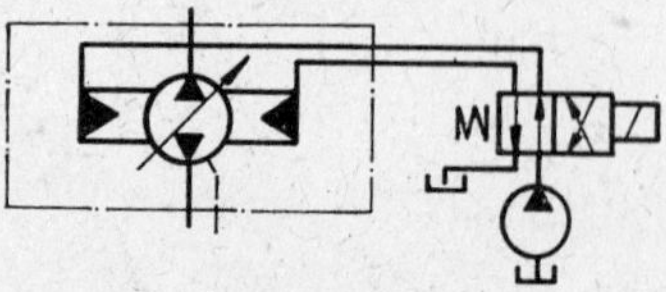
Servostelleinheit, C 20	durch hydraulische Kolben, beaufschlagt mit hydraulischer Hilfsenergie, Betätigung des Verstärkergliedes mechanisch *Stelleinheit s. Bild 5.2.6*	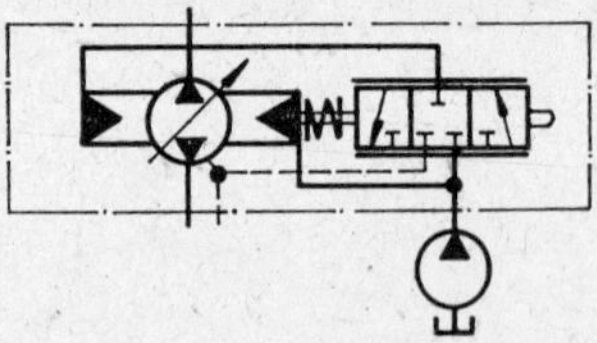
Servostelleinheit, C 21	durch hydraulische Kolben, beaufschlagt mit hydraulischer Hilfsenergie Betätigung des Verstärkergliedes durch Elektromagneten bzw. hydraulischen Druckschalter *Stelleinheit s. Bild 5.2.4*	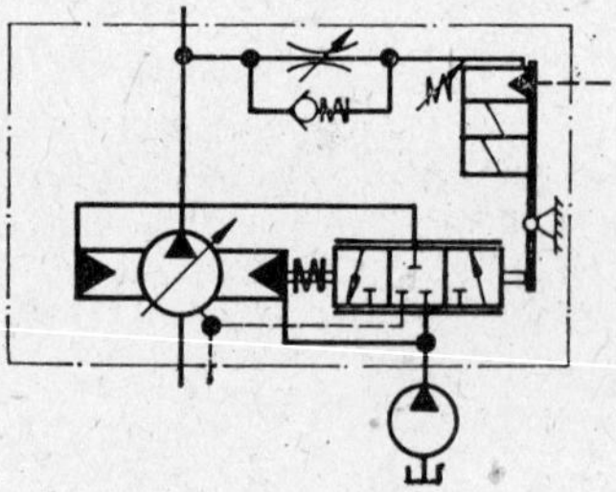
Druckregeleinheit, D 10	durch Federwirkung, der betriebsdruckabhängige hydraulische Kraft entgegenwirkt	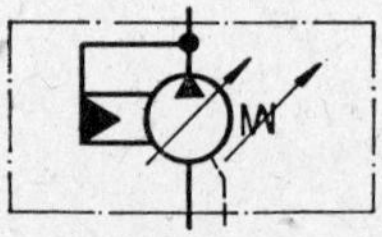
Druckregeleinheit, D 40	durch Federwirkung in Verbindung mit hydraulischen Kolben, die über Druckfühler beaufschlagt werden	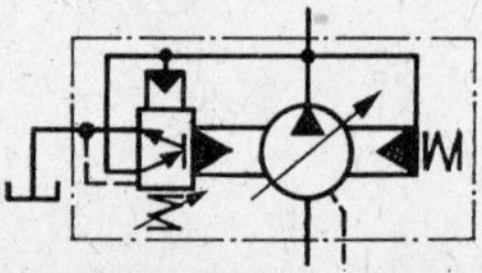

Um Radialkolbenpumpen dem jeweiligen Anwendungsfall besser anpassen zu können, wurden unterschiedliche Stelleinheiten zum Einstellen des geometrischen Verdrängungsvolumens V_g entwickelt (Tafel 5.2.3).

Berechnung der Kennwerte

Geometrisches Verdrängungsvolumen V_g

$$V_g = A_K \cdot 2\,e \cdot z \tag{5.10}$$

A_K Kolbenfläche
e Exzentrizität
z Anzahl der Kolben

Alle anderen Kennwerte (Volumenströme, Antriebsleistung, Wirkungsgrade) werden nach den Gln. (5.1) bis (5.5) berechnet.

Ausführungen, Anwendung

Einströmige Radialkolbenpumpen können mit Fuß- oder Flanschbefestigung ausgeführt werden. Die erforderliche Antriebsdrehbewegung wird über ein Antriebslager ohne oder mit Zahnradpumpe (Bild 5.2.5 zeigt das Antriebslager mit zweiströmiger Zahnradpumpe) eingeleitet. Die zusätzlichen Volumenströme der Zahnradpumpen sind für Steuer- bzw. Nebenkreisläufe gedacht und haben maximale Betriebsdrücke bis 6,3 MPa.
Einströmige Radialkolbenpumpen sind als komplettes Pumpenaggregat, bestehend aus Radialkolbenpumpe, Zwischenflansch, elastischer Schubrollenkupplung und Drehstrommotor, lieferbar. Vier Baugrößen werden jeweils als Hochdruck- (bis 32 MPa) oder als Niederdruckpumpe (bis 16 MPa) geliefert. Die Volumenströme können zwischen 6,3 dm³·min⁻¹ und 160 dm³·min⁻¹ liegen.

Zweiströmige Radialkolbenpumpen

Aufbau

Sie sind nach dem gleichen Grundprinzip wie die vorstehend beschriebenen einströmigen Radialkolbenpumpen aufgebaut.
In einem gemeinsamen Gehäuse *4* werden zwei Zylinderkörper *1.1* und *1.2* auf dem Steuerzapfen *6* gelagert, deren Kolben *7* gegen die Innenringe der Schrägkugellager *9.1* und *9.2* gedrückt werden. Die Schrägkugellager werden in zwei Schwenkrahmen *10.1* und *10.2* aufgenommen, die unabhängig voneinander ausgeschwenkt werden können. Die Pumpe erfüllt damit die Aufgaben von zwei einströmigen, stellbaren Pumpen.
Um eine Kompensation der auf den Steuerzapfen wirkenden hydraulischen Kräfte zu erreichen, werden die beiden Schwenkrahmen entgegengesetzt ausgeschwenkt. Wie im Bild 5.2.8 schematisch dargestellt, wird damit erreicht, daß für den Pumpenstern *1* die Druckseite oben und für den Pumpenstern *2* die Druckseite unten ist. Dadurch heben sich die eine Durchbiegung des Steuerzapfens hervorrufenden Druckkräfte in ihrer Wirkung nahezu auf. Zum anderen bietet dieser Aufbau den Vorteil, daß durch einen Umlenkhebel beide Pumpensterne sehr einfach auf gleiche Schwenkwinkel eingestellt werden können.

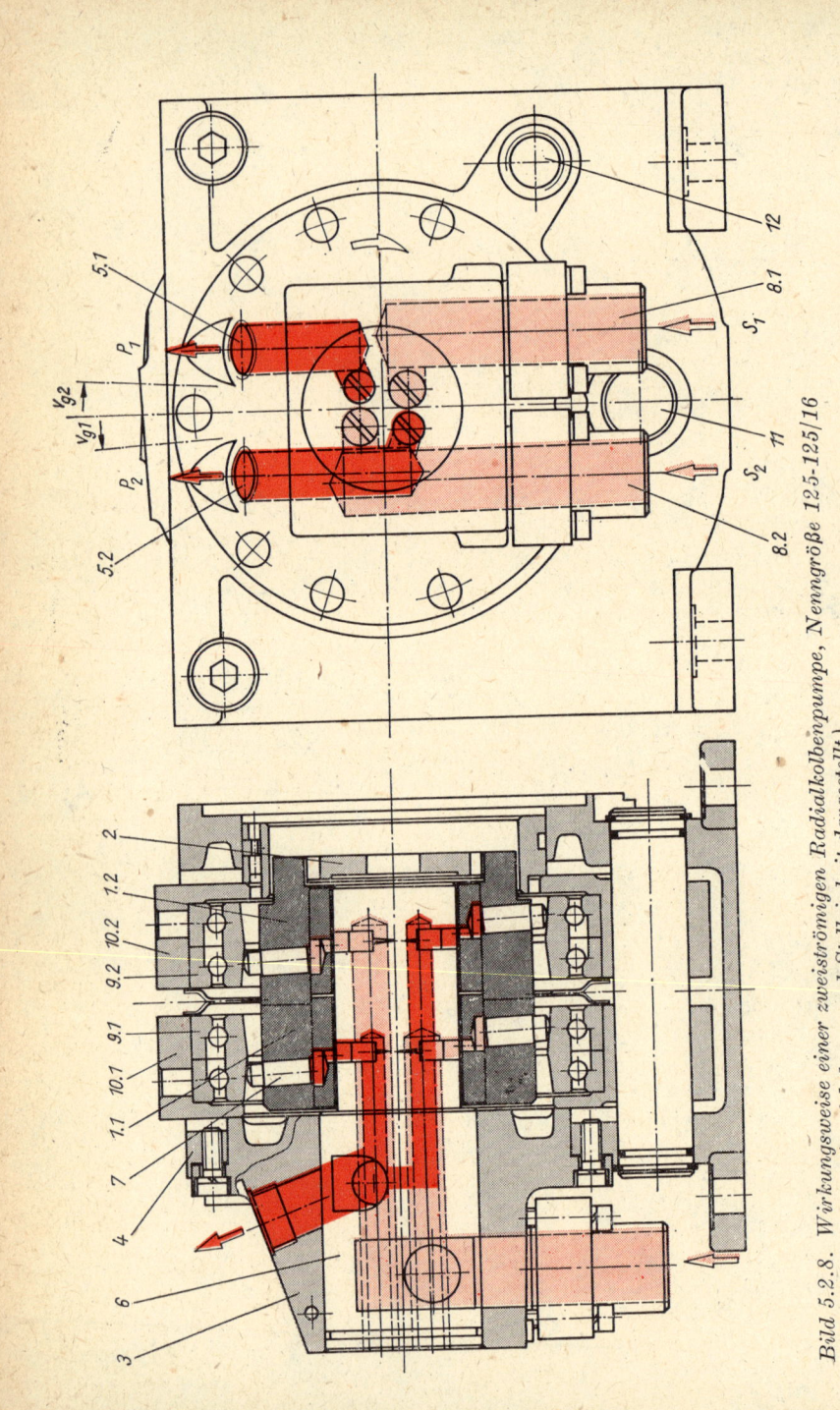

Bild 5.2.8. *Wirkungsweise einer zweiströmigen Radialkolbenpumpe, Nenngröße 125·125/16 (Grundgerät, ohne Antriebslager und Stelleinheit dargestellt)*
1.1 Zylinderkörper für Pumpenstern 1 (S_1, P_1); 1.2 Zylinderkörper für Pumpenstern 2 (S_2, P_2); 2 Kreuzscheibenkupplung; 3 Flansch; 4 Gehäuse; 5.1, 5.2 Druckanschlüsse; 6 Steuerzapfen; 7 Kolben; 8.1, 8.2 Sauganschlüsse; 9.1, 9.2 Schrägkugellager; 10.1, 10.2 Schwenkbolzen; 11 Schwenkrahmen; 12 Leckölanschluß

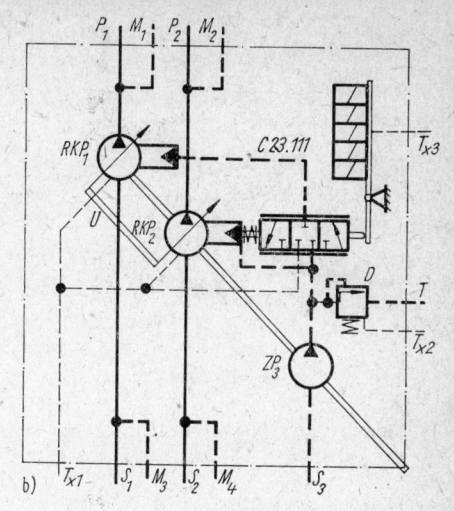

Bild 5.2.9. *Zweiströmige Radialkolbenpumpe mit angebauter Zahnradpumpe und Servostelleinheit*

a) Ansicht der Gerätekombination; b) symbolische Darstellung

RKP_1, RKP_2 zweiströmige Radialkolbenpumpe; ZP_3 Zahnradpumpe; $C\,23.111$ Servostelleinheit mit Magnetbetätigung; D Druckbegrenzungsventil; U Umlenkhebel; S_1, S_2, S_3 Saugleitungen; P_1, P_2 Druckleitungen; T_{x1}, T_{x2}, T_{x3} Leckleitungen; M_1 bis M_4 Manometeranschlüsse; T Ablaufleitung zum Behälter

Bild 5.2.9 zeigt eine zweiströmige Radialkolbenpumpe, deren Pumpensterne durch einen Umlenkhebel U, von einer Stelleinheit $C\,23.111$ betätigt, gleichzeitig und abhängig voneinander ausgeschwenkt werden können.

Ausführungen, Anwendung

Zweiströmige Radialkolbenpumpen werden nur mit Fußbefestigung geliefert. Sie sind in drei Nenngrößen für Volumenströme von $2 \times 6,3$; 2×40 und 2×160 dm³ · min⁻¹ ausgelegt, der maximale Betriebsdruck darf bis zu 16 MPa ansteigen.
Hauptanwendungsgebiete sind Abkantpressen, Plastspritzmaschinen und allgemeine Rationalisierungsaufgaben.

5.2.2.4. Axialkolbenpumpen

Die Verdrängerelemente (Hubkolben) einer Axialkolbenpumpe führen ihre Hubbewegung axial zur Rotationsachse aus. Die Kolben werden mit den Gleitschuhen durch eine Andruckplatte an die Schrägscheibe gedrückt. Ein Plansteuerspiegel, der mit entsprechenden Steuerschlitzen versehen ist, steuert den Druckmittelstrom. Der Schwenkwinkel α der Schrägscheibe ($x_{max} = 18 \cdots 20°$) bestimmt das geometrische Verdrängungsvolumen der Pumpe. Axialkolbenpumpen werden in drei Baureihen hergestellt. Alle entsprechen der Grundkonzeption nach Bild 5.2.10, sie sind jedoch in ihrem konstruktiven Aufbau unterschiedlich.

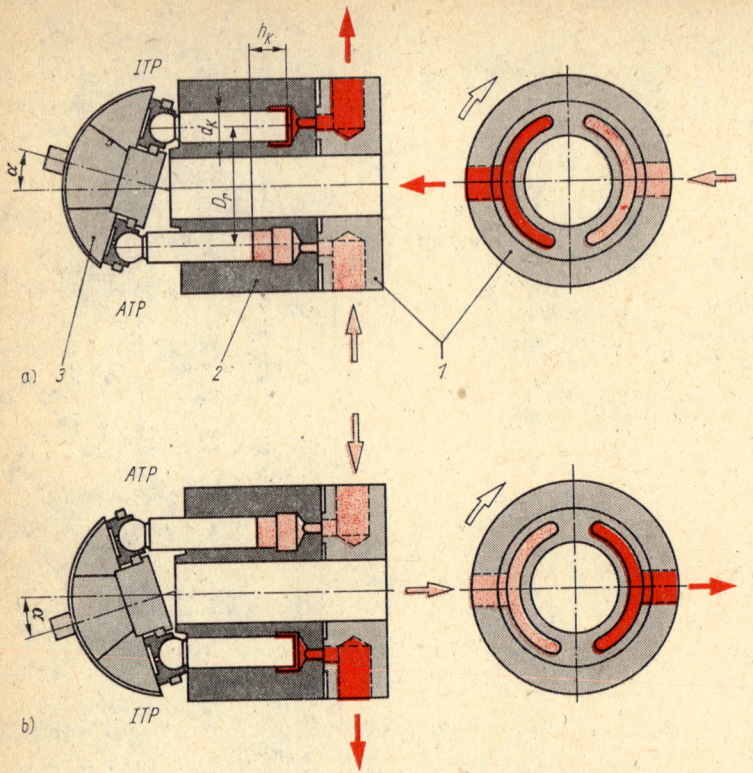

Bild 5.2.10. *Wirkungsweise einer Axialkolbenpumpe mit Schrägscheibe und Plansteuerspiegel (Darstellung der Übernullsteuerung)*

a) Schrägscheibe um α nach oben geschwenkt, Saugseite rechts, Druckseite links; b) Schrägscheibe um α nach unten geschwenkt, Saugseite links, Druckseite rechts

1 Plansteuerspiegel, feststehend; *2* Zylinderkörper, umlaufend; *3* Schrägscheibe, schwenkbar

ITP innerer Totpunkt der Kolbenbewegung; *ATP* äußerer Totpunkt

Axialkolbenpumpen, Nenndruck 32 MPa

Die Gerätekombination Axialkolbenpumpe p_n 32 MPa (Bild 5.2.11) besteht aus einer Axialkolbenpumpe AKP_1 als eigentlicher Hochdruckpumpe, einer angebauten zweiströmigen Zahnradpumpe ZP_2, ZP_3 und der Druckregeleinheit D 5.12.

Wirkungsweise

Über die Antriebswelle *15* und eine Verzahnung wird das Drehmoment vom Motor auf den Zylinderkörper *3* übertragen. Die im Zylinderkörper gleitenden Kolben *12* haben an der Kopfseite ein Kugelgelenk, das aus dem kugeligen Kolbenkopf und dem Gleitschuh *10* besteht. Die Gleitschuhe werden durch eine Andruckplatte *11* an die Schrägscheibe *6* gedrückt. Dadurch führt jeder Kolben während einer Umdrehung einen dem Schwenkwinkel entsprechenden Hub aus. Während einer halben Umdrehung läuft der Kolben in Richtung Schrägscheibe und saugt dabei über den Anschluß *13* Hydraulikfluid an.

Bild 5.2.11. *Axialkolbenpumpe mit angebauter zweiströmiger Zahnradpumpe und Druckregeleinheit*

a) Ansicht der Gerätekombination;
b) symbolische Darstellung

AKP_1 Axialkolbenpumpe; ZP_2, ZP_3 zweiströmige Zahnradpumpe; $D5.12$ Druckregeleinheit mit Servoventil und Kommandogeber; S_1, S_2, S_3 Saugleitungen; P_1, P_3 Druckleitungen; T_{x1} Leckleitung; M_1 Anschluß für Manometer

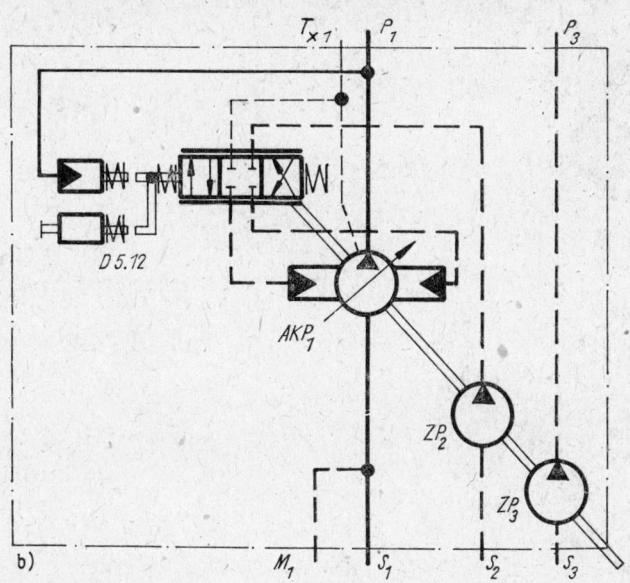

Ist die im Bild 5.2.12 gezeigte Stellung des Kolbens erreicht (unterer Kolben am äußeren Totpunkt), so wird der Saugvorgang durch den Steuersteg — vgl. auch Bild 5.2.10 — unterbrochen. Während der anderen halben Umdrehung wird der Kolben in Richtung Steuerspiegel *14* bewegt; er verdrängt dabei das im Kolbenraum befindliche Hydraulikfluid über den Anschluß *4* gegen den Arbeitswiderstand in die Hydraulikanlage.

Um dem Verschleiß der Gleitschuhe entgegenzuwirken, wird das unter Druck stehende Hydraulikfluid über eine Drosselbohrung *2* in eine Aussparung *1* im Gleitschuh gedrückt und damit eine Reaktionskraft erzeugt, die der durch den Arbeitsdruck gebildeten Kolbenkraft entgegenwirkt. Damit herrscht ein hydrostatischer Druckausgleich, der Gleitschuh „schwimmt" auf der Schrägscheibe.

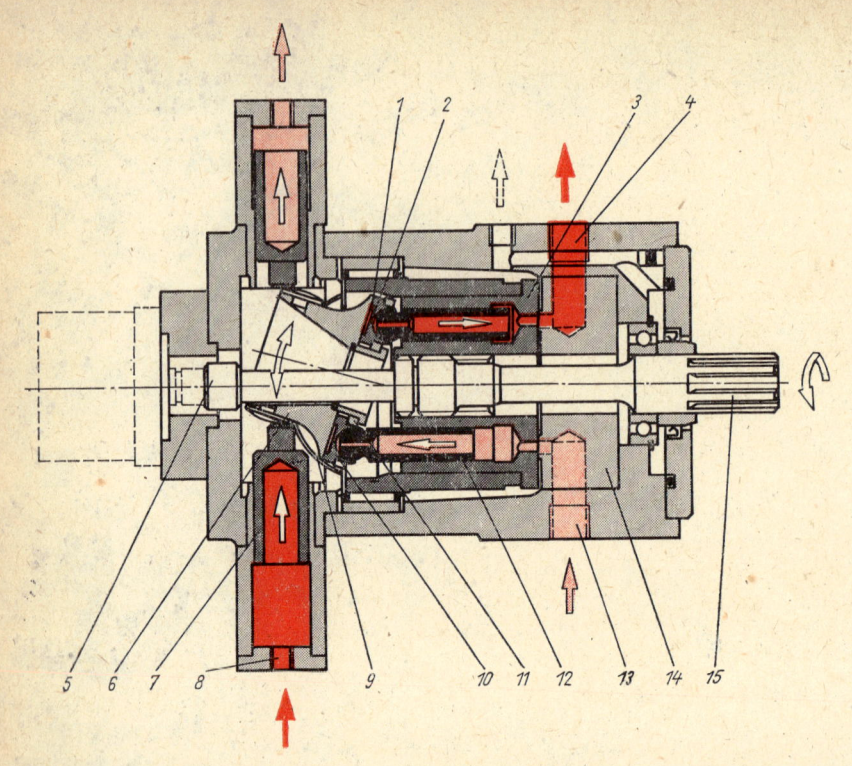

Bild 5.2.12. Wirkungsweise einer Axialkolbenpumpe, Nenngröße 50/32

1 Druckausgleichsfläche am Gleitschuh; 2 Drosselbohrung; 3 Zylinderkörper; 4 Druckanschluß; 5 Kupplung für Anbauzahnradpumpe; 6 Schrägscheibe; 7 Stellkolben; 8 Steuerdruckanschluß; 9 Führungsbahn der Schrägscheibe; 10 Gleitschuh; 11 Andruckplatte; 12 Kolben; 13 Sauganschluß; 14 Steuereinsatz; 15 Antriebswelle

Das Ausschwenken der Schrägscheibe, die in einer halbkreisförmigen Führungsbahn 9 gelagert ist, wird durch hydraulische Kolben 7 bewirkt, die wechselseitig über die Anschlüsse 8 von einem Volumenstrom niedrigen Druckes (Steuerstrom) beaufschlagt werden können. Über eine Kupplung 5 der durchgehenden Antriebswelle können weitere Hydraulikpumpen (Zahnradpumpen für Hilfs- und Steuerhydraulikkreisläufe) angeschlossen werden.

Berechnung der Kennwerte

Geometrisches Verdrängungsvolumen V_g

$$V_g = A_K \cdot h_K \cdot z; \quad h_K = D_T \cdot \tan \alpha \qquad (5.11)$$

A_K Kolbenfläche
h_K Kolbenhub
α Schwenkwinkel der Schrägscheibe
D_T Teilkreisdurchmesser der Kolbenbohrungen
z Anzahl der Kolben

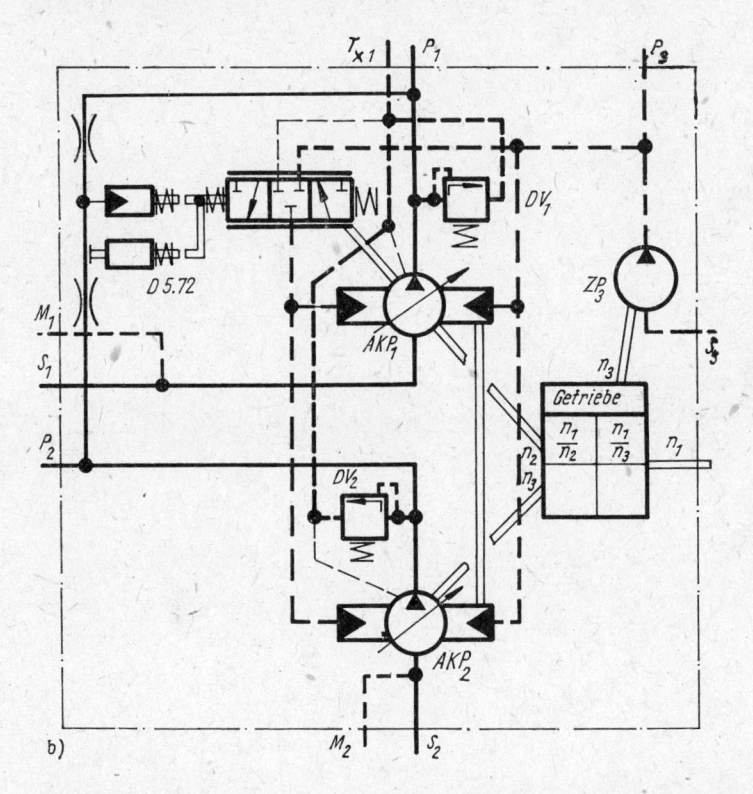

Bild 5.2.13. *Axialkolben-Doppelpumpe mit angebauter Zahnradpumpe und Summenleistungsregler*

a) Ansicht der Gerätekombination; b) symbolische Darstellung

AKP_1, AKP_2 Axialkolbenpumpen; ZP_3 Zahnradpumpe (im Bild nicht sichtbar); G Verteilergetriebe; DV_1, DV_2 Druckbegrenzungsventile; $D\ 5.72$ Summenleistungsregler mit Servoventil und Koppel; S_1 bis S_3 Saugleitungen; P_1 bis P_3 Druckleitungen; T_{x1} Leckleitung; M_1, M_2 Manometeranschlüsse

Alle anderen Kennwerte (Volumenströme, Antriebsleistung, Wirkungsgrad) werden nach den Gln. (5.1) bis (5.5) berechnet.

Ausführungen, Anwendung

Um zwei Volumenströme mit hohem Druck einer Gerätekombination zu entnehmen, läßt sich bei Axialkolbenpumpen nur das im Bild 5.2.13 gezeigte Prinzip realisieren.

Zwei Axialkolbenpumpen mit einem Volumenstrom werden an ein mechanisches Verteilergetriebe geflanscht und über eine Antriebswelle angetrieben. Es läßt sich damit aber nicht der ökonomisch günstige Aufbau erreichen wie bei zweiströmigen Radialkolbenpumpen (Bild 5.2.8), beide Einzelpumpen müssen mit zugehörigen Gehäusen angebaut werden. Zusätzlich wird noch das große Verteilergetriebe benötigt. Derartige Axialkolbenpumpen kommen vorwiegend in mobilen Hydraulikanlagen vor. Dabei werden die Aufgaben der Arbeitshydraulik sowie die des hydrostatischen Fahrantriebes dieser Geräte (Universalbagger UB 631, UB 1232, Feldhäcksler u. a.) realisiert.

Axialkolbenpumpen, Nenndruck 16 MPa

Axialkolbenpumpen p_n = 16 MPa (Bild 5.2.14) sind in der DDR die größten Hydraulikpumpen mit veränderlichem Verdrängungsvolumen. Sie entsprechen dem im Bild 5.2.10 dargestellten Grundprinzip der Axialkolbenpumpe mit gerader Hauptachse. Gegenüber der vorstehend beschriebenen Axial-

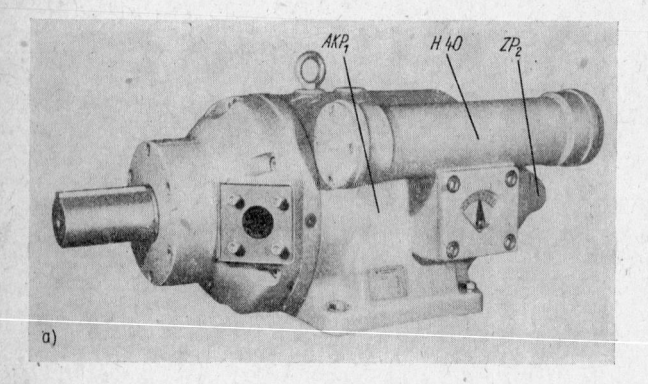

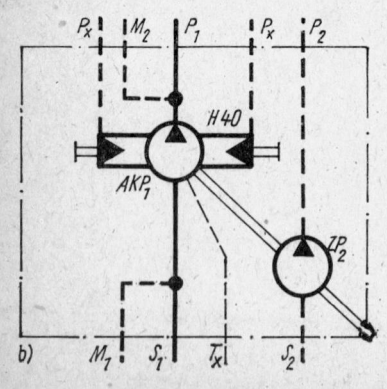

Bild 5.2.14. *Axialkolbenpumpe mit angebauter Zahnradpumpe und hydraulischer Stelleinheit*

a) Ansicht; b) symbolische Darstellung

AKP_1 Axialkolbenpumpe; ZP_2 Zahnradpumpe; $H\ 40$ hydraulische Stelleinheit mit einstellbaren Anschlägen; S_1, S_2 Saugleitungen; P_1, P_2 Druckleitungen; T_x Leckleitung; M_1, M_2 Manometeranschlüsse; P_x Anschlüsse für Steuerölstrom

kolbenpumpe $p_n = 32$ MPa bestehen die Unterschiede hauptsächlich in der leichteren Ausführung des Gehäuses *3*, der völlig anderen Anordnung der Stelleinheit *10* (seitlich am Gehäuse, längs zur Hauptachse) und der anderen Gestaltung der Hauptachse (durchgehende Welle gestattet Anordnung des Antriebes links oder rechts). Bild 5.2.15 zeigt deutlich die Unterschiede. Durch die Lage der Stelleinheit längs zur Hauptachse wird eine platzsparende konstruktive Gestaltung erreicht. Der Hebel *9*, der die Stellkräfte auf die Schrägscheibe *8* überträgt, ist durch eine Stirnverzahnung mit dem Schwenkzapfen der Schrägscheibe verbunden.

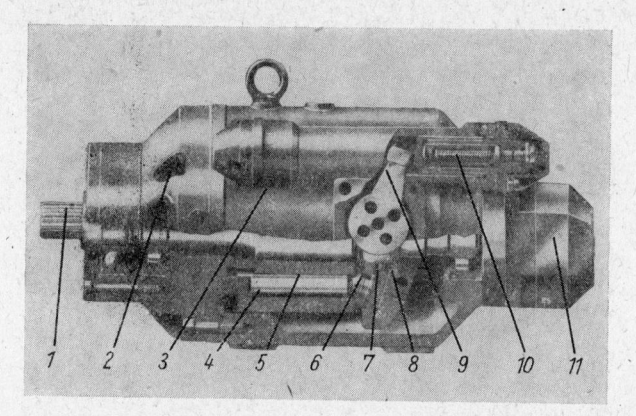

Bild 5.2.15. Schnittmodell einer Axialkolbenpumpe, Nenngröße 400/16

1 Antriebswelle; *2* Steuerkopf mit Steuerspiegel; *3* Gehäuse; *4* Zylinderkörper; *5* Kolben; *6* Gleitschuh; *7* Gleitplatte; *8* Schwenkkörper; *9* Schwenkhebel; *10* Stelleinheit; *11* Zahnradpumpe ZP_2

Berechnung der Kennwerte

Analog Axialkolbenpumpen $p_n = 32$ MPa

Ausführungen, Anwendung

Zum Einsatz kommen Axialkolbenpumpen $p_n = 16$ MPa vor allem in großen Hydraulikanlagen. Traditionelle Anwendungsbereiche sind Windenantriebe in Schiffen und in Förderanlagen und Hebezeugen. In verstärktem Maße finden diese Axialkolbenpumpen auch als Druckstromerzeuger für zentrale Druckölstationen in Werkzeugmaschinen (Bearbeitungszentren, Fertigungslinien) und in der Umformtechnik (Querwalzmaschinen) Verwendung.

Axialkolbenpumpen, Nenndruck 40 MPa

Axialkolbenpumpen $p_n = 40$ MPa sind besonders leistungsstarke Geräte, die vorwiegend für den Einsatz in hydrostatischen Fahrantrieben mobiler Hydraulikanlagen entwickelt worden sind. Dabei wurde die Axialkolbenpumpe, die dem im Bild 5.2.10 dargestellten Grundprinzip entspricht, so robust ausgelegt, daß der maximale Betriebsdruck bis 40 MPa gesteigert werden kann und Antriebsdrehzahlen bis 3000 min^{-1} erreicht werden können. Um den Aufbau der Hydraulikanlage eines Fahrantriebes soweit wie möglich zu vereinfachen, wurde für die Axialkolbenpumpe ein anderer Aufbau, als im Bild 5.2.12 gezeigt, vorgenommen. Die Schrägscheibe mit der halbkreisförmigen Führungsbahn wurde auf der Seite der Antriebswelle und der Steuereinsatz mit dem Plansteuerspiegel auf der gegenüberliegenden Seite angeordnet. Damit war es möglich, sämtliche Kreislaufventile in der Bohrungseinbauvariante direkt in den Steuereinsatz einzuschrauben. Bild 5.2.16a zeigt diese Axialkolbenpumpe für hydrostatische Fahrantriebe.

Ausführungen, Anwendung

Axialkolbenpumpen $p_n = 40$ MPa wurden in 3 Nenngrößen mit Verdrängungsvolumina $V_g = 40$, 63 und 100 cm³ entwickelt. Die Anschlußmaße entsprechen internationalen Standards, die Rohrleitungsanschlüsse der Hochdruckleitungen sind mit SAE-Flanschverbindungen ausgeführt.
Ihr Einsatzgebiet umfaßt gegenwärtig hydraulische Fahrantriebe für selbstfahrende Landmaschinen (Mähdrescher, Feldhäcksler u. a.), Straßenbaumaschinen und Universalbagger.

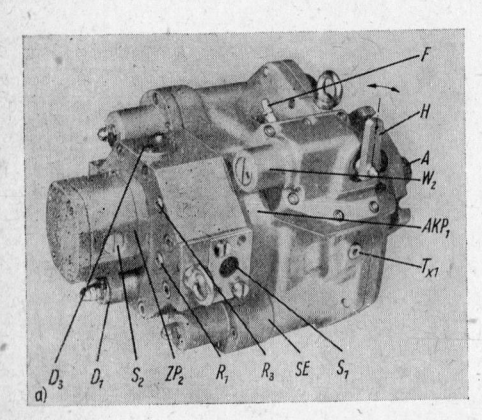

Bild 5.2.16 a)

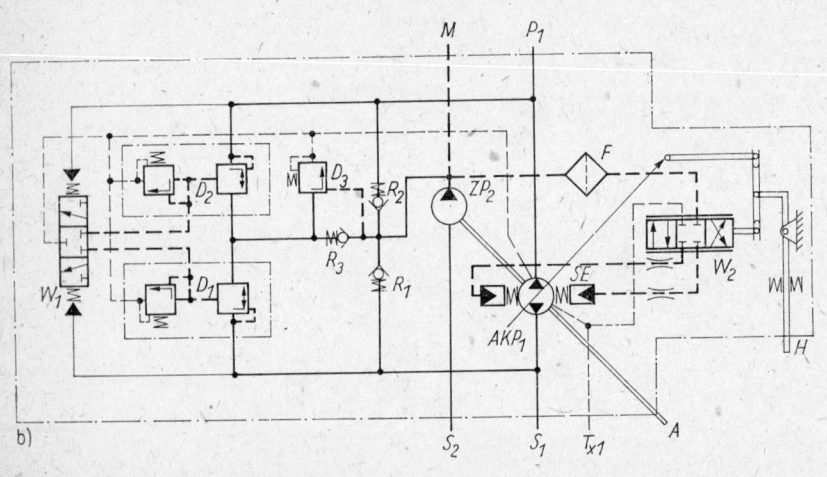

Bild 5.2.16 b)

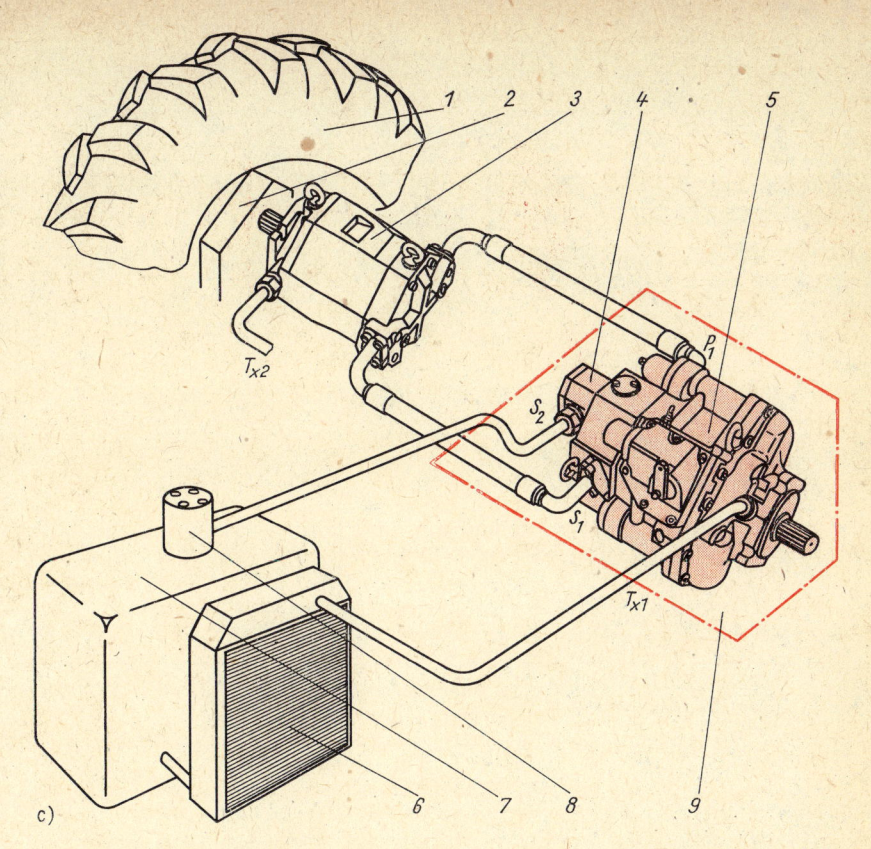

Bild 5.2.16. *Axialkolbenpumpe, Nenndruck 40 MPa, mit angebauter Zahnradpumpe und Kreislaufsicherheitseinheit*
a) Ansicht der Gerätekombination; b) symbolische Darstellung; c) schematische Darstellung eines hydrostatischen Fahrantriebes

AKP_1 Axialkolbenpumpe; ZP_2 Zahnradpumpe; SE hydraulische Stelleinheit der Axialkolbenpumpe; A Antriebswelle; H Stellhebel; D_1 bis D_3 Druckventile; R_1 bis R_3 Rückschlagventile; F Feinstfilter; W_1 Wegeventil; W_2 Vierkantenservoventil zur Ansteuerung der hydraulischen Stelleinheit; S_1 Zulaufanschluß der AKP; S_2 Sauganschluß der ZP; L_P Leckfluidanschluß der Pumpenkombination; M Manometeranschluß; L_M Leckfluidanschluß des Axialkolbenmotors

1 Rad des Fahrzeuges; *2* Untersetzungsgetriebe; *3* Axialkolbenmotor (s. Bilder 5.3.4 und 5.3.5); *4* Zahnradpumpe ZP_2; *5* Axialkolbenpumpe AKP_1; *6* Luftkühler; *7* Hydraulikfluidbehälter; *8* Rücklauffilter; *9* Gerätekombination entsprechend a)

5.2.3. Drehkolbenpumpen

5.2.3.1. Merkmale

Die hin- und hergehende Bewegung des Kolbens im Zylinder der Hubkolbenpumpe wird bei Drehkolbenpumpen zur Drehbewegung eines Mehrfachverdrängers in einem kreisförmigen Zylinder. Diese Änderung der Bewegungsverhältnisse wird im Bild 5.2.17 gezeigt.

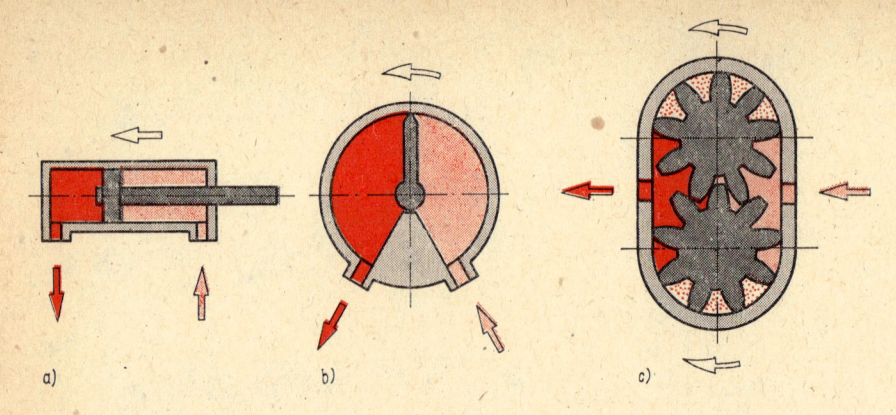

Bild 5.2.17. Vom Hubkolben zum Drehkolben — schematische Darstellung
a) geradlinige Bewegung — Hubkolben; b) Drehwinkelbewegung — Schwenkkolben; c) Drehbewegung — Drehkolben

Durch die rotierende Bewegung der Wirkungsmechanismen wird von den „Drehkolben" das Öl auf der einen Seite in den Zylinderraum angesaugt und auf der anderen Seite in die Leitungen der Hydraulikanlage gedrückt.

5.2.3.2. Zahnradpumpen

Als Verdrängerelemente werden bei Zahnradpumpen zwei miteinander kämmende Zahnräder verwendet, die mit engem Spiel in einem Gehäuse laufen. Das geometrische Verdrängungsvolumen wird durch die Zahnlücken und die Gehäuseinnenwand gebildet. Nach der Art der Verdrängerelemente unterscheidet man (vgl. Tafel 5.2.1):

- Zahnradpumpen mit Außenverzahnung,
- Zahnradpumpen mit Innenverzahnung.

Während Zahnradpumpen mit Außenverzahnung die traditionelle Konstruktionsvariante darstellen (von über 100 verschiedenen Herstellern auf der ganzen Erde werden jährlich mehr als 10 Millionen Zahnradpumpen dieses Konstruktionsprinzips gefertigt), wurden Zahnradpumpen mit Innenverzahnung erst in den letzten Jahren entwickelt. Sie sind wesentlich aufwendiger als Zahnradpumpen mit Außenverzahnung.
In der DDR werden nur Zahnradpumpen mit Außenverzahnung und axialem Spielausgleich (Bild 5.2.18) gefertigt.

Wirkungsweise

In einem Gehäuse 3, das stirnseitig durch den Deckel 2 bzw. die Befestigungsplatte 7 begrenzt wird, sind zwei am Außendurchmesser abgeflachte Buchsenpaare 10, 11 axial beweglich untergebracht. Die Bohrungen dieser Buchsenpaare sind als Gleitlager für die Lagerzapfen des Zahnradpaares 4, 5 ausgebildet. Die über die Antriebswelle mit dem Zahnrad 4 eingeleitete Drehbewegung bewegt die Ritzelwelle mit dem Zahnrad 5 gegenläufig. Im Saugraum 9

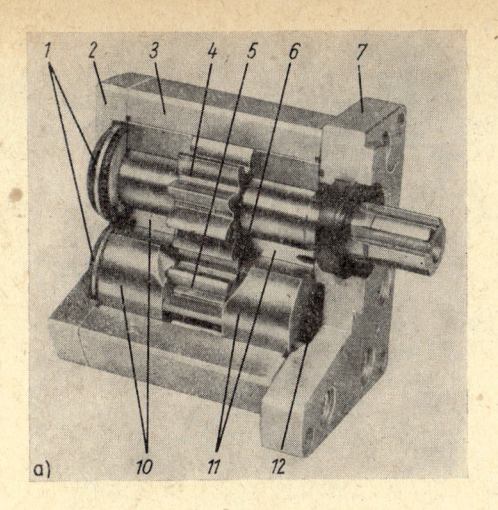

Bild 5.2.18. Zahnradpumpe mit axialem Spielausgleich
a) Schnittdarstellung; b) Symbol
Benennung der Einzelheiten s. Bild 5.2.19

entsteht ein Vakuum, dadurch wird das Hydraulikfluid aus dem Behälter angesaugt. In den Zahnlücken wird das Öl zum Druckraum 8 gefördert und von dort in die Anlage verdrängt. Beim Betrieb einer Zahnradpumpe werden die Druckfelder *1* an den Stirnseiten des Buchsenpaares *10* mit dem jeweiligen Betriebsdruck beaufschlagt. Dadurch werden die Gleitflächen der Buchsen mehr oder weniger, entsprechend dem Betriebsdruck, an die Stirnseiten der Zahnräder gedrückt. Sie verringern so druckabhängig das Axialspiel der Zahnräder. Da die größten volumetrischen Verluste durch an den Stirnseiten vom Druckraum zum Saugraum durchtretendes Lecköl entstehen, wird durch die

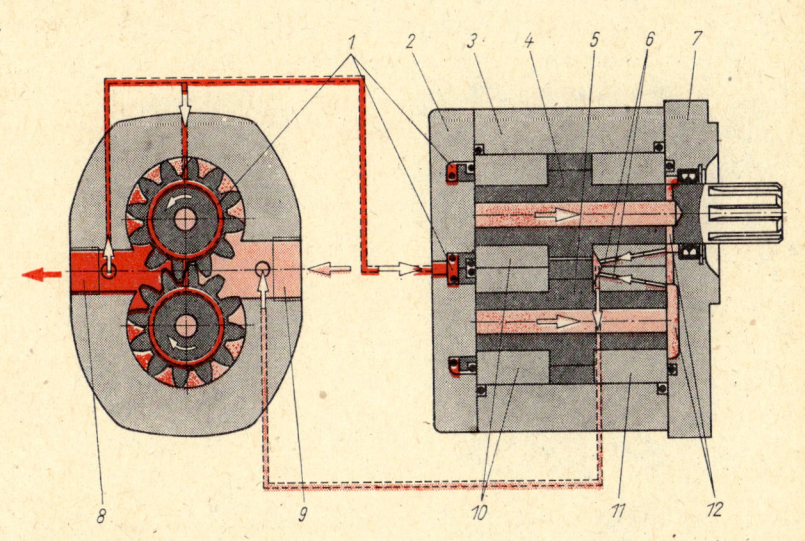

Bild 5.2.19. *Wirkungsweise einer Zahnradpumpe mit axialem Spielausgleich, Nenngröße 25/16*

1 Druckfeld für axialen Spielausgleich; *2* Deckel; *3* Gehäuse; *4* Antriebswelle mit Zahnrad; *5* Ritzelwelle mit Zahnrad; *6* Drosselbohrungen; *7* Befestigungsplatte; *8* Druckanschluß; *9* Sauganschluß; *10* Lagerbuchsenpaar, axial beweglich; *11* Lagerbuchsenpaar, feststehend; *12* Leckölräume

Axialspieleinstellung ein guter volumetrischer Wirkungsgrad erreicht. An den verschiedenen Dichtstellen anfallendes Lecköl wird über die durchbohrten Ritzelwellen und Drosselbohrungen *6* in dem festen Lagerbuchsenpaar in den Saugraum der Zahnradpumpe zurückgeführt; damit entfällt bei Zahnradpumpen ein spezieller Leckstromanschluß. Der Durchmesser der Drosselbohrungen ist so bemessen, daß in den Leckölräumen *12* ein Staudruck entsteht, der zur Schmierung der Gleitlager in der Pumpe ausreicht.

Um die Leistungsfähigkeit der Zahnradpumpen zu erhöhen, wurde in den letzten Jahren eine neue Baureihe Zahnradpumpen (Bild 5.2.20) entwickelt, die bei einem Nenndruck von 20 MPa einen maximalen Spitzendruck von 25 MPa garantieren. Neben der Erweiterung des Drehzahlbereiches auf 4000 min^{-1} wurde großer Wert auf eine hohe Zuverlässigkeit der Pumpen und eine servicefreundliche Konstruktion gelegt, bei der alle Teile austauschbar sind.

Bei gleichem Grundprinzip, wie im Bild 5.2.19 gezeigt, besitzen die neuen Zahnradpumpen die nachfolgend beschriebenen konstruktiven Unterschiede. Die beiden Gleitlager-Buchsenpaare werden durch kompakte Lagerbrillen aus Aluminium ersetzt, in deren Bohrungen PTFE-beschichtete Lagerbuchsen zur Aufnahme der Antriebs- und der Ritzelwelle eingepreßt sind. Beide Lagerbrillen werden sowohl von der Deckelseite als auch von der Befestigungsplattenseite exzentrisch mit dem Betriebsdruck beaufschlagt und so von beiden Seiten an die Stirnflächen der Zahnräder gedrückt. Dieser doppelseitige Axialspielausgleich ermöglicht die höheren Betriebsdrücke bei niedrigeren hydraulischen Verlusten. Eine gestaltoptimierte Gehäuseausführung (Bild 5.2.20) gibt die Garantie für eine hohe Zuverlässigkeit. Das Antriebsdrehmoment wird nicht mehr formschlüssig über Zahnwellenprofil (Bilder 5.2.18 und 5.2.19), sondern kraftschlüssig über einen Kurzkegel auf der Antriebswelle spielfrei eingeleitet.

Bild 5.2.20. Zahnradpumpen mit doppelseitigem Axialspielausgleich

a) Zahnradpumpe mit zwei Förderströmen *ZP 1* Primärpumpe, Nenngröße 10/20.2 — Bauform 230; *ZP 2* Sekundärpumpe, Nenngröße 6,3/20.0 — Bauform 260; b) Zahnradpumpe mit einem Förderstrom, Nenngröße 12/20.0 — Bauform 210;

1 kegeliges Wellenende; *2* Gewindeanschluß für Weichstoffdichtung; *3* Befestigungsplatte; *4* Gehäuse; *5* Deckel

Berechnung der Kennwerte

Geometrisches Verdrängungsvolumen V_g

$$V_g = 2 \cdot d \cdot \pi \cdot m \cdot b \qquad (5.12\,\text{a})$$

d Teilkreisdurchmesser der Zahnräder
m Modul
b Zahnradbreite

Alle anderen Kennwerte werden nach den Gln. (5.1) bis (5.5) berechnet.

Ausführungen, Anwendung

Zahnradpumpen mit axialem Spielausgleich werden als Einzelpumpen in zwei Baureihen gefertigt.

Baureihe 1:   5 Gehäusebaugrößen; 10 Nenngrößen
                 $V_g = 1{,}25 \cdots 80 \text{ cm}^3$, Nenndruck $p_n = 16$ MPa
Baureihe 2:   4 Gehäusebaugrößen; 19 Nenngrößen
                 $V_g = 1 \cdots 80 \text{ cm}^3$, Nenndruck $p_n = 20$ MPa

Für neuentwickelte Hydraulikanlagen kommt vorwiegend die Baureihe 2 zum Einsatz.

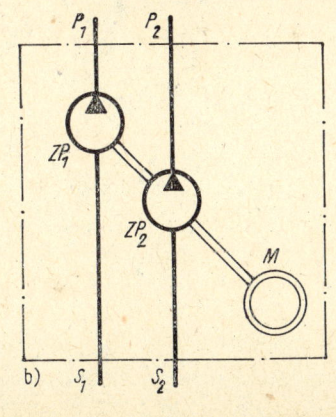

Bild 5.2.21. Zahnradpumpe mit zwei Förderströmen und angebautem Elektromotor
a) Ansicht der Gerätekombination;
b) symbolische Darstellung

$ZP\,1$ Sekundärpumpe, Bauform 260; $ZP\,2$ Primärpumpe, Bauform 230; M Elektromotor; $S1, S2$ Sauganschlüsse; $P1, P2$ Druckanschlüsse

Zwei- oder mehrströmige Zahnradpumpen entstehen durch Hintereinanderschaltung von 2 (Bilder 5.2.20b und 5.2.21) bis maximal 4 einströmigen Pumpen.
Gerätekombinationen mit 3 bzw. 4 hintereinandergeschalteten Zahnradpumpen dürfen nur mit vertikaler Hauptachse eingesetzt werden, da sonst unzulässige Querkräfte auf die einzelnen Pumpen wirken können.
Weiterhin ist zu beachten, daß jeweils nur gleich große oder kleinere Pumpen nachgeschaltet werden dürfen, da das Antriebsdrehmoment der Sekundärpumpe durch die Primärpumpe geleitet werden muß.
Zahnradpumpen kommen in nahezu allen Industriezweigen der Volkswirtschaft vor. Ihr Einsatz ist vor allem dort zweckmäßig, wo einfache Hydraulikanlagen vorhanden sind und keine hohen Einstellgenauigkeiten bzw. keine veränderlichen Volumenströme gefordert werden. Beispiele für den Einsatz von Zahnradpumpen sind

Landmaschinen	Hubhydraulik für Mähdrescher, Lenkhydraulik für Traktoren,
Fördertechnik	Hubhydraulik für Gabelstapler, Autodrehkrane, Kleinaufzüge, Schließeinrichtung für Greifer,
Fahrzeuge	Pumpe für Lenkhydraulik, Betätigung von Kippeinrichtungen, Hubhydraulik für Spezialaufbauten,
Werkzeugmaschinen	Druckstromerzeuger für Steuerkreisläufe, Kreisläufe für Beschickungseinrichtungen.

5.2.3.3. Sperrschieberpumpen

Die Verdrängungsräume einer Sperrschieberpumpe werden durch zwei Rotoren mit ellipsenähnlichem Querschnitt gebildet, die in zylindrischen Bohrungen der Rotorgehäuse umlaufen. Je zwei sich gegenüberliegende, in Längsschlitzen der Rotorgehäuse radial verschiebbare Sperrschieber teilen die Verdrängungsräume in Saug- und Druckkammern. Diese Kammern sind mit den nach außen gehenden Anschlußbohrungen durch Längskanäle verbunden. Das geometrische Verdrängungsvolumen wird durch die Kurven und die Breite der beiden Rotoren festgelegt.
Sperrschieberpumpen sind Hydraulikpumpen mit konstantem Verdrängungsvolumen je Umdrehung. Sie haben durch die kontinuierliche Verdrängung

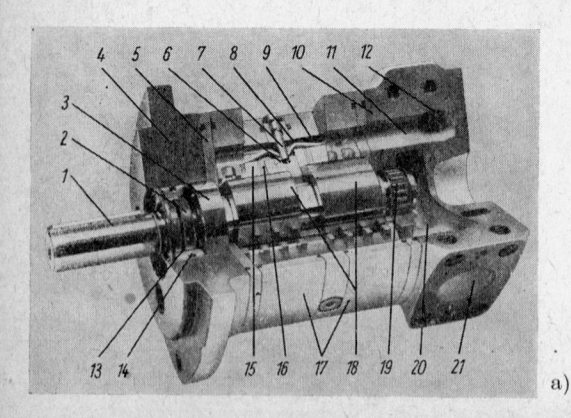

Bild 5.2.22. Sperrschieberpumpe mit einem Förderstrom
a) Schnittdarstellung; b) Symbol
Benennung der Einzelheiten s. Bild 5.2.23

der beiden um 90° versetzten Rotoren eine geringe Förderstrompulsation und einen extrem niedrigen Schalleistungspegel. Sie sind die leisesten Druckstromerzeuger und werden daher besonders in geräuscharmen Hydraulikanlagen eingesetzt.

Wirkungsweise

Bei einer Drehbewegung der Antriebswelle *1* laufen die beiden auf einem Polygonprofil um 90° versetzt angeordneten Rotoren *18* in den Rotorgehäusen *17* um. Die beiden Anlaufscheiben *5* und die Zwischenplatte *6* übernehmen die stirnseitige Begrenzung der Rotorbewegung. Die Zwischenplatte *6* dient gleichzeitig zur Aufnahme der Schwingenlagerung *7*. Die beiden vorgespannten Federschwingen *8* drücken die beiden Sperrschieberpaare *15* an die Rotoren *18*. Die Sperrschieber werden bei Druckaufbau durch den über Ölführungsnuten *16* in die Schwingenräume *9* geleiteten Betriebsdruck beaufschlagt und an die Rotoren *18* gepreßt. Sie trennen die durch die Kurvenform der Rotoren entstehenden Verdrängungsräume in Druck- und Saugräume, die über Längskanäle *11* bzw. *20* mit den nach außen führenden Anschlüssen *12* bzw. *21* verbunden sind.

Durch die Kurvenform der Rotoren *18* mit den darauf gleitenden Sperrschiebern werden die Saugräume kontinuierlich vergrößert und das angesaugte Hydraulikfluid aus den Druckräumen kontinuierlich verdrängt. Da der zweite Rotor um 90° versetzt angeordnet ist, erfolgt dessen Verdrängungszyklus genau phasenverschoben, so daß in die Hydraulikanlage als Summe beider Einzelströme ein nahezu pulsationsfreier Volumenstrom abgegeben wird. Daraus resultiert auch der sehr niedrige Schalleistungspegel der Sperrschieberpumpen, der 10 bis 15 dB niedriger als bei vergleichbaren Zahnradpumpen mit axialem Spielausgleich ist. Um diesen Vorteil der Sperrschieber-

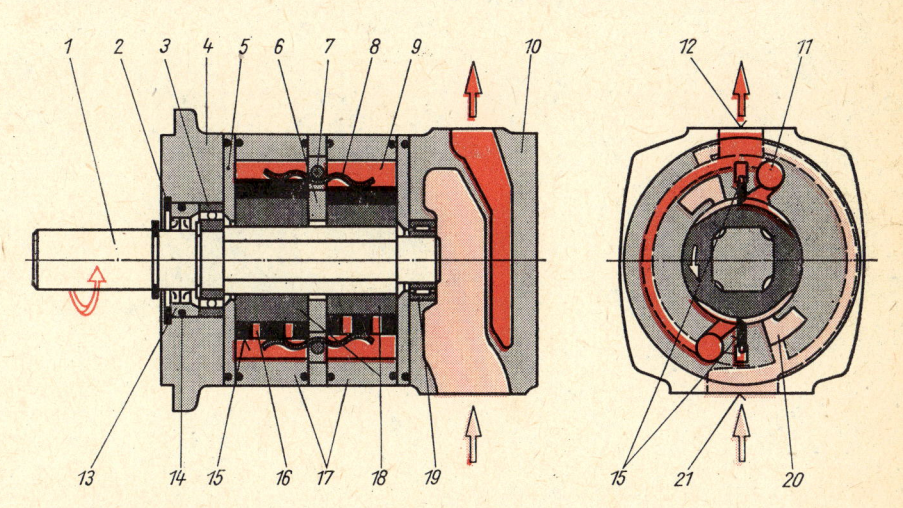

Bild 5.2.23. *Wirkungsweise einer Sperrschieberpumpe mit einem Förderstrom, Nenngröße 32/16*

1 Antriebswelle; *2* Wellendichtringe; *3* Rillenkugellager; *4* Befestigungsflansch; *5* Anlaufscheibe; *6* Zwischenplatte; *7* Schwingenlager; *8* Schwinge; *9* Schwingenraum; *10* Anschlußgehäuse; *11* Druckkanal; *12* Druckanschluß; *13* Haltering; *14* Rundringabdichtung; *15* Sperrschieber; *16* Ölführungsnuten; *17* Rotorgehäuse; *18* Rotoren; *19* Nadellager; *20* Saugkanal; *21* Sauganschluß

pumpen voll für eine geräuscharme Hydraulikanlage zu nutzen, muß für den Antrieb der Sperrschieberpumpen ein geräuscharmer Elektromotor (Genauigkeitskugellager für Läufer, andere Lüfterform) vorgesehen werden.

Berechnung der Kennwerte

Das geometrische Verdrängungsvolumen V_g wird aus der Differenz der Kreisfläche (Rotorgehäusebohrung) und der ellipsenähnlichen Rotorquerschnittsfläche sowie der Rotorbreite und der Rotoranzahl berechnet. Das von den Sperrschiebern eingenommene Volumen wird bei der überschläglichen Berechnung vernachlässigt.

$$V_g = 2 \, (A_G - A_R) \cdot b \cdot z \tag{5.12b}$$

V_g geometrisches Verdrängungsvolumen
A_G Kreisfläche der Rotorgehäusebohrung
A_R Querschnittsfläche des Rotors
b Rotorbreite
z Anzahl der Rotoren (immer 2)

Die Berechnung aller anderen Kennwerte wird nach den Gln. (5.1) bis (5.5) vorgenommen.

Ausführungen, Anwendung

Sperrschieberpumpen werden als Einzelpumpen sowie als zweiströmige und dreiströmige Mehrstrompumpen gefertigt. Gegenwärtig umfaßt die Baureihe 10 Nenngrößen von $V_g = 6{,}3 \text{ cm}^3$ bis $V_g = 50 \text{ cm}^3$, die für einen Dauerbetriebsdruck von 16 MPa (Spitzendruck 23 MPa) ausgelegt sind.
Eine zweiströmige Sperrschieberpumpe entsteht durch Verkettung von zwei Einstrompumpen. Die beiden Anschlußgehäuse *10* werden dabei durch ein gemeinsames Verbindungsgehäuse, das einen gemeinsamen Sauganschluß und zwei Druckanschlüsse hat, ersetzt.

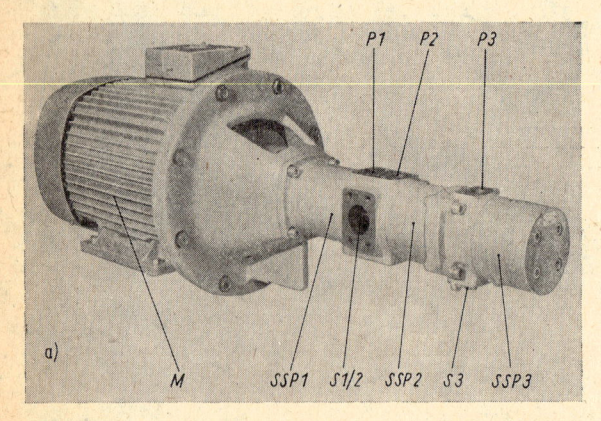

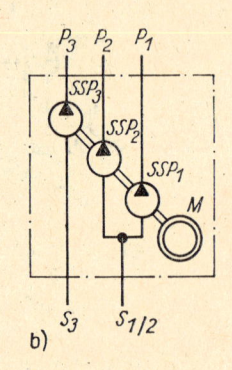

Bild 5.2.24. Sperrschieberpumpe mit 3 Förderströmen und Elektromotor
a) Ansicht; b) symbolische Darstellung
SSP 1, SSP 2 zweiströmige Sperrschieberpumpe;   *SSP 3* angeflanschte einströmige Sperrschieberpumpe; *S 1/2* gemeinsamer Sauganschluß der Pumpen *1* und *2*; *S3* Sauganschluß der Pumpe *3*; *P1, P2, P3* Druckanschlüsse; *M* Elektromotor

Eine dreiströmige Pumpe wird durch Anbau einer Einzelpumpe an eine zweiströmige Pumpe gebildet (Bild 5.2.24). Bei Mehrstrompumpen sind die Leckfluidräume verbunden. Durch diesen konstruktiven Aufbau ist es nicht möglich, Mehrstrompumpen zu trennen und als Einzelpumpen zu betreiben. Bevorzugte Anwendungsgebiete der Sperrschieberpumpen sind:

Werkzeugmaschinen: Vorschubantriebe, Hauptantriebe für Schleifmaschinen, Antriebe für Greifer- und Verkettungseinheiten an Bearbeitungszentren
Urformmaschinen: Hauptantriebe für Plastspritzautomaten
Fördertechnik: Hebebühnen in Gesellschaftsbauten, Hubpodien für Theaterbühnen, Aufzüge in Krankenhäusern.

5.3. Druckstromverbraucher — Hydraulikmotoren und Hydraulikzylinder

5.3.1. Rotierende Hydraulikmotoren (Rotationsmotoren)

5.3.1.1. Merkmale, Einteilung, Kennwerte

Sie formen die dem Druckflüssigkeitsstrom eingeprägte Energie in eine drehende Bewegung mit einem bestimmten Drehmoment um.
Die Verdrängerelemente der Rotationsmotoren sind im wesentlichen gleichgestaltet wie die der Hydraulikpumpen, so daß prinzipiell die Hydraulikmotoren eine Umkehrung der Hydraulikpumpen sind. Die tatsächliche Ausführung unterscheidet sich jedoch von der der Hydraulikpumpen.
Als hauptsächliches Unterscheidungsmerkmal werden, wie bei den Hydraulikpumpen, der Aufbau und die Wirkungsweise der Verdrängerelemente betrachtet.
Von den in der Tafel 5.3.1 dargestellten Grundprinzipien für Rotationsmotoren werden in der DDR nur drei Arten gebaut (Axialkolbenmotoren, Zahnradmotoren und Gerotormotoren), die in den folgenden Abschnitten erläutert sind.
Weitere Unterscheidungsmöglichkeiten der Hydraulikmotoren mit rotierender Abtriebsdrehbewegung sind:

- Stellbarkeit der Hydraulikmotoren
  Motoren mit veränderlichem Schluckvolumen,
  Motoren mit konstantem Schluckvolumen;
- Abtriebsdrehzahl(bereich)
  schnellaufende Rotationsmotoren, Drehzahlen über 1000 min^{-1},
  mittelschnellaufende Rotationsmotoren, Drehzahlen zwischen 100 und 1000 min^{-1},
  langsamlaufende Rotationsmotoren, Drehzahlen unter 100 min^{-1}
  (Tafel 5.3.2).

Hauptkennwerte eines Hydraulik-Rotationsmotors sind das abgegebene Nenndrehmoment sowie der Abtriebsdrehzahlbereich. Eine wesentliche Rolle für die Auswahl der Hydraulikmotoren spielen auch das geometrische Verdrängungsvolumen (Schluckvolumen) und der Nenndruck der Hydraulikmotoren.

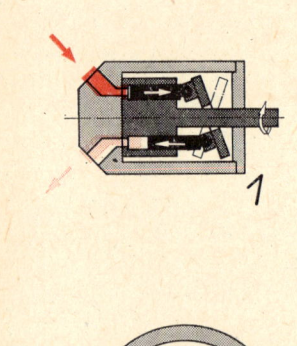

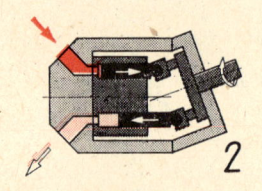

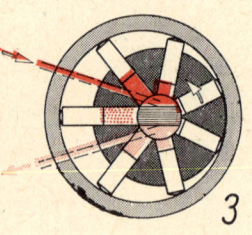

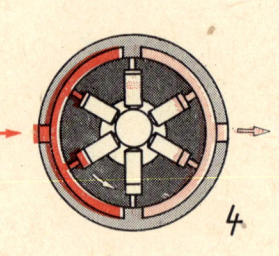

Tafel 5.3.1. Einteilung der Hydraulikmotoren mit rotierender Abtriebsbewegung nach der Wirkungsweise der Verdrängerelemente

Rotations-motoren mit Hubkolben	Axialkolbenmotoren	mit gerader Hauptachse	1
		mit abgewinkelter Hauptachse	2
	Radialkolbenmotoren	mit Innenbeaufschlagung	3
		mit Außenbeaufschlagung	4
Rotationsmotoren			
Rotations-motoren mit Drehkolben	Zahnradmotoren (mit Außenverzahnung)		5
	Flügelzellenmotoren		6
	Gerotormotoren		7

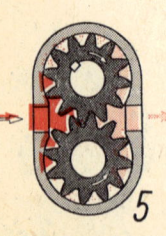

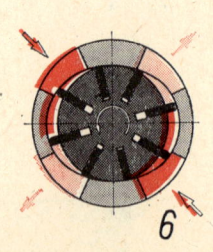

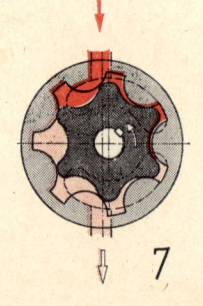

Tafel 5.3.2. Einsatzbereiche der Hydraulikmotoren nach Tafel 5.3.1

a) Drehzahlbereich n_{ab} in min⁻¹ — Langsamläufer | Mittelläufer-Motoren | Schnelläufer-Motoren

b) Nenndrehmoment M_n in N·m

c) Verdrängungsvolumen je Umdrehung V_g in cm³

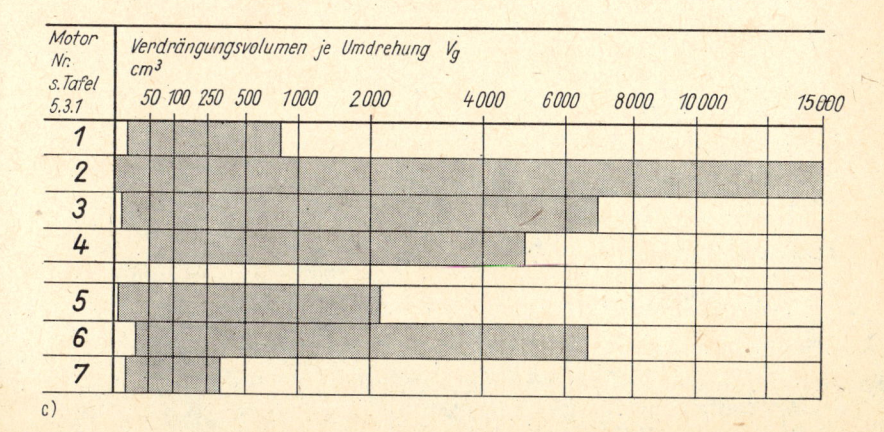

117

Bestimmend für die Auswahl eines Rotationsmotors ist zunächst das theoretisch abgegebene Drehmoment.

$$M_{th} = \frac{V_g \cdot p_b}{2} \qquad \text{(vereinfacht)} \tag{5.13}$$

M_{th} theoretisch abgegebenes Drehmoment
V_g geometrisches Verdrängungsvolumen (Schluckvolumen) für eine Umdrehung
p_b Betriebsdruck

Das tatsächlich abgegebene Drehmoment M_2 ist um die im Motor entstehenden mechanischen Verluste (mechanischer Wirkungsgrad) vermindert.

$$M_2 = M_{th} \cdot \eta_{mech} \qquad \text{(vereinfacht)} \tag{5.14}$$

M_2 Abtriebsmoment
η_{mech} mechanischer Wirkungsgrad

Um die Abtriebsdrehzahl n_2 zu erreichen, ist theoretisch der Eingangsvolumenstrom Q_{1th} erforderlich.

$$Q_{1th} = V_g \cdot n_2 \tag{5.15}$$

Q_{1th} theoretischer Eingangsvolumenstrom
n_2 Abtriebsdrehzahl

Da in einem Hydraulikmotor genau wie in einer Hydraulikpumpe Volumenverluste (Lecköl) auftreten, muß dem Motor der Eingangsvolumenstrom Q_1 zugeführt werden, der den volumetrischen Wirkungsgrad berücksichtigt, damit die Drehzahl n_2 erreicht wird.

$$Q_1 = \frac{Q_{1th}}{\eta_{vol}} \tag{5.16}$$

Q_1 tatsächlich notwendiger Eingangsvolumenstrom
η_{vol} volumetrischer Wirkungsgrad des Hydraulikmotors

Die dem Hydraulikmotor zugeführte Leistung ist

$$P_1 = \frac{Q_1 \cdot p_b}{60} \qquad \begin{array}{c|c|c} P_1 & Q_1 & p_b \\ \hline kW & dm^3 \cdot min^{-1} & MPa \end{array} \tag{5.17}$$

P_1 Eingangsleistung (zugeführte hydraulische Leistung).

Unter Berücksichtigung des Gesamtwirkungsgrades des Hydraulikmotors kann am Wellenstumpf des Motors die Ausgangsleistung P_2 abgenommen werden.

$$P_2 = P_1 \cdot \eta_{ges} \tag{5.18}$$

P_2 Ausgangsleistung (abgegebene mechanische Leistung)
η_{ges} Gesamtwirkungsgrad [vgl. Gl. (1.40a)]

5.3.1.2. Axialkolbenmotoren

Axialkolbenmotoren besitzen ähnlich wie Axialkolbenpumpen Kolben als Verdrängerelemente, die axial zur Drehachse bewegt werden. Da bei den in der DDR gefertigten Axialkolbenmotoren die Schrägscheibe mit konstantem Schrägungswinkel ausgeführt ist, ist auch bei diesen Motoren das Verdrängungsvolumen (Schluckvolumen) konstant. Axialkolbenmotoren werden in drei Baureihen für Nenndruck 16 MPa, Nenndruck 32 MPa und Nenndruck 40 MPa (hauptsächlich für Fahrantriebe) gebaut.

Axialkolbenmotoren, Nenndruck 16 MPa

Die mit Fußbefestigung oder Flanschbefestigung (Bild 5.3.1) ausgeführten Rotationsmotoren sind speziell für größere Drehmomente entwickelt worden.

Bild 5.3.1. Axialkolbenmotor, Nenngröße 200/16
a) Ansicht; b) Symbol

Wirkungsweise

Wird über den Anschluß *1* ein Druckvolumenstrom zugeführt, so gelangt dieser durch die nierenförmige Steueröffnung *3* im Steuerkopf *2* und langlochförmige Steueröffnungen *4* im Zylinderkörper *12* in die Zylinderräume und beaufschlagt die Kolben *7*. Die Kolben werden mit ihren beweglichen Gleitschuhen vom Druckmittel auf die Gleitplatte *8* gedrückt. Infolge der Schräglage der Gleitplatte wird die Kolbenkraft in eine Axial- und eine Radialkomponente zerlegt, letztere erzeugt das Drehmoment des Zylinderkörpers, das über eine Paßfeder *9* auf die Antriebswelle *10* übertragen wird. Hat der jeweilige Kolben nach einer halben Umdrehung der Welle seinen Totpunkt erreicht, so erfolgt die Umsteuerung der Verbindung des Zylinderraumes zu einer zweiten nierenförmigen Steueröffnung *5* (vgl. Bild 5.2.10). Durch den in Richtung Steuerkopf bewegten Kolben wird jetzt das im Zylinderraum befindliche Öl über den Anschluß *6* in die Ablaufleitung ausgestoßen.

Der Axialkolbenmotor gibt an der Antriebswelle ein dem Betriebsdruck proportionales Drehmoment ab. Die Drehrichtung des Motors kann mit dem Wechsel der Druckanschlüsse (vgl. Bilder 5.3.2a und b) verändert werden. Die Drehzahl ist abhängig von der Größe des zugeführten Druckvolumenstromes.

Berechnung der Kennwerte

Das geometrische Verdrängungsvolumen V_g (Schluckvolumen) wird wie bei Axialkolbenpumpen nach Gl. (5.11) ermittelt, alle anderen Kennwerte werden nach den Gln. (5.13) bis (5.18) berechnet.

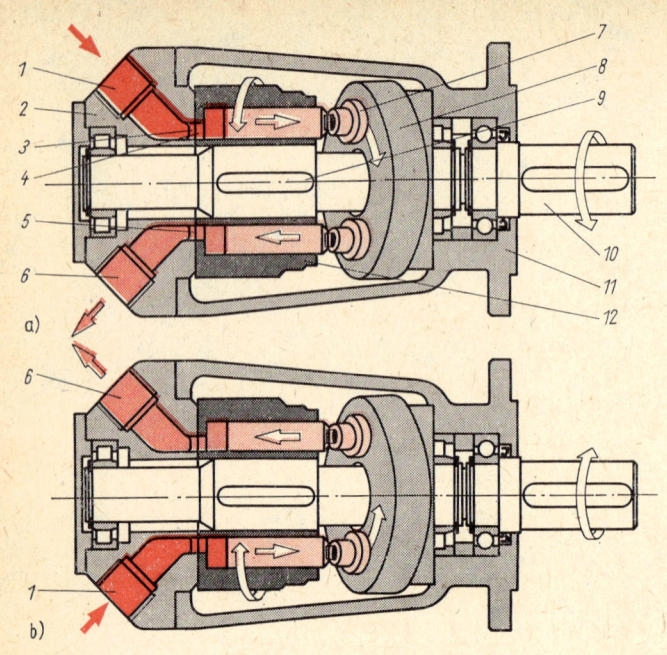

Bild 5.3.2. *Wirkungsweise eines Axialkolbenmotors, Nenndruck 16 MPa*
a) Darstellung für Drehrichtung links; b) Darstellung für Drehrichtung rechts
1 Anschluß für Eingangsvolumenstrom; *2* Steuerkopf mit Plansteuerspiegel; *3* Steuerniere, druckseitig; *4* Steueröffnung im Zylinderkörper; *5* Steuerniere, ablaufseitig; *6* Anschluß für Ausgangsvolumenstrom; *7* Kolben mit Gleitschuh; *8* Gleitplatte (Schrägscheibe); *9* Paßfeder zur Drehmomentübertragung; *10* Antriebswelle; *11* Gehäuse mit Befestigungsflansch; *12* Zylinderkörper

Ausführungen, Anwendung

Axialkolbenmotoren werden für einen Nenndruck $p_n = 16$ MPa in 7 Nenngrößen hergestellt.

Die großen Drehmomente bilden die Grundlage dafür, daß Axialkolbenmotoren vor allem als Antriebsmotoren für große Winden im Schiffbau, an Autodrehkranen und anderen Fördermitteln zum Einsatz kommen. Auch als Antriebsmotoren in Bohrwerken, Rührwerken u. a. werden Axialkolbenmotoren vielfach angewendet.

Axialkolbenmotoren, Nenndruck 32 MPa

Diese Motoren wurden speziell als Antriebsmotoren für Radketten an Baggern entwickelt. Ihr Aufbau entspricht prinzipiell dem der Axialkolbenpumpen für den gleichen Nenndruck (Bild 5.2.11 bzw. 5.2.12), einige konstruktive Änderungen wurden jedoch für den Einsatzfall vorgenommen. Da die relativ hohen Drehzahlen (Antriebsdrehzahlbereich $n_2 = 100 \cdots 3000$ min^{-1}) als Direktantrieb für Fahrwerke zu groß sind, muß immer ein Getriebe nachgeschaltet werden. Die kräftige Lagerung der Antriebswelle gestattet es, größere Radialkräfte an der Antriebswelle aufzunehmen. Axialkolbenmotoren (Bild 5.3.3) haben ein konstantes Schluckvolumen, sie werden mit den Verdrängungsvolumen $V_g = 50$ bzw. 125 cm³ und Nennabtriebsdrehmomenten $M_n = 230$ bzw. 580 N·m gebaut.

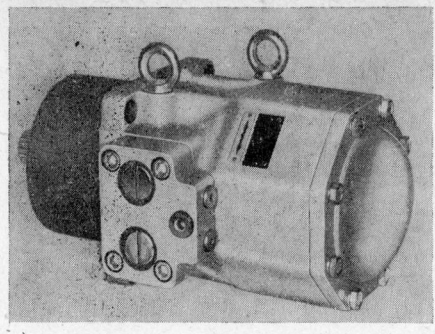

Bild 5.3.3. *Axialkolbenmotor, Nenndruck 32 MPa, mit Flanschbefestigung und radial belastbarer Abtriebswelle*
a) Ansicht; b) Symbol

Axialkolbenmotoren, Nenndruck 40 MPa

Die speziell für den Antrieb von selbstfahrenden Landmaschinen, Baumaschinen und Spezialfahrzeugen entwickelten Axialkolbenmotoren entsprechen in ihrem grundsätzlichen Aufbau den im Bild 5.3.2 gezeigten Axialkolbenmotoren $p_n = 16$ MPa.
Wie jedoch schon die Außenansicht der Motoren (Bild 5.3.4) zeigt, sind das Gehäuse und der Steuerkopf wesentlich kräftiger ausgelegt, um die höheren Drücke und die daraus resultierenden höheren Belastungen besser aufnehmen zu können.

Bild 5.3.4. *Axialkolbenmotor, Nenndruck 40 MPa, mit Flanschbefestigung*
a) Ansicht; b) Symbol

Wirkungsweise

Der über den Anschluß *1* im Steuerkopf *2* eingeleitete Druckvolumenstrom beaufschlagt über die Steuerniere *4* im Steuerspiegel *3* die Kolben *10* und bewirkt eine hydraulische Kraft in Richtung der Schrägscheibe. In bekannter Weise wird an der Gleitplatte *16* die Kolbenkraft in eine Axial- und eine Radialkomponente zerlegt. Die Radialkomponente bewirkt das Drehmoment am Zylinderkörper *9*, das durch Zahnwellenprofil auf die Antriebswelle *18* übertragen wird. Das in den Kolbenraum eingeflossene Fluid wird durch den zurücklaufenden Kolben *10* während der zweiten Hälfte der Drehbewegung über den Anschluß *12* in die Ablaufleitung verdrängt. Um ständig eine genaue Anlage der Steuerplatte *5* an dem Steuerspiegel *3* zu garantieren und so die hydraulischen Verluste im Motor niedrig zu halten, wird der Zylinderkörper *9* über eine aufgeschrumpfte Hülse *14* in einem Nadellager *13* geführt, das im Gehäuse *11* aufgenommen ist.

Die Gleitschuhe *15* der Kolben *10* werden durch die Andruckplatte *17* an die Gleitplatte *16* gedrückt, auch wenn keine hydraulische Kraft wirkt. Die Andruckkraft wird durch Druckfedern *8*, die durch Federbolzen *7* vorgespannt werden, erzeugt und über die Kugelhülse *19* auf die Andruckplatte *17* übertragen.

Ein Wechsel der Drehrichtung wird durch Zuführung des Druckvolumenstromes über den Anschluß *12* erreicht; eine Veränderung der Drehzahl wird durch Beeinflussung der Größe des Druckvolumenstromes bewirkt.

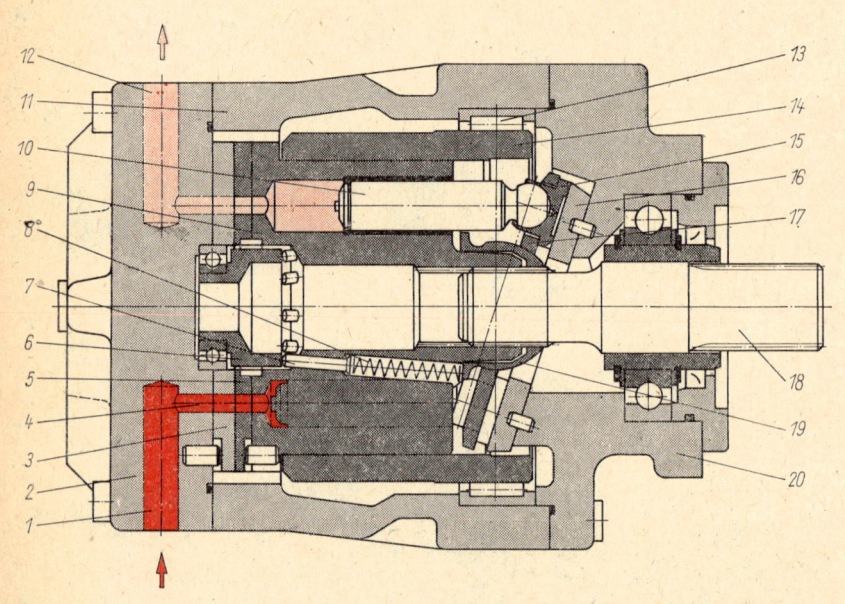

Bild 5.3.5. Wirkungsweise eines Axialkolbenmotors, Nenndruck 40 MPa

1 Anschluß für Eingangsvolumenstrom; *2* Steuerkopf; *3* Plansteuerspiegel; *4* Steuerniere; *5* Steuerplatte mit Steueröffnungen; *6* Abstützhülse; *7* Federbolzen; *8* Druckfedern; *9* Zylinderkörper; *10* Kolben; *11* Gehäuse; *12* Anschluß für Ausgangsvolumenstrom; *13* Nadellager; *14* Lagerhülse; *15* Gleitschuh; *16* Gleitplatte; *17* Andruckplatte; *18* Abtriebswelle; *19* Kugelhülse; *20* Befestigungsflansch

Ausführungen, Anwendung

Axialkolbenmotoren, Nenndruck 40 MPa, sind in drei Nenngrößen (50, 63 und 100 cm³) entwickelt worden, sie können Drehmomente bis 600 Nm abgeben.

Die maximalen Antriebsdrehzahlen liegen bei 3400 min^{-1}; 2900 min^{-1} bzw. 2500 min^{-1}, abhängig von der Nenngröße. Die Motoren sind in den wichtigsten Anschlußmaßen international standardisiert und können so gegen Geräte ausländischer Hersteller ausgetauscht werden.

Die Anwendung des Axialkolbenmotors im Fahrantrieb ist aus Bild 5.2.16c ersichtlich.

5.3.1.3. Zahnradmotoren

Zahnradmotoren mit axialem Spielausgleich sind hydraulische Druckstromverbraucher mit konstantem Verdrängungsvolumen (Schluckvolumen). Sie formen den zugeführten Volumenstrom durch ein Zahnradpaar in eine Drehbewegung um. Die Abtriebsdrehzahl hängt von der Größe des zugeführten Volumenstromes ab (Bild 5.3.6).

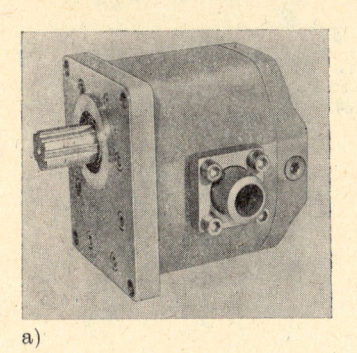

Bild 5.3.6. Zahnradmotor mit axialem Spielausgleich
a) Ansicht Zahnradmotor 16 MPa; b) Ansicht Zahnradmotor 20 MPa; c) symbolische Darstellung beider Motoren

Wirkungsweise

Die Wirkungsweise eines Zahnradmotors, Nenndruck 16 MPa, ist aus dem Bild 5.3.7 ersichtlich. Der über den Anschluß *1* zufließende druckbeaufschlagte Volumenstrom bewegt das Zahnradpaar *2, 3* im gezeichneten Drehsinn. Der die Zahnflanken beaufschlagende hydrostatische Druck erzeugt das

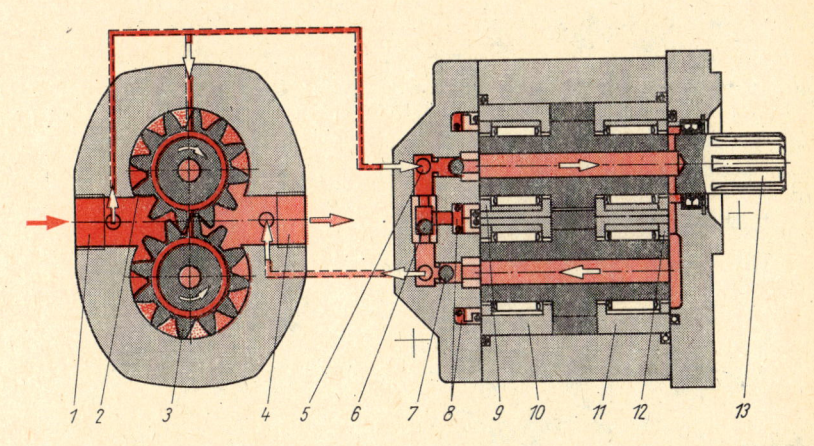

Bild 5.3.7. Wirkungsweise eines Zahnradmotors mit axialem Spielausgleich, Nenndruck 16 MPa

1 Anschluß für Eingangsvolumenstrom; *2* Zahnrad auf Abtriebswelle; *3* Zahnrad auf Ritzelwelle; *4* Anschluß für Ausgangsvolumenstrom; *5* Bohrung in Ventilplatte; *6* Druckfeldventil; *7* Lecköventil; *8* Druckfeld; *9, 10* Wälzlagerbuchsenpaar, beweglich; *11, 12* Wälzlagerbuchsenpaar, fest; *13* Abtriebswelle mit Keilwellenprofil

Drehmoment, das an der Antriebswelle *13* abgenommen werden kann. Über die Bohrung *5* liegt der Zulaufdruck am Druckfeldventil *6* an, öffnet die Kugel dieses Schaltventils und beaufschlagt das Druckfeld *8*. Dadurch wird das bewegliche Spezialwälzlager-Buchsenpaar *9, 10* an die Zahnflanken der Zahnräder gedrückt — Axialspieleinstellung. Das im Zahnradmotor anfallende Lecköl wird über die Bohrungen der Wellen und das geöffnete Leckölventil *7* in den Ablaufanschluß *4* abgeleitet. Damit entfällt ein spezieller Leckölanschluß. Wird der druckbeaufschlagte Volumenstrom am Anschluß *4* eingeleitet, so ändern sich der Drehsinn der Zahnräder *2, 3* und damit die Drehrichtung an der Abtriebswelle *13*. Die Druckbeaufschlagung des Druckfeldes *8* erfolgt dabei analog in der vorher beschriebenen Art.

Bei Zahnradmotoren mit Nenndruck 20 MPa (Bild 5.3.6 b) wird das Zahnradpaar nicht in einzelnen Spezial-Wälzlagerbuchsen *9; 10; 11; 12* gelagert, sondern in zwei Lagerbrillen, deren Gleitlagerbuchsen zur Aufnahme der Zapfen mit einer speziellen PTFE-Blei-Lagerschicht in der Lagerbohrung belegt sind. Durch besonders gestaltete Innenkanäle und Dichtungen werden beide Lagerbrillen durch Druckfelder beaufschlagt und so von beiden Seiten an die Stirnflächen des Zahnradpaares gedrückt. Ein besonderes Druckfeldventil *6* wird dabei nicht benötigt.

Berechnung der Kennwerte

Das geometrische Verdrängungsvolumen (Schluckvolumen) V_g ist in der gleichen Weise wie für Zahnradpumpen nach Gl. (5.12) zu berechnen. Für alle anderen Kennwerte gelten die Gln. (5.13) bis (5.18).

Ausführungen, Anwendung

Zahnradmotoren mit Nenndruck 16 MPa werden in 8 Nenngrößen für Abtriebsdrehmomente von 7 bis 175 Nm gefertigt. Sie sollen schrittweise durch 15 Nenngrößen für Zahnradmotoren mit Nenndruck 20 MPa und mit Abtriebsdrehmomenten von 11 bis 181 Nm abgelöst werden. Als Minimaldrehzahl sollen 240 min^{-1} nicht unterschritten werden, die Maximaldrehzahl beträgt abhängig von der Nenngröße 2400, 3000 bzw. 4000 min^{-1}. Das Anwendungsgebiet der Zahnradmotoren ist groß. Viele Spezialfahrzeuge (Kehrmaschinen, Sprühwagen u. a.) nutzen diesen raumsparenden Rotationsmotor. Auch im Maschinenbau (Schneckenantrieb von Plastspritzgießautomaten) wird dieser Motor mit stufenlos veränderlicher Drehzahl oft eingesetzt.

5.3.1.4. Gerotormotoren

Alle bisher beschriebenen Rotationsmotoren hatten als kleinste Abtriebsdrehzahl $n_2 = 100$ min^{-1}. Durch das gewählte Verdrängerprinzip (Getriebewirkung des Rotors = Gerotor) ist es möglich, mit Gerotormotoren niedrige Abtriebsdrehzahlen, $n_2 = 10\cdots250$ min^{-1}, bei großen Abtriebsdrehmomenten zu realisieren. Damit wird der direkte Antrieb von Arbeitsaggregaten ohne Zwischengetriebe möglich.

Wirkungsweise

Die in Kegelrollenlagern *6* geführte Abtriebswelle *1* ist im Gehäuse *7* als Hohlwelle mit Innenverzahnung ausgebildet. In diese Verzahnung greift eine

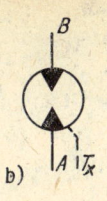

Bild 5.3.8. Gerotormotor mit Flanschbefestigung
a) Ansicht; b) Symbol

beidseitig ballig verzahnte Kardanwelle *8* ein, die die Abtriebswelle mit dem Läuferzahnrad *15* des Verdrängers verbindet. Das exzentrisch im Ringstück *16* umlaufende Läuferzahnrad hat einen Zahn weniger als das Ringstück. Daraus resultiert die Untersetzung von 6:1. Die Zähne des Ringstückes sind als Rollen *17* ausgeführt. Die Steuerung des zugeführten Druckvolumenstromes zum Verdränger erfolgt durch eine Steuerhülse *10*, die durch einen Mitnehmerstift *3* mit der Abtriebswelle verbunden ist.

Wird dem Motor über den Anschluß *4* ein Volumenstrom zugeführt, so gelangt dieser über Steuernuten *9* in der Steuerhülse und entsprechende Steuerbohrungen *11* im Gehäuse bzw. in der Zwischenplatte *12* zu dem aus Läuferzahnrad *15* und Ringstück *16* gebildeten Gerotorpaar. Aus der exzentrischen Lage des Läuferzahnrades resultiert ein Moment, das das Läuferzahnrad in eine Drehbewegung bringt. Diese wird über die Kardanwelle auf die Antriebswelle übertragen. Synchron dazu erfolgt die Drehbewegung der Steuerhülse, die die Ölzufuhr bzw. Ölabfuhr zu den einzelnen Verdrängerräumen steuert. Im Verdränger anfallendes Lecköl wird über den Anschluß *14* abgeleitet, dadurch wird eine Druckentlastung des Innenraumes *13* sowie der Dichtung *2* erreicht. Beaufschlagt der Druckvolumenstrom den Motor über den Anschluß *5*, so wechselt die Abtriebsdrehrichtung.

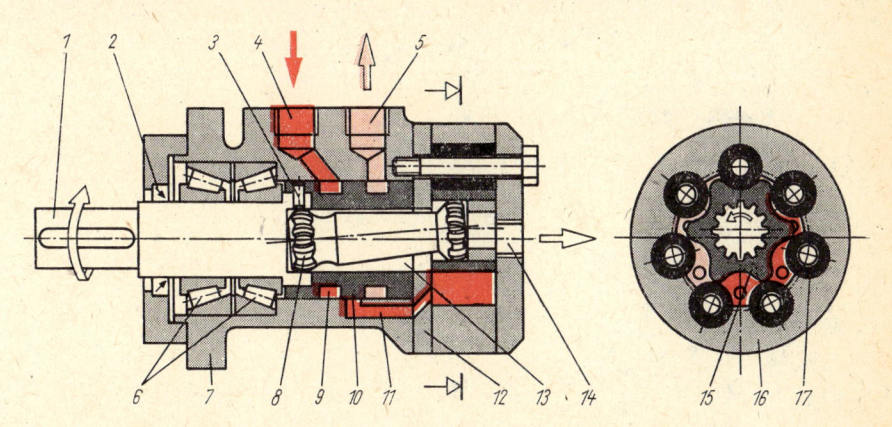

Bild 5.3.9. Wirkungsweise eines Gerotormotors, Nenndruck 16 MPa
1 Abtriebswelle; *2* Radialdichtring; *3* Mitnehmerstift; *4* Anschluß für Eingangsvolumenstrom; *5* Anschluß für Ausgangsvolumenstrom; *6* Kegelrollenlager; *7* Gehäuse; *8* Kardanwelle; *9* Steuernuten; *10* Steuerhülse; *11* Steuerbohrungen; *12* Zwischenplatte; *13* Leckölraum; *14* Anschluß für Leckvolumenstrom; *15* Läuferzahnrad; *16* Ringstück; *17* Rollen

Ausführungen, Anwendung

Gerotormotoren werden in 4 Nenngrößen mit Schluckvolumen von 80; 100; 160 und 250 cm³ gebaut und können mit einem maximalen Eingangsdruck von 16 MPa belastet werden. Da bei Anwendung der Gerotormotoren ein zusätzliches Untersetzungsgetriebe entfallen kann, hat dieser Motor besonders in mobilen Anlagen (Nebenantriebe von Landmaschinen, Antrieb von Walzen- oder Tellerbesen von Spezialfahrzeugen) ein breites Anwendungsgebiet gefunden.

5.3.1.5. Vergleich rotierende Hydraulikmotoren — Elektromotoren

Der Vorteil der besprochenen Hydraulikmotoren mit rotierender Abtriebsbewegung gegenüber Elektromotoren besteht in der wesentlich geringeren Baugröße.
Der Unterschied in der Baugröße ist im Bild 5.3.10 deutlich sichtbar. Aber auch andere technische Parameter sprechen eindeutig zugunsten der Hydraulikmotoren.
Die Zahlenwerte (Tafel 5.3.3) zeigen, daß der Drehstrommotor nur eine konstante Abtriebsdrehzahl hat und trotzdem ein 12mal größeres Einbauvolumen und eine 10mal größere Masse als der Zahnradmotor hat. Der Gleichstrommotor, der zwar eine stufenlos regelbare Drehzahl abgibt, aber nicht den Regelbereich der Hydromotoren aufweisen kann, besitzt ein etwa 40mal größeres Einbauvolumen und eine 14mal größere Masse als der Zahnradmotor. Diese Zahlen belegen deutlich die technisch-ökonomischen Vorteile der Hydromotoren.

Tafel 5.3.3. Vergleich technischer Parameter von Hydromotoren und Elektromotoren

Nr. nach Bild 5.3.10	Typenbezeichnung des Motors	Nennleistung P_n kW	Nenndrehmoment M_n Nm	Drehzahlbereich kleinste Abtriebsdrehzahl n_{2min} min⁻¹	Drehzahlbereich größte Abtriebsdrehzahl n_{2max}	Abmessungen des Motors Länge Breite Höhe $l \times b \times h$ mm	Einbauvolumen V dm³	Größenverhältnis zum Zahnradmotor	Gesamtmasse m kg	Masseverhältnis zum Zahnradmotor
1	Zahnradmotor 50/16 TGL 10860	17,0	110	250 bis 2200		222×150×180	6,0	1:1	14,2	1:1
2	Axialkolbenmotor 50/16 TGL 10865	18,6	125	200 bis 1600		320×167×167	9,0	1:1,5	21,0	1:1,5
3	Drehstrommotor KMR 160 M4	18,3	124	konstant 1450		603×313×403	76,1	1:12,7	136,0	1:9,6
4	Gleichstrommotor GMF 200.2.075	17,0	110	100 bis 1450		878×582×485	247,8	1:41,3	200,0	1:14,1

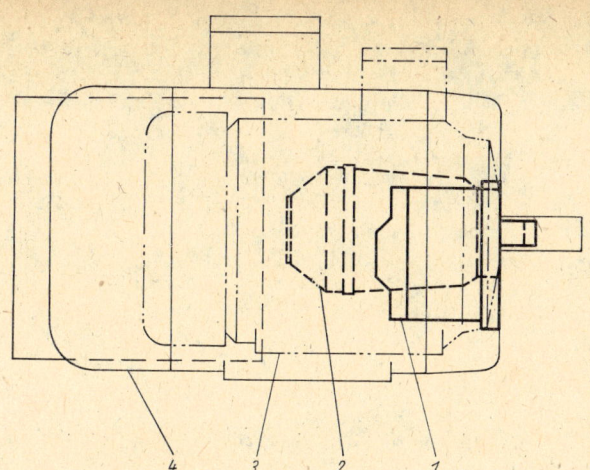

Bild 5.3.10. Größenvergleich Hydraulikmotoren — Elektromotoren

1 Zahnradmotor 50/16; *2* Axialkolbenmotor 50/16; *3* Drehstrommotor KMR 160 M4; *4* Gleichstrommotor GMF 200.2.075

5.3.2. Hydraulikmotoren mit begrenztem Drehwinkel (Drehwinkelmotoren)

Hydraulische Drehwinkelmotoren formen die Druckenergie eines Volumenstromes in eine Drehbewegung mit nur geringer Drehgeschwindigkeit und bestimmtem Drehmoment über einen begrenzten Drehwinkel um.
Nach der konstruktiven Gestaltung der Verdrängerelemente werden Drehwinkelmotoren unterschieden nach dem

- Drehflügelprinzip
- Zahnstangenkolben-Ritzel-Prinzip
- Steilgewindeprinzip.

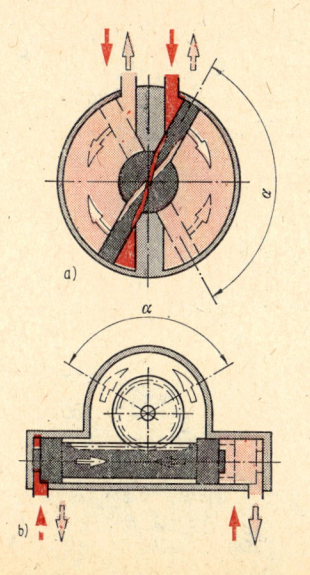

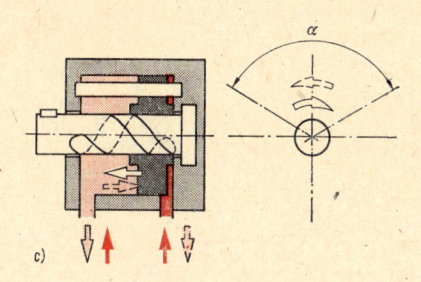

Bild 5.3.11. Wirkungsweise einiger Drehwinkelmotoren

a) Drehflügelmotor; b) Zahnstangenkolben-Ritzel-Motor; c) Steilgewindemotor
α Drehwinkel

127

Deutlich erkennbar ist bei allen Arten (Bild 5.3.11), daß das mit der Abtriebswelle verbundene Verdrängerelement bei wechselseitiger hydraulischer Beaufschlagung eine auf den Drehwinkel α begrenzte Drehbewegung mit wechselnder Drehrichtung ausführt. Drehwinkelmotoren auf dem Zahnstangen-Ritzel-Wirkprinzip kommen als Schwenkmotore in Industrierobotern zum Einsatz. Es sind zwei Nenngrößen (M_t = 50 Nm und 800 Nm) mit jeweils 270° Schwenkwinkel standardisiert.

5.3.3. Hydraulikzylinder

5.3.3.1. Merkmale, Einteilung, Kennwerte

Hydraulikzylinder sind Druckstromverbraucher, die den zugeführten Druckvolumenstrom in eine geradlinige Bewegung umformen. Die Wirkungsmechanismen sind Zylinder und Kolben mit Kolbenstange.
Hydraulikzylinder werden nach dem inneren konstruktiven Aufbau und ihrer Wirkungsweise eingeteilt (Tafel 5.3.4).

Tafel 5.3.4. Einteilung der Hydraulikzylinder

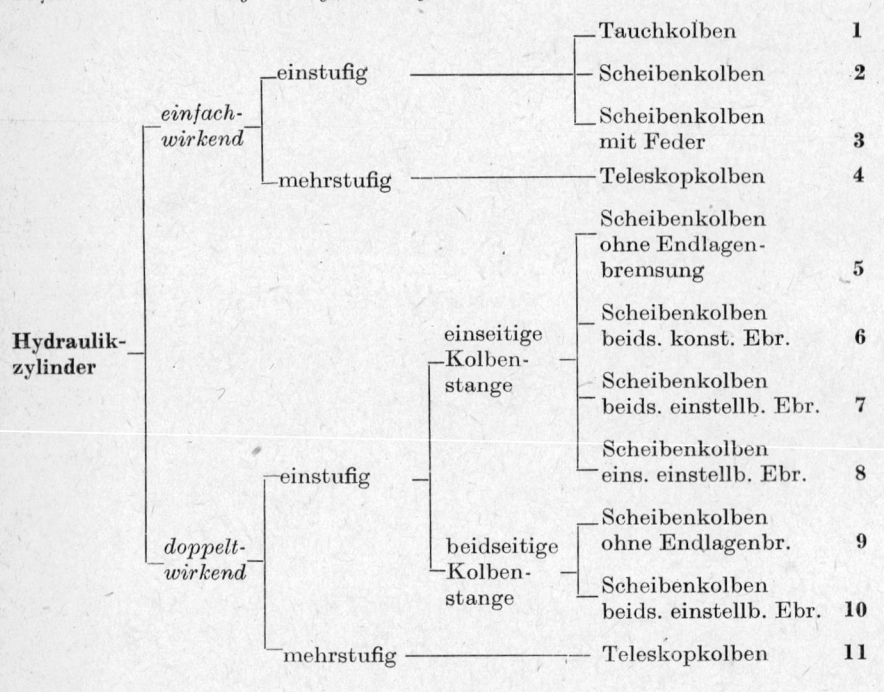

Hydraulikzylinder	einfachwirkend	einstufig	Tauchkolben	1
			Scheibenkolben	2
			Scheibenkolben mit Feder	3
		mehrstufig	Teleskopkolben	4
	doppeltwirkend	einstufig	einseitige Kolbenstange	Scheibenkolben ohne Endlagenbremsung	5
				Scheibenkolben beids. konst. Ebr.	6
				Scheibenkolben beids. einstellb. Ebr.	7
				Scheibenkolben eins. einstellb. Ebr.	8
			beidseitige Kolbenstange	Scheibenkolben ohne Endlagenbr.	9
				Scheibenkolben beids. einstellb. Ebr.	10
		mehrstufig	Teleskopkolben	11

Einfachwirkende Hydraulikzylinder können nur in einer Richtung (Ausfahren des Kolbens) wirken. Die Rückführung des Kolbens muß durch eine äußere Kraft, die Eigenmasse der Mechanismen oder durch eine Feder erfolgen. Doppeltwirkende Hydraulikzylinder gestatten das wechselseitige Beaufschlagen der Kolbenflächen mit einem Druckvolumenstrom. So kann in beiden Bewegungsrichtungen Arbeit verrichtet werden.

Tafel 5.3.5. Bauformen der Hydraulikzylinder und zugehörige Fertigungsprogramme

s. Tafel 5.3.4	Symbol	Beschreibung	Kenngrößen
1		einfachwirkend, Tauchkolben, Rückführung durch äußere Kraft	14 Nenngrößen − 56 Baugrößen Nenndruck p_n = 16 MPa Kolbendmr. D_K = 25 ··· 200 mm Hublängen H = 100 ··· 3200 mm Kolbenkraft F_K = 7800 ··· 500200 N
2		einfachwirkend, Scheibenkolben, Rückführung durch äußere Kraft	keine Standardbaureihe
3		einfachwirkend, Scheibenkolben, Rückführung durch Federkraft	keine Standardbaureihe
4		einfachwirkend, Teleskopkolben, Rückführung durch äußere Kraft	3 Nenngrößen − 2-, 4-, 6stufig Nenndruck p_n = 10 MPa Kolbendmr. D_K = 137/75 mm Hublängen H = 412 ··· 1079 mm Kolbenkraft F_K = 44180 ··· 113100 N
5		doppeltwirkend, Scheibenkolben, einseitige Kolbenstange, ohne Endlagenbremsung	9 Nenngrößen − 80 Baugrößen Nenndruck p_n = 16 MPa Kolbendmr. D_K = 32 ··· 200 mm Hublängen H = 25 ··· 3200 mm Kolbenkraft F_K = 7650 ··· 492460 N
6		doppeltwirkend, Scheibenkolben, einseitige Kolbenstange, beidseitig konstante Endlagenbremsung	4 Nenngrößen − 40 Baugrößen Nenndruck p_n = 16 MPa Kolbendmr. D_K = 90 ··· 125 mm Hublängen H = 100 ··· 1800 mm Kolbenkraft F_K = 61200 ··· 192600 N
7		doppeltwirkend, Scheibenkolben, einseitige Kolbenstange, beidseitig einstellbare Endlagenbremsung	5 Nenngrößen − 50 Baugrößen Nenndruck p_n = 32 MPa Kolbendmr. D_K = 80 ··· 250 mm Hublängen H = 40 ··· 3200 mm Kolbenkraft F_K = 160800 ··· 643070 N
8		doppeltwirkend, Scheibenkolben, einseitige Kolbenstange, einfahrseitig einstellbare Endlagenbremsung	5 Nenngrößen − 13 Baugrößen Nenndruck p_n = 25 MPa Kolbendmr. D_K = 140 ··· 250 mm Hublängen H = 470 ··· 2100 mm Kolbenkraft F_K = 221500 ··· 1203800 N
9		doppeltwirkend, Scheibenkolben, beidseitige Kolbenstange, beidseitig einstellbare Endlagenbremsung	6 Nenngrößen − 41 Baugrößen Nenndruck p_n = 6,3 MPa Kolbendmr. D_K = 32 ··· 125 mm Hublängen H = 25 ··· 1000 mm Kolbenkraft F_K = 4100 ··· 61800 N
10		doppeltwirkend, Scheibenkolben, beidseitige Kolbenstange, ohne Endlagenbremsung	keine Standardbaureihe
11		doppeltwirkend, Teleskopkolben	keine Standardbaureihe

Hydraulikzylinder mit Scheibenkolben gewährleisten universelle Einsatzmöglichkeiten. Die einwandfreie Funktion eines Hydraulikzylinders erfordert, daß unnötige Schläge und Erschütterungen vermieden werden. Deshalb ist für Kolbengeschwindigkeiten $> 0,1 \text{ m} \cdot \text{s}^{-1}$ eine Endlagenbremsung vorzusehen. Diese wird durch Einrichtungen erreicht, die das Hydraulikfluid kurz vor dem Erreichen der Endlage des Kolbens nur gedrosselt abfließen lassen.
Beim Einsatz von Arbeitszylindern ist zu beachten, daß keine Querkräfte auf die Kolbenstange bzw. den Tauchkolben wirken dürfen, damit ein „Festfressen" verhindert wird. Kolbenstangen bzw. Tauchkolben können nur Zug- oder Druckkräfte aufnehmen. Die Anschlüsse der Zylinder sind nach oben zu richten, so daß beim Anfahren die Luft in die Rohrleitung entweichen kann. Ein nicht einwandfrei entlüfteter Arbeitszylinder arbeitet unruhig und sprungweise.

Tafel 5.3.6. *Standardisierte Befestigungsarten der Hydraulikzylinder*

Befestigungsarten			Ausführungsbeispiele
Kurzzeichen	Benennungen	Merkmale	
A	Grundausführung (ohne Befestigungselemente)	—	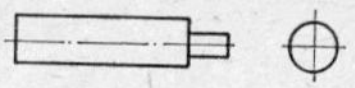
B 1	Schwenkauge	in einer Ebene schwenkbar	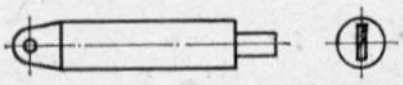
B 2	Gelenkauge		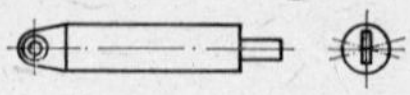
C 1	Schwenkzapfen	beweglich um einen Festpunkt	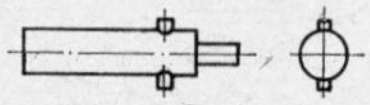
D 1	Kugel		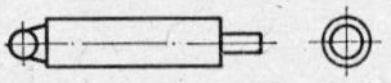
D 2	Kalotte	allseitig schwenkbar	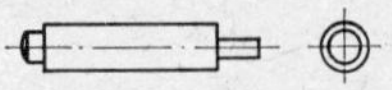
D 3	Kugelpfanne		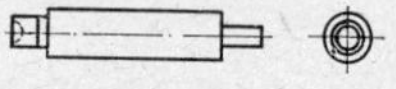
P 1	Füße, tangential	starr	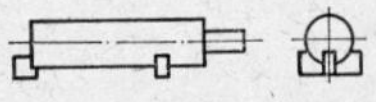
P 2	Füße, radial		
S 1	Flansch, ausfahrseitig		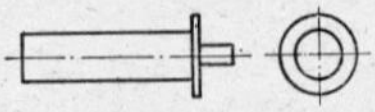
S 2	Flansch, bodenseitig		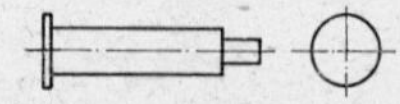

Um die vorstehenden Bedingungen erfüllen zu können und eine möglichst universelle Anwendung der Hydraulikzylinder zu garantieren, wurden die gebräuchlichsten Befestigungsarten für Hydraulikzylinder (Tafel 5.3.6) standardisiert.

Die Hauptkenngrößen der Hydraulikzylinder sind der Kolbendurchmesser, der Kolbenstangendurchmesser, die erreichbare Hublänge und der Nenndruck. Damit lassen sich die Kolbenkraft bzw. die Kolbengeschwindigkeit der verschiedenen Hydraulikzylinder berechnen.

Berechnung der Kennwerte

Hydraulikzylinder mit Tauchkolben

Die theoretische Kolbenkraft beim Ausfahren ist

$$F_{Kth} = p_b \cdot A_{K1} \tag{5.19}$$

F_{Kth} theoretische Kolbenkraft beim Ausfahren
A_{K1} Kolbenfläche
p_b Betriebsdruck.

Da jeder Kolben durch die Dichtelemente im Zylinderrohr eine mechanische Reibung überwinden muß, die durch den mechanischen Wirkungsgrad erfaßt wird, wird die tatsächliche Kolbenkraft

$$F_K = F_{Kth} \cdot \eta_{mech} \tag{5.20}$$

F_K tatsächliche Kolbenkraft
η_{mech} mechanischer Wirkungsgrad.

Die Ausfahrgeschwindigkeit wird von der Größe des Eingangsvolumenstromes bestimmt.

$$v_K = \frac{Q_1}{A_{K1}} \tag{5.21}$$

v_K Geschwindigkeit des Kolbens beim Ausfahren
Q_1 Eingangsvolumenstrom
A_{K1} Kolbenfläche.

Hydraulikzylinder mit Scheibenkolben und einseitiger Kolbenstange

Wird die kolbenstangenfreie Seite beaufschlagt, dann werden die Kolbenkraft und die Kolbengeschwindigkeit nach den Gln. (5.19) bis (5.21) berechnet, wie sie für Tauchkolben gelten. Wird jedoch die Kolbenstangenseite beaufschlagt, so wirkt nur eine Kreisringfläche, damit wird die theoretische Kolbenkraft

$$F_{Kth} = p_b \cdot A_{K2} \tag{5.22}$$

F_{Kth} theoretische Kolbenkraft beim Einfahren
p_b Betriebsdruck
A_{K2} Kolbenringfläche.

Unter Berücksichtigung des mechanischen Wirkungsgrades kann nach Gl. (5.20) die tatsächliche Kolbenkraft ermittelt werden.
Die Kolbengeschwindigkeit wird

$$\boxed{v_\text{K} = \frac{Q_1}{A_\text{K2}}} \tag{5.23}$$

v_K Geschwindigkeit des Kolbens beim Einfahren
Q_1 Eingangsvolumenstrom
A_K2 Kolbenringfläche.

Eine wichtige Kenngröße bei Hydraulikzylindern mit einseitiger Kolbenstange ist das Kolbenflächenverhältnis

$$\boxed{\varphi = \frac{A_\text{K1}}{A_\text{K2}}} \tag{5.24}$$

φ Kolbenflächenverhältnis
A_K1 Kolbenfläche (ausfahrseitig)
A_K2 Kolbenringfläche (einfahrseitig).

Die standardisierten Hydraulikzylinder haben meist ein Kolbenflächenverhältnis von 1,25 oder 1,6.

5.3.3.2. Hydraulikzylinder mit Tauchkolben, einfachwirkend

Das Zylindergehäuse wird aus dem Schwenkauge *1*, dem Zylinderrohr *2* und dem Führungsflansch *7* zusammengeschweißt. Der Tauchkolben ist hohl; er wird aus dem Anschlagstück *3*, dem Kolbenrohr *4* und dem Gewindestück *12* zusammengeschweißt. Der verchromte Tauchkolben wird in einer Graugußbuchse *8* geführt, es gleiten keine Teile an der Innenwand des Zylinderrohres, darum braucht dieses innen nicht bearbeitet zu werden. Da die Kolbendichtung *9* zur Abdichtung des Tauchkolbens hinter der Führungsbuchse

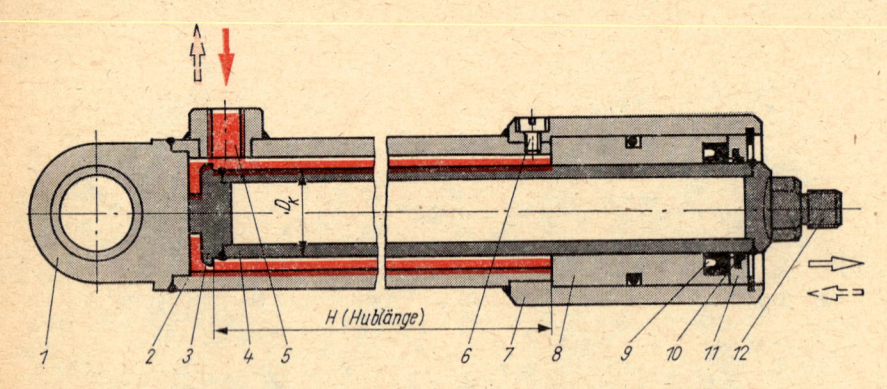

Bild 5.3.12. - *Wirkungsweise eines Hydraulikzylinders mit Tauchkolben*
1 Zylinderdeckel mit Schwenkauge; *2* Zylinderrohr; *3* Anschlagstück des Kolbens; *4* Kolbenrohr; *5* Anschluß für Eingangsvolumenstrom; *6* Entlüftungsschraube; *7* Führungsflansch; *8* Führungsbuchse; *9* Kolbendichtung gegen Ölaustritt; *10* Abstreifring gegen Schmutzeintritt; *11* Aufnahmebuchse; *12* Gewindestück

angeordnet ist, steht das Axialgleitlager ständig unter Druck; der Druckschmierfilm vermindert den Verschleiß dieses Lagers. Der in der Buchse *11* gelagerte Abstreifring *10* verhindert beim Einfahren das Eindringen von Schmutz in den Innenraum. Die Schraube *6* dient zur Entlüftung des Zylinders.

Hydraulikzylinder mit Tauchkolben werden vorwiegend im Hubgerätebau (Gabelstapler) verwendet; die gefertigten Nenngrößen sind aus Tafel 5.3.5 zu ersehen.

5.3.3.3. Hydraulikzylinder mit Scheibenkolben, doppeltwirkend

Im Gegensatz zum Zylinder mit Tauchkolben muß das Zylinderrohr *6* bei Zylindern mit Scheibenkolben *4* innen mit hoher Maßhaltigkeit und geringster Oberflächenrauheit bearbeitet werden. Die *Teile 1* und *9* ermöglichen Montage und Demontage. Tritt der Volumenstrom über den Anschluß *2* ein, so wird die gesamte Kolbenfläche beaufschlagt, das Ausfahren geschieht mit geringer Geschwindigkeit, aber größtmöglicher Kolbenkraft (voll gezeichnete Pfeile). Wird der gleiche Volumenstrom am Anschluß *7* eingeleitet, so fährt der Kolben mit großer Geschwindigkeit, jedoch kleiner Kraft ein (gestrichelte Pfeile). Wirkt an beiden Anschlüssen ein Volumenstrom unter gleichem Druck, so fährt der Kolben auf Grund der größeren Kolbenfläche aus.

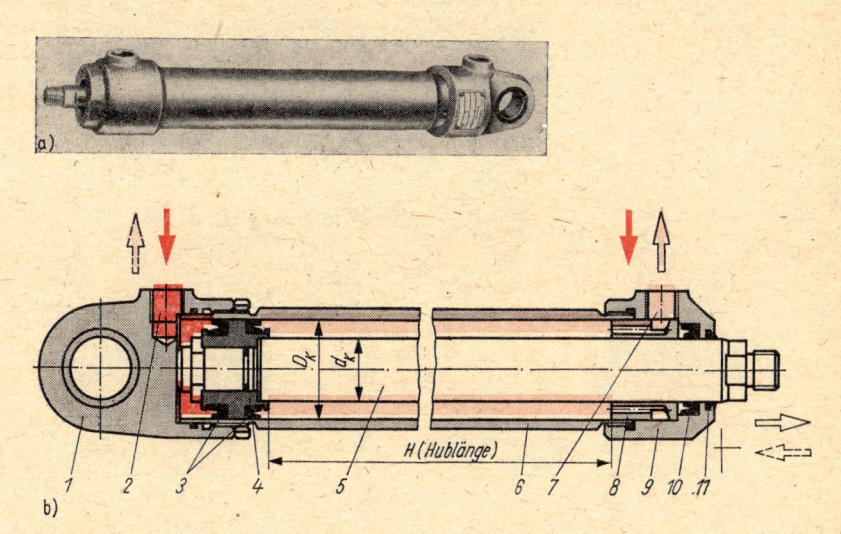

Bild 5.3.13. Hydraulikzylinder mit Scheibenkolben
a) Ansicht; b) Wirkungsweise

1 Lagerdeckel mit Schwenkauge; *2* Anschluß Kolbenseite; *3* Kolbendichtungen; *4* Scheibenkolben; *5* Kolbenstange; *6* Zylinderrohr; *7* Anschluß Kolbenstangenseite; *8* Führungsbuchse; *9* Dichtungsgehäuse; *10* Kolbenstangendichtung; *11* Abstreifring

Hydraulikzylinder mit Scheibenkolben werden ohne (Bild 5.3.13) und mit Endlagenbremsung hergestellt. Sie werden in großen Stückzahlen gefertigt und kommen in Hydraulikanlagen aller Industriezweige zum Einsatz.

5.3.3.4. Hydraulikzylinder mit Teleskopkolben, einfachwirkend

Nur beim Ausfahren kann durch Beaufschlagung mit einem Druckvolumenstrom eine hydrostatische Kraft erzeugt werden (voll gezeichnete Pfeile), das Einfahren des Teleskopkolbens muß durch eine äußere Kraft bewirkt werden.

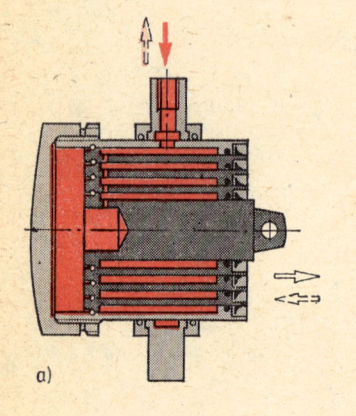

Bild 5.3.14. Wirkungsweise eines Hydraulikzylinders mit Teleskopkolben

a) eingefahren; b) ausgefahren

1 Abschlußdeckel; *2* Kontermutter; *3* Anschluß für Eingangsvolumenstrom; *4* Schwenkzapfen; *5* Grundzylinder; *6* Kolbenstufe *I*; *7* Sicherungsring – Anschlag beim Einfahren; *8* Kolbenstufe *II*; *9* Öldurchgangsbohrung; *10* Kolbenstufe *III*; *11* Rundringe zur Kolbendichtung; *12* Abstreifring; *13* Führungsbuchse; *14* Kolbenstufe *IV*; *15* Schwenkauge

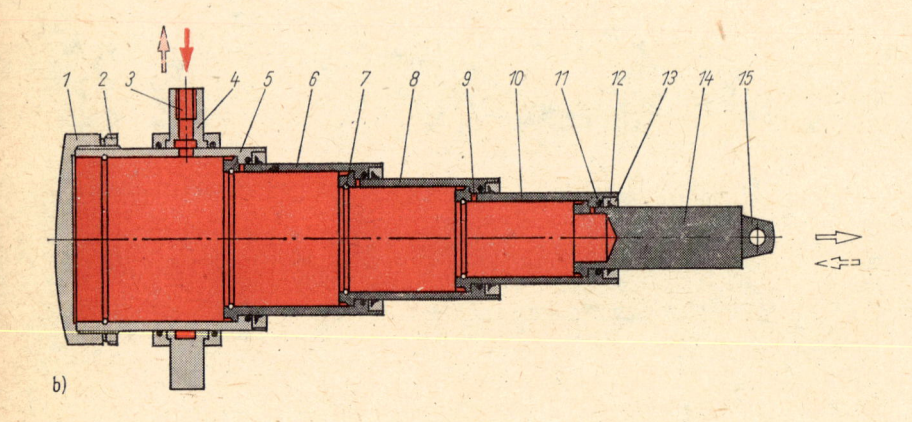

Im Grundzylinder 5 sind vier im Durchmesser unterschiedliche Kolbenstufen *6*, *8*, *10* und *14* angeordnet. Der Volumenstrom wird über den Anschluß *3* im Schwenkzapfen *4* eingeleitet. Ausfahrseitig werden die Hübe der einzelnen Kolbenstufen durch Anschlagbunde begrenzt, beim Einfahren übernehmen Sicherungsringe *7* diese Funktion. Die Führung der Kolben wird durch Führungsbuchsen *13* gesichert. Die Dichtung gegen austretendes Hydraulikfluid wird durch Rundringe *11* gewährleistet, Abstreifringe *12* verhindern das Eindringen von Schmutz in den Zylinderinnenraum.

Der Vorteil der im Aufbau recht komplizierten Hydraulikzylinder mit Teleskopkolben liegt in der sehr kleinen Baulänge im eingefahrenen Betriebszustand und der trotzdem erreichbaren großen Hublänge. Hauptanwendungsbereich sind Kippeinrichtungen für Lastkraftwagen und ähnliche Fahrzeuge.

5.4. Steuer- und Regelgeräte — Hydraulikventile

5.4.1. Merkmale, Einteilung, Kenngrößen

Hydraulikventile beeinflussen je nach ihrem Aufbau die Richtung, den Druck bzw. die Größe des Fluidstromes in hydraulischen Anlagen. Entsprechend ihrer Funktion unterscheidet man

- Wegeventile
- Druckventile
- Stromventile
- Sperrventile.

Die Montageart der Hydraulikventile wird von der Größe, der Kompliziertheit und dem Anwendungsgebiet der Hydraulikanlage bestimmt. Nach der Montageart unterscheiden wir

- Hydraulikventile für Rohrleitungseinbau
- Hydraulikventile für Batterieverkettung
- Hydraulikventile für Unterplattenanbau
- Hydraulikventile für Bohrungseinbau.

Da die Art der Montage für alle Ventile unterschiedlicher Funktion anwendbar ist, wird dieses Unterscheidungsmerkmal nachfolgend allgemein beschrieben.

Hydraulikventile für Rohrleitungseinbau

In dieser Bauart ist jedes Ventil ein in sich abgeschlossenes Gerät mit allen erforderlichen Leitungsanschlüssen. Vorteilhaft ist die leichte Bauweise. Komplizierte Steuerungen mit vielen Ventilen erfordern ein umfangreiches Leitungssystem. Ein Geräteaustausch ist oft zeitaufwendig (Beispiel: Wegeventil, Bild 5.4.9).
Bei den neuentwickelten ORSTA-Hydraulikventilen wird die Montagevariante „Rohrleitungseinbau" in den meisten Fällen aus der Kombination eines Ventils für Bohrungseinbau mit einem standardisierten Aufnahmegehäuse realisiert (Beispiel: Druckbegrenzungsventil, Bild 5.4.17).

Hydraulikventile für Batterieverkettung

Eine Batterieverkettung entsteht durch seitliches Aneinanderreihen von Einzelventilen. Jedes Ventil hat zwei planparallele Dichtflächen zum Aneinanderfügen und durchgehende Druck- und Ablaufkanäle, die mit Rundringen abgedichtet werden. Die Ventile einer Batterie werden mit Zugankern verschraubt. An jedem Ventil sind Rohranschlüsse für die Verbraucher vorgesehen. Vorteile dieser Bauart sind die raumsparende Anordnung und die geringe Anzahl der nötigen Rohrleitungen. Nachteilig ist der hohe Reparaturaufwand, da meist alle Leitungsanschlüsse gelöst werden müssen, wenn ein mittleres Ventil gewechselt werden soll (Beispiel: Wegeventil Bild 5.4.10).

Hydraulikventile für Unterplattenanbau

Die Geräte werden druckmitteldicht auf Unterplatten geschraubt. Alle Leitungsverbindungen der Ventile gehen durch die Unterplatten. Die Ventile enthalten keine Anschlüsse für die Rohrleitungen zu den Verbrauchern. Dadurch ist eine schnelle Austauschbarkeit möglich, Rohrleitungen werden eingespart. Die Unterplatte kann als Einzelunterplatte (zur Aufnahme nur eines Ventils), als maschinengebundene Unterplatte (zur Aufnahme mehrerer zu einem kompletten Kreislauf gehörender Ventile) oder als Verkettungsunterplatte (Möglichkeit der Verkettung mit benachbarten Unterplatten) konstruiert sein (Beispiel: Wegeventil, Bild 5.4.11).

Hydraulikventile für Bohrungseinbau

Bei dieser neuesten wirtschaftlichen Montageart werden die Ventile als Einschraubeinheiten ausgeführt und in standardisierte Bohrungen eingeschraubt (Beispiel: Wegeventil Bild 5.4.12). Die Bohrungen werden meist in speziell konstruierten Grundkörpern angebracht und durch Kanäle miteinander verbunden. Somit können Hydraulikkreisläufe zu kompletten maschinengebundenen Steuerblöcken zusammengebaut werden. (Beispiel: Steuerblock Bild 5.4.34).

> Wichtigste Kenngrößen der Hydraulikventile sind der Nenndruck und die Nennweite. Dazu kommen, abhängig von der Ventilfunktion, spezifische Kennwerte.

5.4.2. Wegeventile

5.4.2.1. Merkmale, Aufbau, Kenngrößen

> Wegeventile sind Richtungsventile, deren Steuerkolben in verschiedene festgelegte Schaltstellungen gebracht werden kann, wodurch unterschiedliche Verbindungen (Wege) der angeschlossenen Leitungen hergestellt werden. Damit wird die Änderung der Durchflußrichtung eines Volumenstromes bewirkt.

Wegeventile werden durch die Nennweite, den Nenndruck und die möglichen Wegevarianten gekennzeichnet. Wegeventile sind die wichtigsten Hydraulikventile in einer Hydraulikanlage, daraus resultieren die vielen Ausführungsvarianten.
Die Hauptbaugruppe eines Wegeventils ist die Steuereinheit (Bild 5.4.1, Pos. *1*), diese enthält in einem Steuergehäuse den Steuerkolben, der die Richtungsänderungen des Volumenstroms bewirkt. Zur Betätigung des Steuerkolbens werden an den beiden Stirnseiten Stelleinheiten (Bild 5.4.1, Pos. *1* bis *11*) angebaut. Komplettiert werden Wegeventile durch vielgestaltige Zusatzeinheiten, die für die unterschiedlichen Montagevarianten erforderlich sind.

5.4.2.2. Steuereinheiten

Sie können verschiedenartig ausgeführte Wirkungsmechanismen aufweisen. Bei den Sitzventilen wird der Ventilschluß durch Anpressen eines Verschlußelementes gegen einen „Sitz" erreicht (Kugelventil, Kegelventil). Der Ventilschluß bei den Schieberventilen wird durch Überdeckung auf- oder ineinandergleitender Teile hervorgerufen, wobei diese Ventile je nach Bau- und

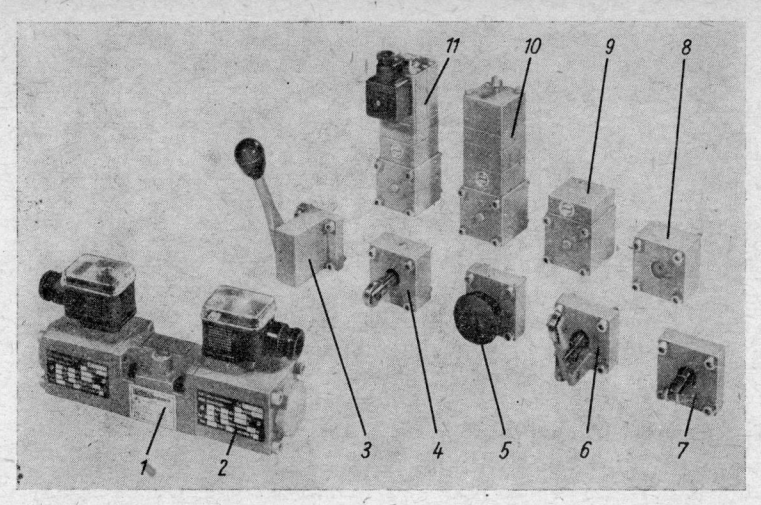

Bild 5.4.1. Steuereinheit NW 6, Nenndruck 32 MPa, für Unterplattenanbau mit angebauten elektromagnetischen Stelleinheiten sowie weiteren Stelleinheiten
1 Steuereinheit; *2* elektromagnetische Stelleinheiten; *3* Handhebelstelleinheit; *4* mechanische Stelleinheit mit Tastrolle; *5* Stelleinheit mit Betätigungsknopf; *6* mechanische Stelleinheit mit Hebel und Tastrolle; *7* mechanische Stelleinheit mit Stößel; *8* pneumatische Stelleinheit; *9* hydraulische Stelleinheit; *10* hydraulische Stelleinheit mit hydromechanischem Vorsteuerventil; *11* hydraulische Stelleinheit mit elektrohydraulischem Vorsteuerventil

Bewegungsart der Schieber in Drehschieberventile, Längsschieberventile und Längsdrehschieberventile eingeteilt werden.

Die Steuereinheiten der Wegeventile des ORSTA-Hydraulik-Gerätesystems werden mit Kolbenlängsschiebern ausgeführt.

Die Schaltstellung des Kolbenlängsschiebers und die damit erreichbaren Wegänderungen zeigt Bild 5.4.2. In der Schaltstellung 0 wird der Druckvolumenstrom einer Hydraulikpumpe dem Wegeventil über den Anschluß P zugeführt, dort abgesperrt und nicht mehr weitergeleitet. Aus den beiden

Tafel 5.4.1. Einteilung der Steuereinheiten von Wegeventilen nach der Ausführung des Steuerschiebers

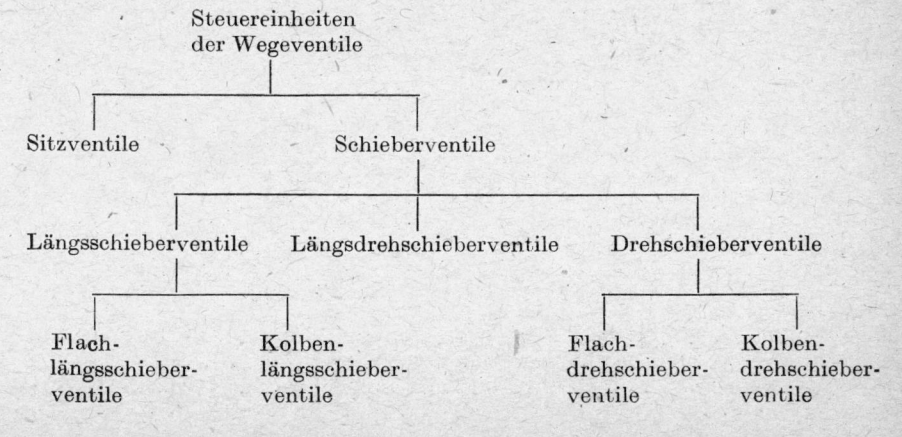

```
                        Steuereinheiten
                        der Wegeventile
                               |
              ┌────────────────┴────────────────┐
          Sitzventile                      Schieberventile
                                                |
                      ┌─────────────────────────┼─────────────────────────┐
              Längsschieberventile    Längsdrehschieberventile      Drehschieberventile
                      |                                                   |
              ┌───────┴───────┐                                   ┌───────┴───────┐
          Flach-          Kolben-                              Flach-          Kolben-
          längsschieber-  längsschieber-                       drehschieber-   drehschieber-
          ventile         ventile                              ventile         ventile
```

137

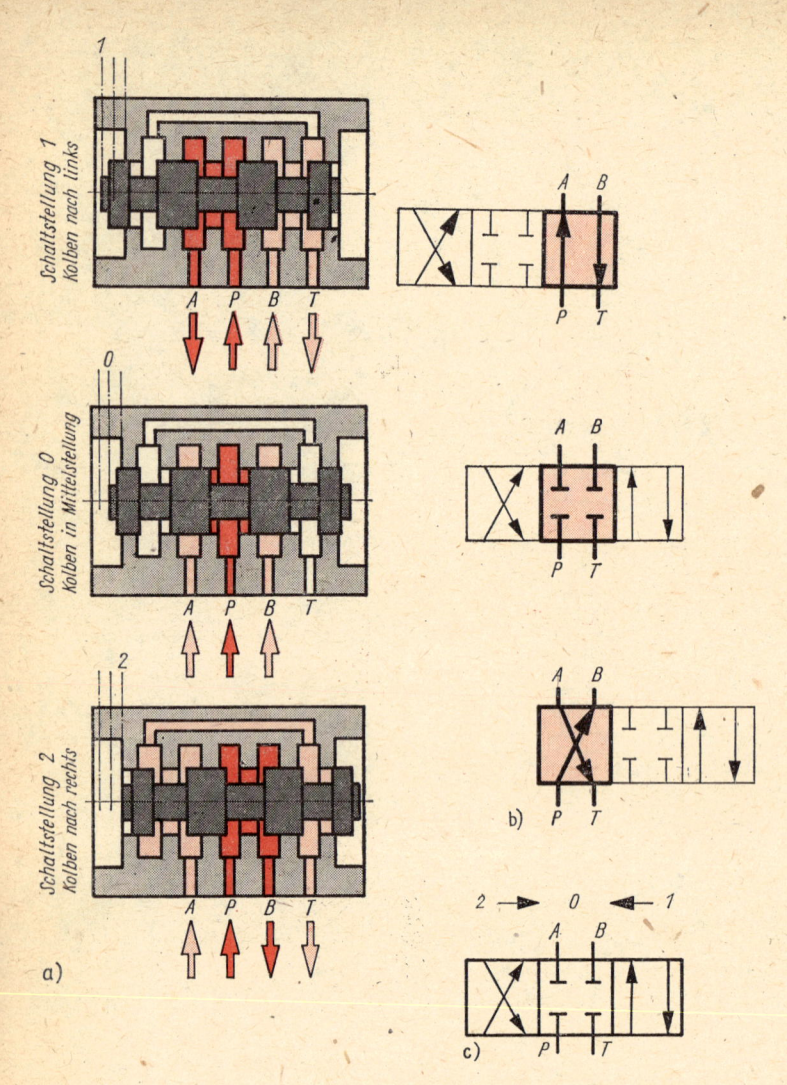

Bild 5.4.2. *Schaltstellungen eines Wegeventils und Ableitung der symbolischen Darstellung*

a) Schnittdarstellungen; b) Schaltstellungen, symbolisch; c) allgemeines Symbol

Zylinderanschlüssen A und B kann kein Fluid abfließen. Der Kolben eines Hydraulikzylinders bleibt in seiner Lage fest eingespannt. Wie im Bild 5.4.2 gezeigt, wird in den Schaltstellungen *1* bzw. *2* der Anschluß P mit A bzw. B verbunden, das rücklaufende, verdrängte Fluid wird über $B-T$ bzw. $A-T$ zum Behälter geführt.

Die symbolischen Darstellungen für die jeweilige Schaltstellung zeigen, daß die die Schaltstellung symbolisierenden Quadrate in der gleichen Richtung wie die Kolbenlängsschieberbewegung verschoben sind (Bild 5.4.2b). Daraus

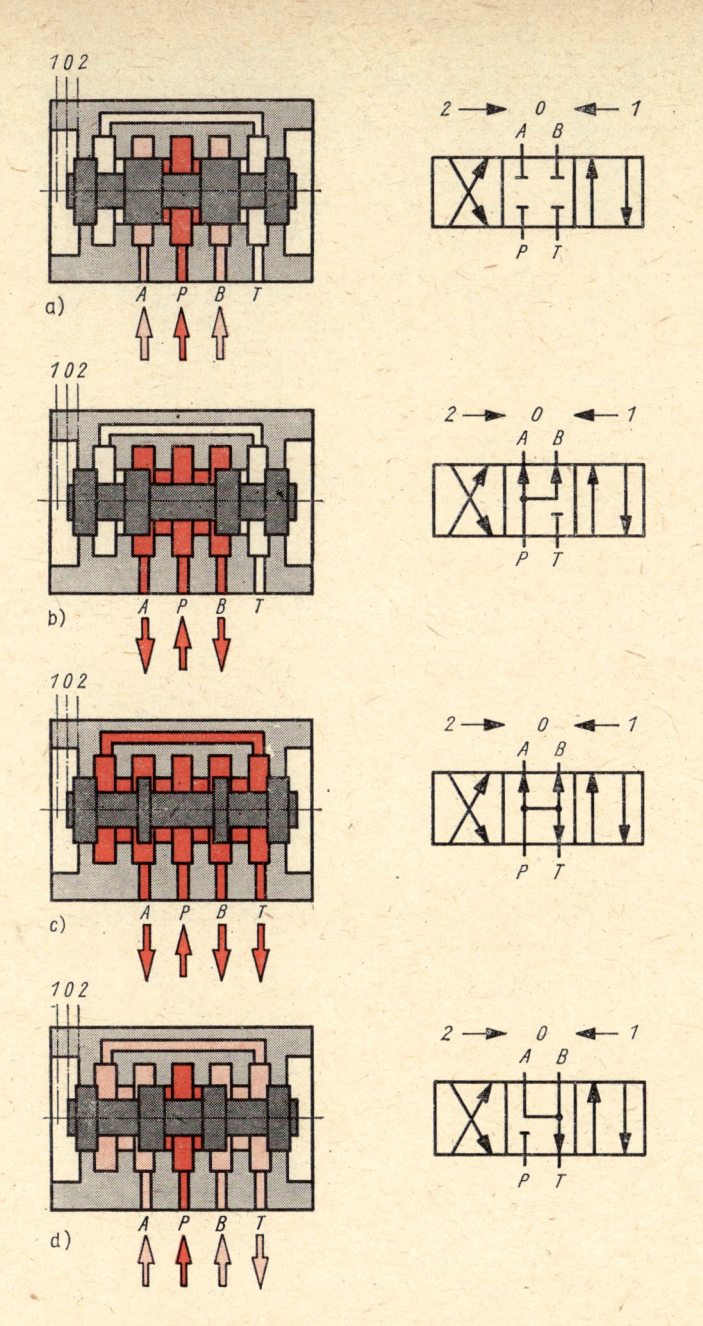

Bild 5.4.3. Steuereinheiten mit unterschiedlichen Schaltfunktionen (Auswahl) — Schnittdarstellung und zugehörige Symbole

a) in 0-Stellung alle Anschlüsse gesperrt; b) in 0-Stellung P mit A und B verbunden; c) in 0-Stellung alle 4 Anschlüsse miteinander verbunden; d) in 0-Stellung P gesperrt, A und B mit T verbunden

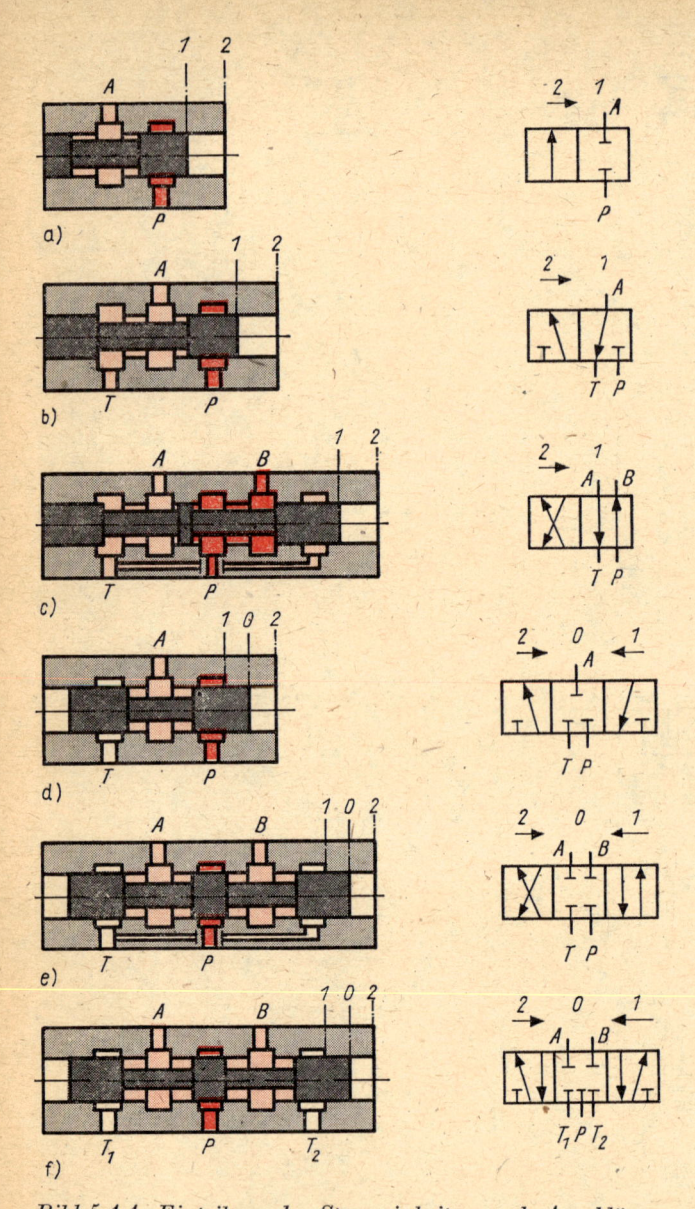

Bild 5.4.4. Einteilung der Steuereinheiten nach Anschlüssen und Schaltstellungen
a) 2/2-Wegeventil: 2 Anschlüsse, 2 Schaltstellungen; b) 3/2-Wegeventil: 3 Anschlüsse, 2 Schaltstellungen;
c) 4/2-Wegeventil: 4 Anschlüsse, 2 Schaltstellungen; d) 3/3-Wegeventil: 3 Anschlüsse, 3 Schaltstellungen;
e) 4/3-Wegeventil: 4 Anschlüsse, 3 Schaltstellungen; f) 5/3-Wegeventil: 5 Anschlüsse, 3 Schaltstellungen

erkennt man die Sinnfälligkeit der in Schaltplänen üblichen symbolischen Darstellung (Bild 5.4.2c).

Steuereinheiten werden in 9 Varianten ausgeführt, die sich in der 0-Stellung (Mittelstellung) des Kolbenlängsschiebers unterscheiden. Unterschiedliche

Abmessungen der Aussparungen in den Kolben realisieren die verschiedenen Steuerfunktionen. Im Bild 5.4.3 sind die vier wesentlichsten Schaltfunktionen gezeigt.

Eine Klassifizierung der Steuereinheiten wird nach der Anzahl der Anschlüsse (Leitungen) und nach der Anzahl der möglichen Schaltstellungen vorgenommen (Bild 5.4.4).

Besonderen Einfluß auf die Genauigkeit der Steuervorgänge haben die Steuerkanten des Kolbenlängsschiebers und die des Steuergehäuses. Sie beeinflussen die Drosselung des Durchgangsquerschnittes und damit die Geschwindigkeit der Arbeitsgeräte. Durch entsprechende Formgebung werden unterschiedliche Durchflußcharakteristiken erzielt.

Die Dichtlänge des Kolbenlängsschiebers zwischen zwei Druckräumen bestimmt die „Überdeckung". Es wird zwischen Überdeckung in der Ruhelage und Schaltüberdeckung unterschieden. Drei Arten Schaltüberdeckung sind gebräuchlich:

- positive Schaltüberdeckung
- negative Schaltüberdeckung
- Schaltüberdeckung Null.

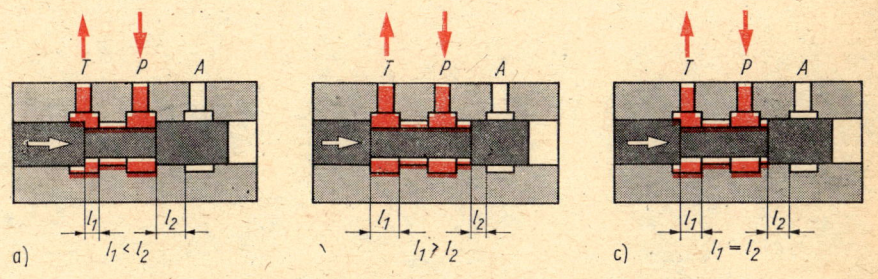

Bild 5.4.5. Schaltüberdeckung bei Steuereinheiten von Wegeventilen
a) positive Schaltüberdeckung; b) negative Schaltüberdeckung; c) Schaltüberdekung Null

Positive Schaltüberdeckung (Bild 5.4.5a). Beim Schalten wird der Durchfluß von P nach T geschlossen, bevor der Durchfluß nach A geöffnet wird. Der Druckstromerzeuger fördert während des Umschaltens gegen das im Kreislauf notwendigerweise eingebaute Druckbegrenzungsventil. Dadurch entstehen Druckstöße und Erwärmung des Fluids. Eine Lageveränderung des Motors ist während des Umschaltens nicht möglich.

Negative Schaltüberdeckung (Bild 5.4.5b). Beim Schalten von der Mittel- in eine Endstellung wird der Durchfluß von P nach A freigegeben, bevor der Durchfluß von P nach T gesperrt ist. Der Druckmittelstrom fließt vom Druckstromerzeuger (Anschluß P) einmal über Anschluß T zurück in den Behälter, zum anderen über A zum Motor so lange, bis T verschlossen ist. Dadurch wird eine stoßfreie Umsteuerung erreicht. Es ist jedoch ein Bremsventil in der Motorleitung notwendig, um eine Lageänderung des Motors zu verhindern.

Die negative Schaltüberdeckung kann also nicht an Lasthebeanlagen eingesetzt werden, da während des Schaltvorganges die Last absinken würde.

Schaltüberdeckung Null (Bild 5.4.5c). Beim Schalten wird der Durchfluß von P nach A freigegeben und gleichzeitig der Weg von P nach T gesperrt. Im

Tafel 5.4.2. Stelleinheiten für Wegeventile

Symbol	Dargestellt im Bild	Benennung	Merkmale der Betätigung
a)	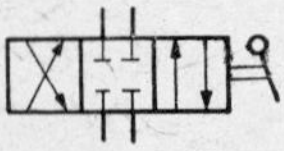 5.4.1 Pos. 3	Handhebelstelleinheit	direkt, Handhebel auf Steuerkolben
b)	 5.4.1 Pos. 4 bis 7	mechanische Stelleinheit	direkt, Nocken oder Kurvenscheibe auf Steuerkolben
c)	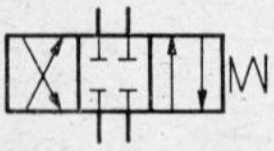 —	Federstelleinheit	direkt, Druckfeder auf Steuerkolben
d)	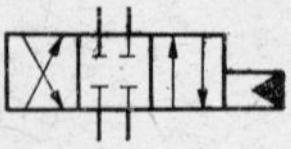 5.4.1 Pos. 9	hydraulische Stelleinheit	direkt, hydraulischer Druck auf Steuerkolben
e)	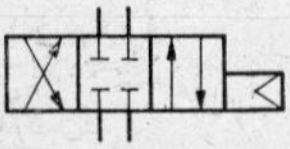 5.4.1 Pos. 8	pneumatische Stelleinheit	direkt, pneumatischer Druck auf Steuerkolben
f)	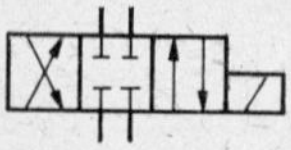 —	elektromagnetische Stelleinheit	direkt, Elektromagnet auf Steuerkolben
g)	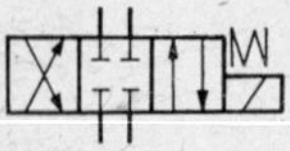 5.4.1 Pos. 2	elektromagnetische Stelleinheit mit Federrückstellung	direkt, Elektromagnet bzw. Druckfeder auf Steuerkolben
h)	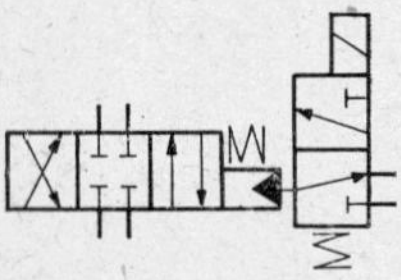 5.4.1 Pos. 11	hydraulische Stelleinheit mit Federrückstellung und angebautem Vorsteuerventil (3/2-Wegeventil)	vorgesteuert, hydraulischer Druck auf Steuerkolben (Vorsteuerventil elektromagnetisch direkt betätigt)
i)	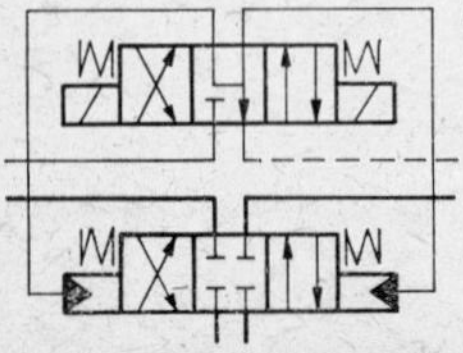 5.4.8	hydraulische Stelleinheit mit Federrückstellung und aufgebautem Vorsteuerventil (4/3-Wegeventil)	

142

Kreislauf werden Druckstöße vermieden, und eine Lageänderung des Motors ist nicht möglich. Nachteilig ist die erforderliche hohe Herstellungsgenauigkeit.

5.4.2.3. Stelleinheiten

Sie verschieben den Kolbenlängsschieber (Steuerkolben) in axialer Richtung. Wirkt die Stellkraft ohne Zwischenglieder auf den Kolbenlängsschieber, spricht man von einer Direktsteuerung, wenn Zwischenglieder, die eine Kraftverstärkung bewirken, eingeschaltet werden von einer Vorsteuerung. Der Volumenstrom zur Vorsteuerung wird bei der Eigensteuerung aus dem Hauptkreislauf, bei der Fremdsteuerung aus einem Steuerkreislauf entnommen. Stelleinheiten werden nach der Form der Betätigungsenergie bzw. nach der Art der Betätigungselemente des Steuerkolbens eingeteilt. Die Tafel 5.4.2 zeigt Stelleinheiten mit direkter bzw. vorgesteuerter Betätigung des Kolbenlängsschiebers. Es ist jeweils nur eine Stelleinheit dargestellt, an der freien linken Seite der Wegeventile kann jeweils die gleiche bzw. eine beliebige andere Stelleinheit angebaut werden. Die bildliche Darstellung der einzelnen Stelleinheiten zeigt Bild 5.4.1.

5.4.2.4. Zusatzeinheiten

Die Aufgabe der Zusatzeinheiten besteht darin, alle Funktionen zum Verbinden bzw. Verketten mehrerer Steuereinheiten zu übernehmen. Zu den Zusatzeinheiten gehören alle fluidzuführenden bzw. -abführenden Deckel, Einzel- und Verkettungsunterplatten sowie Verbindungs- und Dichtelemente.

5.4.2.5. Ausführungen und Einsatzbereiche der Wegeventile

Wegeventile werden in allen hydraulischen Anlagen gebraucht. Um den unterschiedlichsten Anforderungen gerecht zu werden, wurde eine Vielzahl verschiedener Wegeventile entwickelt, von denen nur die wichtigsten kurz erläutert werden.

Direktgesteuerte Wegeventile

Direktgesteuerte Wegeventile werden für Nennweiten bis 10 mm und Durchflußströme bis 100 dm³/min ausgeführt. Bei größeren Nennweiten bzw. Durchflußströmen reicht die Betätigungskraft direkt angebauter Elektromagneten bzw. anderer Stelleinheiten zur Schaltung nicht mehr aus. Bild 5.4.6 zeigt ein direktgesteuertes Wegeventil der Nennweite 6 mit beidseitiger elektromagnetischer Stelleinheit für Unterplattenanbau.

Wirkungsweise

Im unbetätigten Zustand wird der im Steuergehäuse *1* längsverschiebbare Kolbenlängsschieber *2* durch Federn *3* in der Ausgangslage (0-Stellung) gehalten. Die Anschlüsse P, A und B sind gesperrt.
Wird die Magnetspule *6* des rechten Steuermagneten vom Strom durchflossen, so wird der Anker *7* gegen den Flansch (Ankergegenstück) *4* gezogen, die Schaltstange *5* schiebt dabei den Kolbenlängsschieber *2* gegen die Federkraft der linken Feder *3* nach links (Schaltstellung *1*). Der Fluidstrom kann vom Anschluß P zum Anschluß A durchfließen, gleichzeitig wird B mit T

Bild 5.4.6. *Wegeventil mit elektromagnetischer Betätigung, Nennweite 6 mm, Nenndruck 32 MPa*

a) Ansicht; b) Schnittdarstellung; c) Symbol
1 Steuereinheit; *2* Kolbenlängsschieber; *3* Rückstellfeder; *4* Flansch; *5* Schaltstange; *6* Magnetspule; *7* Anker; *8* Magnetgehäuse

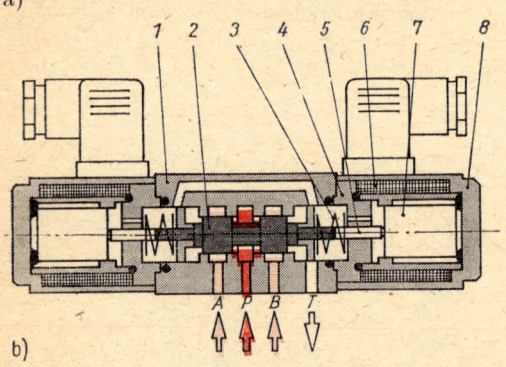

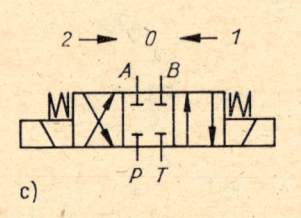

verbunden. Bei Erregung des linken Steuermagneten wird in gleicher Weise die Schaltstellung *2* (rechte Endlage, Durchfluß von P nach B und von A über die Gehäusebohrung nach T) eingestellt.

Bild 5.4.7 zeigt ein direktgesteuertes Wegeventil mit mechanischer Stelleinheit. Der Handhebel wird in allen 3 Schaltstellungen durch Rastung fixiert.

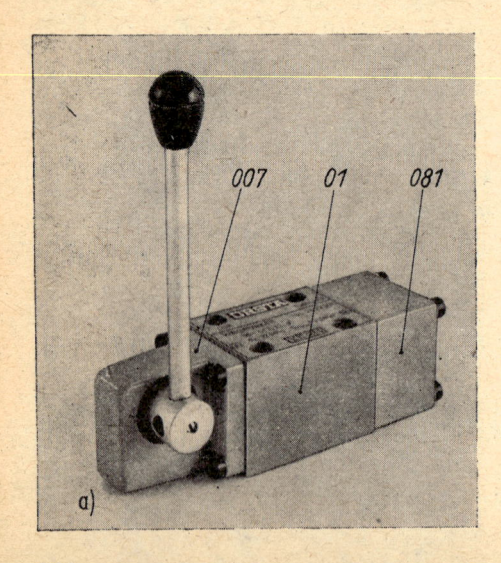

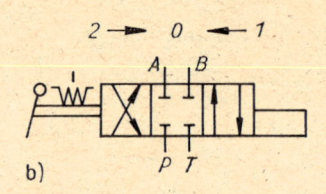

Bild 5.4.7. *Wegeventil mit mechanischer Betätigung, Nennweite 6 mm, Nenndruck 32 MPa*

a) Ansicht; b) Symbol
007 Stelleinheit mit Handhebel und 3facher Rastung; *01* Steuereinheit, in Nullstellung alle Anschlüsse gesperrt; *081* Stelleinheit Abschlußgehäuse

Vorgesteuerte Wegeventile

Um größere Durchflußströme bis 630 dm³/min schalten zu können, braucht man vorgesteuerte Wegeventile. Diese bestehen aus einem Hauptsteuerventil H, dessen Kolbenlängsschieber 2 durch hydraulische Stelleinheiten 3 beaufschlagt wird, und einem Vorsteuerventil V, dessen Kolbenlängsschieber 6 durch Elektromagneten 8 bewegt wird. Das Bild 5.4.8 zeigt ein vorgesteuertes Wegeventil, das aus einem Hauptsteuerventil NW 20 und einem direkt aufgebauten Vorsteuerventil NW 6 besteht.

Wirkungsweise

Der Kolbenlängsschieber der Hauptsteuereinheit 1 wird durch Federn 4 in der Ausgangsstellung (0-Stellung) gehalten. Die Federräume der Stelleinheiten 3 sind drucklos über das Vorsteuerventil V mit dem Tankraum T

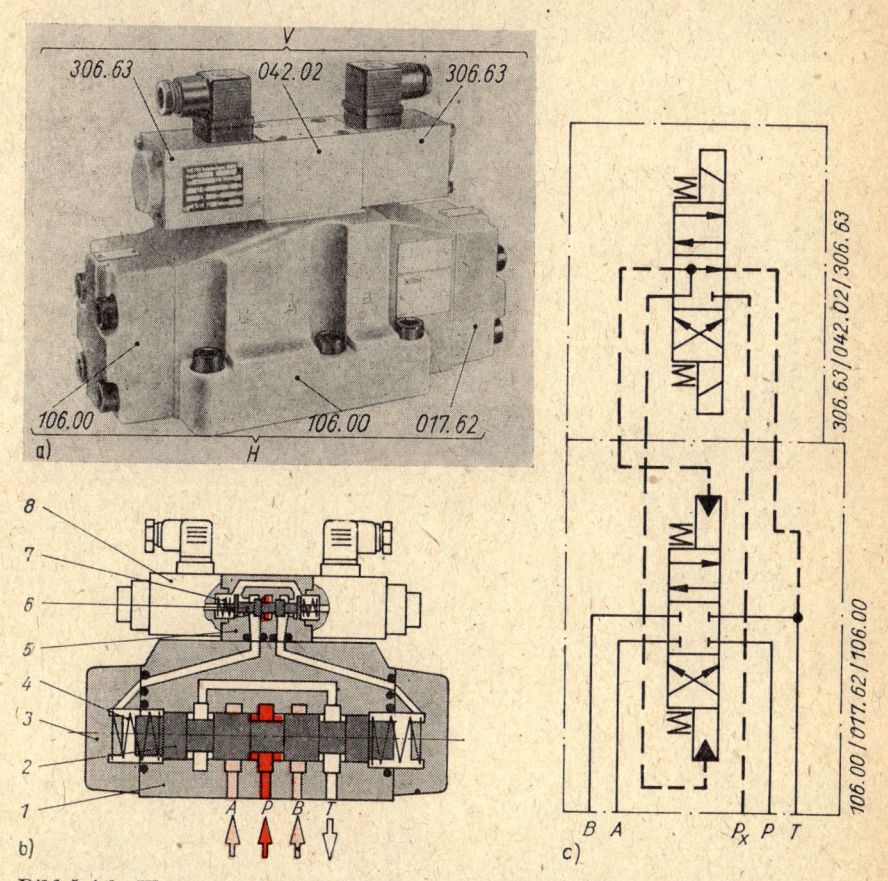

Bild 5.4.8. Wegeventil mit elektrohydraulischer Betätigung
a) Ansicht; b) Schnittdarstellung; c) Symbol
H Hauptsteuerventil NW 20-106.00/017.62/106.00; V Vorsteuerventil NW 06-306.63/042.02/306.63
1 Steuergehäuse Hauptsteuerventil; *2* Kolbenlängsschieber NW 20; *3* hydraulische Stelleinheit; *4* Rückstellfeder; *5* Steuergehäuse Vorsteuerventil; *6* Kolbenlängsschieber NW 06; *7* Rückstellfeder; *8* Elektromagnet

verbunden. Bei Erregung eines der beiden Elektromagneten *8* wird der Kolbenlängsschieber *6* in die Schaltstellung *1* bzw. *2* bewegt, und der Steuerdruck p_x wirkt auf eine der beiden Seiten des Kolbenlängsschiebers vom Hauptsteuerventil. Dadurch wird dieser in die Schaltstellung *1* bzw. *2* gegen die Kraft der jeweiligen Druckfeder *4* geschoben. Wird der Elektromagnet wieder stromlos, so wird der Kolbenlängsschieber des Vorsteuerventils durch die Federn *7* wieder in die 0-Stellung gebracht. Dadurch wird die druckbelastete Seite des Hauptsteuerkolbens entlastet, und er bewegt sich in seine Ausgangsstellung zurück.

Wegeventile für Rohrleitungseinbau

Die vornehmlich in Fahrzeugen, Fördergeräten, in der chemischen Industrie sowie in Anlagen der Kleinmechanisierung eingesetzten Wegeventile sind für einen Nenndruck $p_n = 16$ MPa und Volumenströme bis maximal $Q = 40$ dm³/min ausgelegt. Meist werden nur ein oder zwei Ventile je Anlage angewendet. Geringe Abmessungen, beliebige Einbaulage und einfache Montage sind die besonderen Vorteile (Bild 5.4.9).

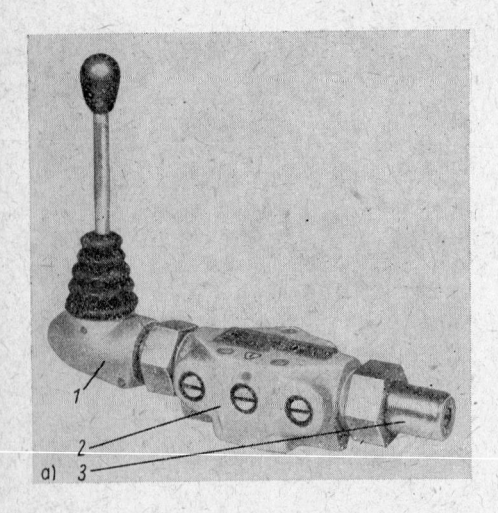

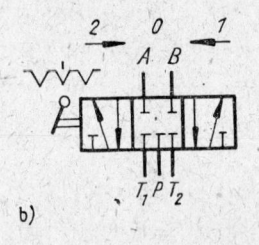

Bild 5.4.9. *Wegeventil für Rohrleitungseinbau*
a) Ansicht; b) Symbol
1 Handstelleinheit mit Rastung in den Stellungen *1*, *0* und *2*; *2* Steuereinheit; *3* Abschlußgehäuse mit Anschlag bei Schaltstellung *2*

Wegeventile für Batterieverkettung

Werden mehrere Wegeventile in einer Anlage benötigt, so bringt das Verketten mehrerer Steuereinheiten deutliche Vorteile. In einfachen Anlagen, vornehmlich in Hydraulikanlagen für Bagger, Landmaschinen, Traktoren, Straßen- und Schienenfahrzeuge, werden Wegeventile in Batterieverkettung eingesetzt. Die kleine Bauform und die geringe Masse sind für mobile Anlagen gefragt. Deutlich ist aus dem Bild 5.4.10 erkennbar, daß beim Wechsel einer Steuereinheit die ganze Ventilkombination demontiert werden muß.
Die im Bild 5.4.10 gezeigte Wegeventilkombination ist für die Nennweite 6 mm und $p_n = 32$ MPa ausgeführt. Die Betätigung der Steuereinheiten erfolgt manuell durch Stellhebel. Ein vorgesteuertes Druckbegrenzungsventil *DB* übernimmt die Begrenzung des zulässigen Anlagendruckes. Die sechs Wegeventil-Steuereinheiten W_1 bis W_6 steuern bei Betätigung ein oder zwei Zylinderleitungen.

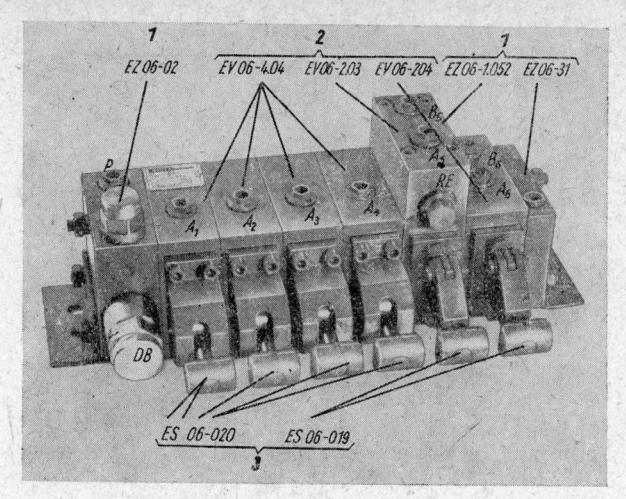

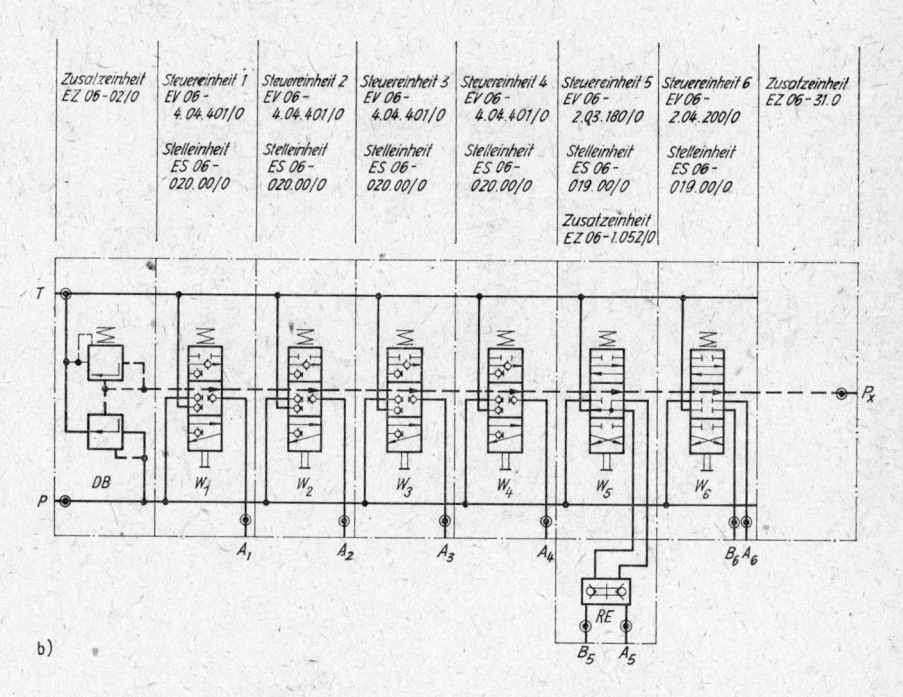

Bild 5.4.10. Wegeventilkombination, Nenndruck 32 MPa, NW = 6 mm, direktgesteuert, in Batterieverkettung

a) Ansicht der Wegeventilkombination mit standardisierten Kurzzeichen; b) symbolische Darstellung

1 Zusatzeinheiten; *2* Steuereinheiten; *3* Stelleinheiten

P Druckanschluß; T Behälterablaufleitung; Px Steuerleitung; A_1 bis A_6 und B_5, B_6 Zylinderanschlußleitungen; W_1 bis W_6 Wegeventile (Steuer- und Stelleinheiten); DB vorgesteuertes Druckbegrenzungsventil; RE wechselseitig entsperrbares Rückschlagventil

Eine Wegeventilkombination $p_\text{n} = 32$ MPa für größere Nennweiten ist im Bild 5.4.32 gezeigt.

Wegeventile für Unterplattenverkettung

In stationären Hydraulikanlagen (z. B. für Werkzeugmaschinen, Umformmaschinen, Holzbearbeitungsmaschinen sowie automatisierten Fertigungslinien) werden die Wegeventile mit verkettbaren Unterplatten eingesetzt. Die größere Masse sowie das größere Einbauvolumen werden durch größere Kombinationsvielfalt und einfachere Reparatur ausgeglichen. Jede Steuereinheit mit den angebauten Stelleinheiten kann ohne Schwierigkeiten sofort gewechselt werden. Durch die unterschiedlichen Kanalverbindungen in den Unterplatten kann jede Schalt- und Verbindungsvariante hergestellt werden.

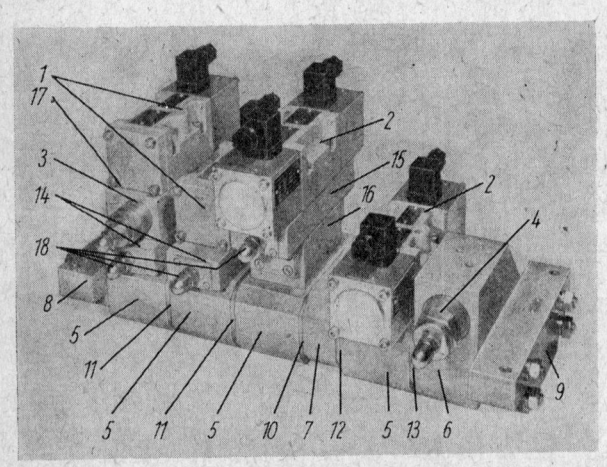

Bild 5.4.11a)

Bild 5.4.11. *Wegeventilkombination, Nenndruck 32 MPa, direktgesteuert, in Unterplattenverkettung mit Höhenverkettungseinheiten*
a) Ansicht der Kombination; b) symbolische Darstellung

Baueinheiten der Kombination:

1 4/2-Wegeventil, $p_\text{n} = 32$ MPa, NW 10, direktgesteuert, Ausführung: 306.51/082.22/072.00
2 4/3-Wegeventil, $p_\text{n} = 32$ MPa, NW 10, direktgesteuert, Ausführung: 306.51/012.22/306.51
3 Druckbegrenzungsventil $p_\text{n} = 32$ MPa, NW 6, nicht ablaufdruckbelastet zum Einschrauben, Ausführung 02.01.01
4 Druckbegrenzungsventil $p_\text{n} = 32$ MPa, NW 10, nicht ablaufdruckentlastet zum Einschrauben, Ausführung 02.01.01

Längsverkettungseinheiten:

5 Verkettungsunterplatte für Wegeventil, Kenn-Nr. 10-201; *6* Aufnahmeplatte für Druckbegrenzungsventil, Kenn-Nr. 10-223; *7* Umlenkplatte mit Leitungsverbindung *1–5* und *2–3*, Kenn-Nr. 10-237; *8* Abschlußplatte für Rahmenbefestigung, Kenn-Nr. 10-282; *9* Abschlußplatte für Rahmenbefestigung, Kenn-Nr. 10-283 mit Leitungsanschlußmöglichkeit an Leitung *5(T)* und Leitung *3(P)* sowie Leitungsverbindung *1–5*; *10* Sperrplatte, Leitung *2* und *4* gesperrt, Kenn-Nr. 10-253; *11* Sperrplatte, Leitung *1*, *2* und *4* gesperrt, Kenn-Nr. 10-264; *12* Sperrplatte, Leitung *1*, *2* und *3* gesperrt, Kenn-Nr. 10-266; *13* Sperrplatte, Leitung *1*, *2*, *3* und *5* gesperrt, Kenn-Nr. 10-267

Höhenverkettungseinheiten:

14 Platte mit 2 Drosselrückschlagventilen *18*, Drosselung von $A-A'$ und von $B-B'$; *15* Platte mit 2 Drosselrückschlagventilen *18*, Drosselung von $A'-A$ und $B'-B$; *16* Platte mit wechselseitig entsperrbarem Rückschlagventil; *17* Aufnahmeplatte für 2 Druckbegrenzungsventile

Bild 5.4.11b)

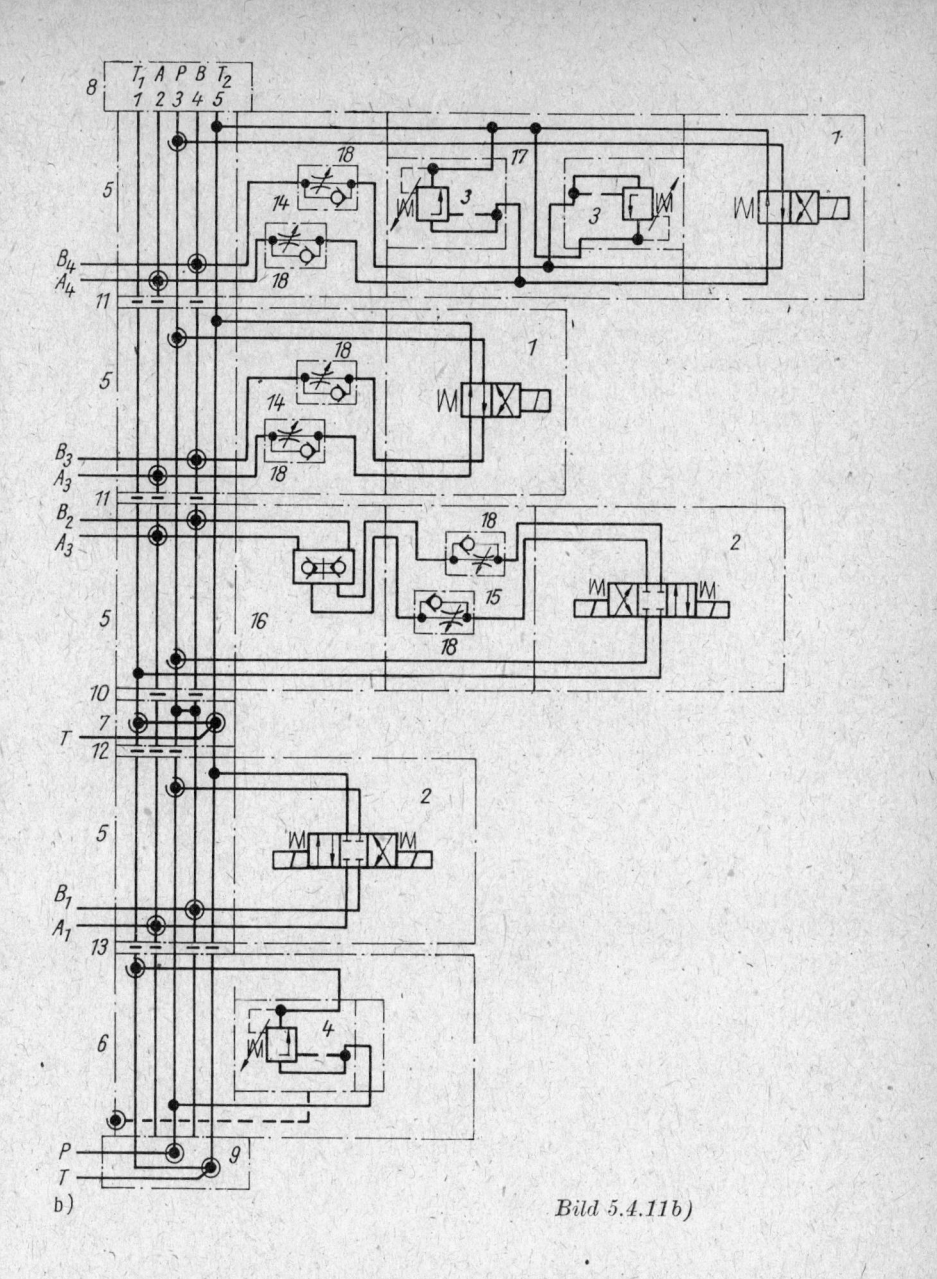

Für die Darstellung einer Unterplattenverkettung war es erforderlich, neue Symbole für die einzelnen Leitungsanschlüsse und Kanalsperrungen einzuführen; sie sind im Abschnitt 5.6.3.3, Tafel 5.6.1, erläutert.
Die bisher üblichen Unterplattenverkettungen der Wegeventile waren vorwiegend längsverkettet. Bei der Entwicklung des neuen Ventilsystems, Nenndruck 32 MPa, wurde auch die Höhenverkettung und damit der Einbau neuer Schaltmöglichkeiten durch Drossel- und Sperrventile vorgesehen.

149

Bild 5.4.11 zeigt eine solche neue Wegeventilkombination, die überwiegend Längsverkettungseinheiten (Unterplatten), aber auch Höhenverkettungseinheiten enthält.
Das neue Unterplattenverkettungssystem bezieht neben Wegeventilen auch Druck-, Strom- und Sperrventile in die Verkettung mit ein.
Eine weitere Möglichkeit einer Verkettung verschiedener Ventile ist im Abschnitt 5.4.6., Bild 5.4.33, gezeigt.

Wegeventile für Bohrungseinbau

Für die Ausrüstung von Kleinanlagen, für die Schaltung von Volumenströmen für Steuerkreisläufe oder für die Realisierung einfacher Steueraufgaben wurden Wegeventile für Bohrungseinbau entwickelt.
Die für Nennweiten 4; 6 und 10 mm ausgelegten Ventile sind mit Kolbenlängsschiebern für 2 Schaltstellungen und 2 oder 3 gesteuerten Leitungen ausgelegt. Die elektromagnetisch, pneumatisch oder mechanisch betätigten Steuerschieber können in 30 bis 80 ms Schaltzeit von der Stellung *1* in die Stellung *2* gebracht werden. Diese für einen Nenndruck $p_n = 32$ MPa ausgelegten Wegeventile werden in standardisierte Bohrungen eingeschraubt; sie sind universell verkettbar.
Bild 5.4.12 zeigt Wegeventile für Bohrungseinbau mit elektromagnetischer Betätigung. Die Wirkungsweise dieser Ventile ist aus Bild 5.4.12b ersichtlich.

5.4.2.6. Proportional-Wegeventile

Alle bisher beschriebenen Wegeventile hatten 2 bzw. 3 konkrete Schaltstellungen des Kolbenlängsschiebers. Damit konnten bestimmte digitale Steuerungsabläufe hydraulischer Schaltungen und Antriebe realisiert werden. Um die hydraulisch betriebenen Bewegungsvorgänge in Werkzeugmaschinen, Plastverarbeitungsmaschinen, Pressen, Land- und Baumaschinen optimieren zu können, wurden Proportional-Wegeventile entwickelt.
Proportional-Wegeventile sind elektrisch stetig verstellbare Wegeventile, bei denen die Axialbewegung des Kolbenlängsschiebers direkt durch lagegeregelte oder kraftgesteuerte, druckdichte Steuermagneten proportional einem elektrischen Sollwert erfolgt. Der Steuerkolben kann in dem Steuergehäuse stufenlos jede Stellung zwischen den zwei Endlagen beliebig lange einnehmen. Das bringt besondere Vorteile bei der Steuerung und Regelung der Geschwindigkeit hydraulischer Verbraucher (Hydraulikzylinder, Hydraulikmotoren).
Der prinzipielle Aufbau der Proportional-Wegeventile (Bild 5.4.13) entspricht dem der direktgesteuerten Wegeventile für Unterplattenanbau. Zu den Grundbaugruppen Steuereinheit *1* und den beiden Stelleinheiten *2* mit Proportional-Steuermagneten kommt zusätzlich die Baugruppe Wegsensor *3*, der die genaue Position des Kolbenlängsschiebers registriert und in ein elektrisches Signal umwandelt. Bei der kraftgesteuerten Ausführung entfällt der Wegsensor.
Proportional-Wegeventile können mit einem Nenndruck von 32 MPa betrieben werden. Bei Ventilen NW 06 ist ein maximaler Volumenstrom von 40 dm^3/min und bei Ventilen der NW 10 von 80 dm^3/min zulässig. Die Stellzeit zwischen den Endlagen beträgt 50 bis 100 ms, die Wiederholgenauigkeit ist kleiner als 0,5%.

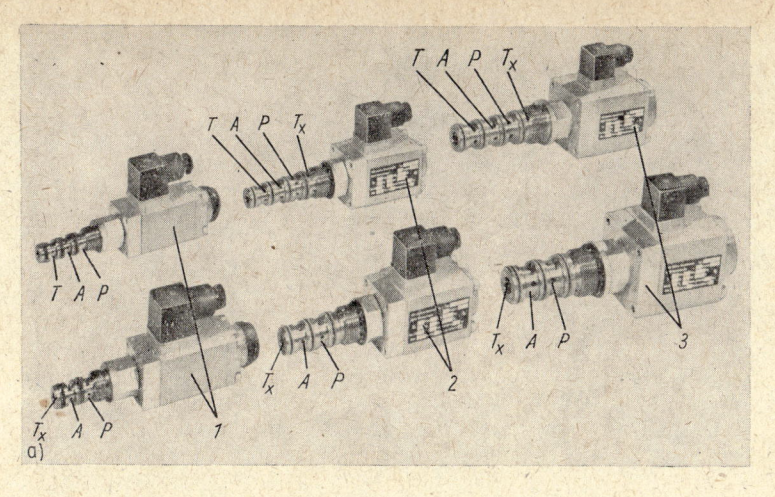

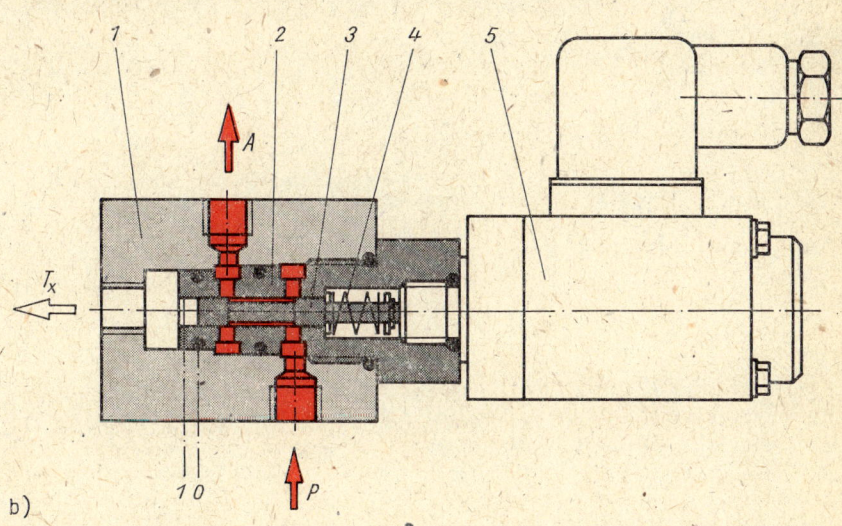

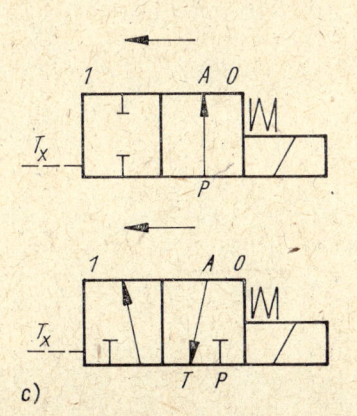

Bild 5.4.12. *Wegeventile für Bohrungseinbau, Nenndruck 32 MPa*

a) Ansicht der Wegeventile mit elektromagnetischer Stelleinheit (3/2 obere Reihe, 2/2 untere Reihe)

1 Ventile NW 4, Nennvolumenstrom $Q_{fn} = 2{,}5$ dm^3 × min^{-1}; *2* Ventile NW 6, Nennvolumenstrom $Q_{fn} = 10$ dm$^3 \cdot$ min^{-1}; *3* Ventile NW 10, Nennvolumenstrom $Q_{fn} = 40$ dm$^3 \cdot$ min^{-1}; *P* Anschluß für Zulaufleitung (Druckbeaufschlagung); *A* Anschluß für Verbraucherleitung (Leitung zum Zylinder); *T* Anschluß für Ablaufleitung; *T*$_x$ Anschluß für Leckstromleitung

b) Schnittdarstellung eines 2/2-Wegeventils mit Aufnahmekörper

1 Aufnahmekörper; *2* Einschraubkörper; *3* Kolbenlängsschieber; *4* Rückstellfeder; *5* Gleichstromstoßmagnet

c) symbolische Darstellung des 2/2- und 3/2-Wegeventils

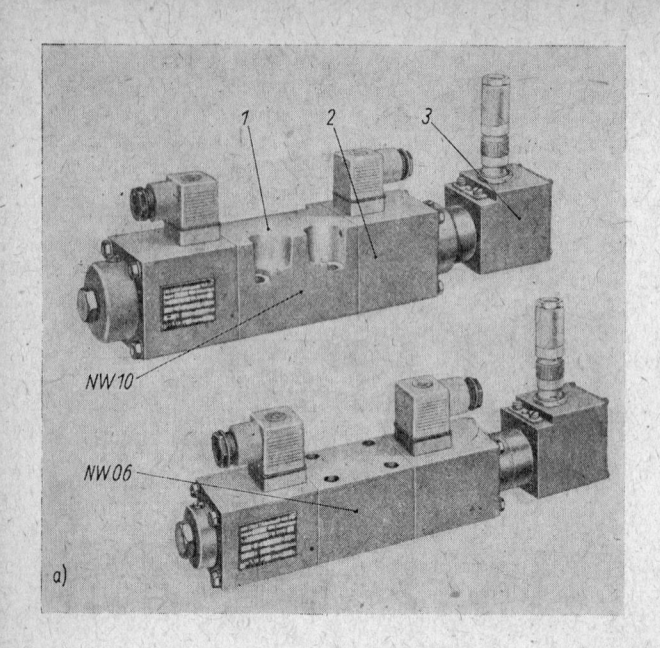

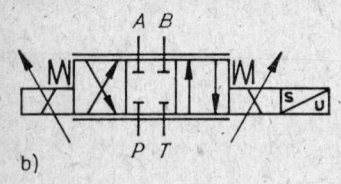

Bild 5.4.13. Proportional-Wegeventile für Unterplattenanbau

a) Ansicht eines Ventils NW 10 und eines Ventils NW 06;
b) Symbol eines Proportional-Wegeventils

1 Steuereinheit; *2* Stelleinheit mit Proportional-Steuermagneten; *3* Wegsensor

5.4.2.7. Elektrohydraulische Servoventile

Durch elektrohydraulische Servoventile ist es möglich, elektrische Eingangssignale niedriger Steuerleistung mit hoher Übertragungsgeschwindigkeit in leistungsstarke, anpassungsfähige hydraulische Arbeitsbewegungen umzuwandeln. Sie stellen das Bindeglied zwischen elektrischen Eingangssignalen (Ausgangssignale der Automatisierungstechnik und Datenverarbeitung) und hydraulischen Ausgangssignalen (stufenlose Antriebe mit großen Stellkräften und Stellgeschwindigkeiten) dar.
Ein elektrohydraulisches Servoventil besteht aus 4 Hauptbaugruppen:

- elektromagnetischer Stellantrieb *1*, bestehend aus den Steuerspulen *5*, dem Anker *7*, dem Joch *8*, Dauermagneten *5* und dem Federrohr *9*,

- hydraulische Vorverstärkerstufe *2*, bestehend aus dem Düsenpaar *10*, dem Prallplattenpaar *11* und den beiden Vordrosseln *14*,

- hydraulische Leistungsverstärkerstufe *3*, bestehend aus dem 4-Kanten-Steuerschieber *12* mit Null-Überdeckung und dem Steuergehäuse *15* mit eingepreßter Steuerbuchse *13*,

- Rückführeinrichtung *4*, gebildet aus der Rückführfeder.

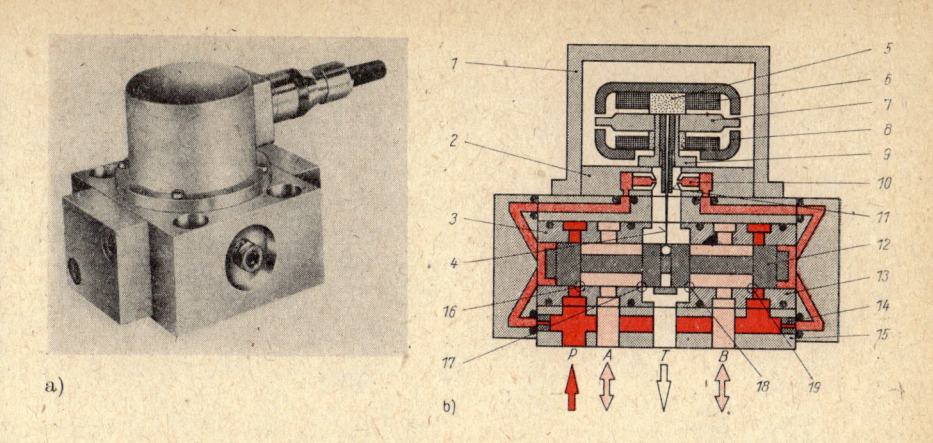

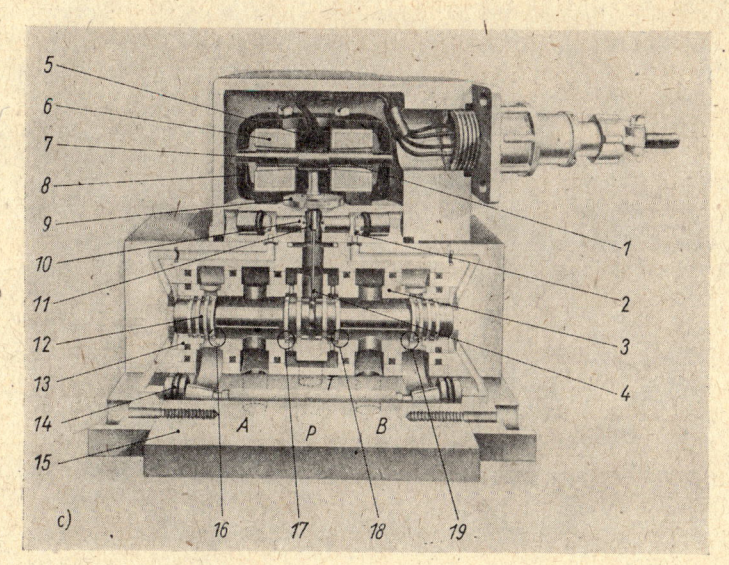

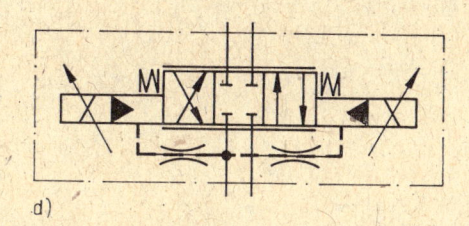

Bild 5.4.14. Elektrohydraulisches Servoventil

a) Außenansicht des zweistufigen, elektrohydraulischen Servoventils; b) Wirkungsweise; c) Schnittmodell; d) Symbol

1 elektromagnetischer Stellantrieb; *2* hydraulischer Vorverstärker; *3* hydraulischer Leistungsverstärker; *4* Rückführeinrichtung; *5* Dauermagneten; *6* Steuerspulen; *7* Anker; *8* Joch; *9* Federrohr; *10* Düsenpaar; *11* angeschliffene Prallflächen; *12* 4-Kanten-Steuerschieber; *13* Steuerbuchse; *14* Konstantdrosseln; *15* Steuergehäuse; *16* Steuerkante $P-A$; *17* Steuerkante $A-T$; *18* Steuerkante $B-T$; *19* Steuerkante $P-B$

Wirkungsweise

Das den Steuerspulen *6* zugeführte elektrische Steuersignal lenkt den zwischen dem oberen und unteren Jochteil *8* befindlichen Anker *7* aus. Dadurch wird eine im Anker befestigte Spindel, an deren unterem Ende planparallele Flächen, die Prallplatten *11*, angeschliffen sind, zwischen einem Düsenpaar *10* beispielsweise nach rechts bewegt. Dabei wird die rechte Düse, bezogen auf die Ausgangsposition, stärker geschlossen und die gegenüberliegende linke Düse weiter geöffnet. Da aus der durch die Prallplatte gedrosselten rechten Düse weniger Öl austreten kann, erhöht sich auf der rechten Seite der Steuerdruck, der die rechte Stirnseite des Steuerschiebers *12* beaufschlagt. Der Steuerschieber wird nach links verschoben und läßt den Druckvolumenstrom von *P* nach *A* an der Steuerkante *16* entsprechend dem Öffnungsweg gedrosselt durchfließen. Durch das gleichzeitige Öffnen der Steuerkante *18* wird der gleiche Spalt für den Abfluß von *B* zu *T* freigegeben. Die im Mittelteil des Steuerschiebers angelenkte Rückführfeder *4* wird durch die Bewegung nach links ausgelenkt und bringt das Prallplattenpaar in die Ausgangslage. Es stellen sich wieder gleiche Steuerdrücke ein, die den Steuerschieber in seiner neuen Lage festhalten. In gleicher Weise wird jedes neue Steuersignal mit hoher Geschwindigkeit und großer Genauigkeit in eine diesem Signal proportionale Stellung des Steuerschiebers umgesetzt. Angeschlossene hydraulische Verbraucher (Hydraulikzylinder, Hydraulikmotoren, Stellkolben von Regelpumpen) werden damit schnell und genau positioniert.

Elektrohydraulische Servoventile werden für Volumenströme bis 63 dm^3/min bei einem Steuerdruck (Nenndruck) von 21 MPa gebaut. Damit das Düse-Prallplatten-Paar stets einwandfrei arbeiten kann, ist eine hohe Sauberkeit des Hydraulikfluids erforderlich, eine Filterfeinheit $\leq$ 10 µm ist unbedingt zu garantieren. Hydraulikanlagen mit Servoventilen sind bei der Inbetriebnahme und nach Wartungsarbeiten 2 bis 8 Stunden zu spülen.

5.4.3. Druckventile

5.4.3.1. Merkmale, Einteilung, Kenngrößen

Druckventile haben die Aufgabe, den Druckwert eines Volumenstromes zu beeinflussen und werden durch die Hauptkenngrößen Nenndruck und Nennweite gekennzeichnet.

Druckventile werden nach ihrem inneren Aufbau, nach ihrer Funktion und nach der Steuerungsart eingeteilt.

Die Einteilung nach dem inneren Aufbau hängt von der Art des Regelorgans ab, mit dem der Druck beeinflußt wird. Je nach den wirkenden Kräften gibt das Regelorgan (Kugel, Kegel oder Kolbenlängsschieber) einen bestimmten Drosselquerschnitt frei, dem der Druck des Volumenstroms reziprok proportional ist. Druckventile des ORSTA-Hydraulik-Gerätesystems sind bei Ventilen für Bohrungseinbau vorwiegend als Kegelsitzventile (schnelles Öffnen des Ventils, aber schwingungsanfällig) und als Ventile mit Kolbenlängsschiebern (verzögertes Öffnen des Ventils, folglich Dämpfung) bei Ventilen für Unterplattenanbau oder für Rohrleitungseinbau ausgelegt.

Nach der Funktion werden Druckventile in folgende Arten eingeteilt:

- Druckbegrenzungsventile — begrenzen den Eingangsdruck p_1 des Ventils auf einen vorgegebenen, einstellbaren Wert, $p_1 \leqq p_{zul}$ (Sicherheitsventil);
- Druckminderventile — halten den Ausgangsdruck p_2 unabhängig vom Eingangsdruck p_1 konstant, solange ein Volumenstrom fließt und $p_1 > p_2$ ist;
- Druckdifferenzventile — halten die Differenz zwischen Eingangsdruck p_2 oder zwischen Fremdsteuerdruck p_{st} und Eingangsdruck p_1 bzw. Ausgangsdruck p_2 konstant;
- Druckgefälleventile — gewährleisten einen konstanten Druckabfall zwischen Eingangsdruck p_1 und Ausgangsdruck p_2, solange ein Volumenstrom ständig das Ventil durchfließt;
- Druckverhältnisventile — halten das Verhältnis zweier Drücke konstant.

Die Einteilung nach der Steuerungsart der Ventile erfolgt entsprechend der Beaufschlagung des Ventilkolbens mit dem Steuervolumenstrom. Bei Ventilen mit Eigensteuerung wird der Steuervolumenstrom im Ventil über einen Steuerkanal vom Hauptvolumenstrom abgezweigt und auf den Kolben geleitet. Erfolgt die Steuerung von außen durch eine Steuerleitung, so liegt Fremdsteuerung vor. Der Druck des Steuervolumenstromes ist dabei meist geringer als der Zu- oder Ablaufdruck. Wird der Kolben durch direkte Beaufschlagung mit dem Steuervolumenstrom gesteuert, liegt ein direktgesteuertes Ventil vor. Ist in den Steuerkreislauf ein Vorsteuerventil eingeschaltet, so bezeichnet man diese Art als vorgesteuertes Ventil. Vorgesteuerte Ventile haben folgende Vorteile:

- Trotz hoher Drücke und großer Volumenströme können Ventile kleiner Abmessungen gebaut werden.
- Durch Trennung des Vorsteuerventils von dem Hauptsteuerventil ist eine Ferneinstellung des Druckes möglich.

Die Tafel 5.4.3 zeigt die wesentlichsten direktgesteuerten Druckventile in Funktions- und symbolischer Darstellung.

Wie die Tafel zeigt, werden nur Druckbegrenzungsventile und Druckminderventile als direktgesteuerte Druckventile gebaut. Alle anderen Druckventile lassen sich nur mit Vorsteuerung realisieren.

5.4.3.2. Druckbegrenzungsventile

Druckbegrenzungsventile werden in 95% aller Hydraulikanlagen als Sicherheits- oder Überströmventil eingesetzt. Daraus resultiert, daß ein vielseitiges Gerätesortiment entwickelt wurde.

Druckbegrenzungsventile, direktgesteuert, für Unterplattenanbau

Der gesamte Arbeitsbereich dieser Ventile von 0,4 bis 16 MPa ist in 3 Druckeinstellbereiche aufgeteilt:

- $p_1 = 0{,}4$ bis 2,5 MPa
- $p_1 = 1{,}6$ bis 6,3 MPa
- $p_1 = 4$ bis 16 MPa.

Die Druckeinstellbereiche werden durch unterschiedliche Durchmesser des Steuerkolbens erreicht, somit können die Federn sowie die zugehörigen Einstellelemente für alle 3 Bereiche gleich sein.

Tafel 5.4.3. *Arten direktgesteuerter Druckventile*

Wirkungsweise	Beschreibung	Symbole
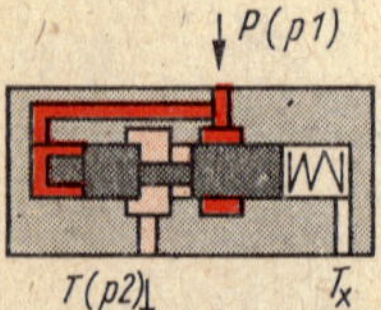	Druckbegrenzungsventil, eigengesteuert, ablaufdruckentlastet $p_1 \leqq p_{zul}.$	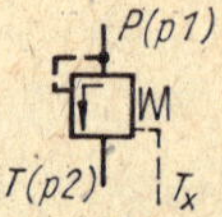
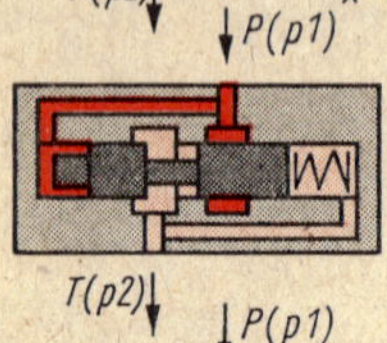	Druckbegrenzungsventil, eigengesteuert, nicht ablaufdruckentlastet $p_1 \leqq p_{zul}.$	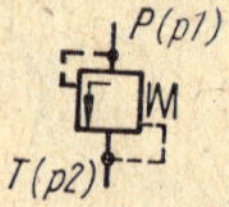
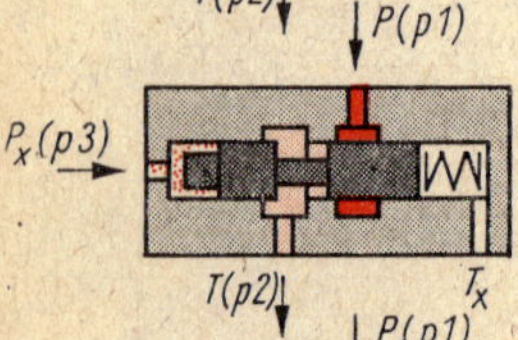	Druckbegrenzungsventil, fremdgesteuert, ablaufdruckentlastet $p_1 \leqq p_{zul}.$	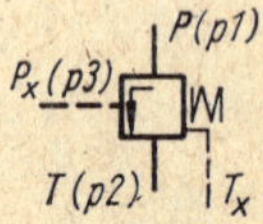
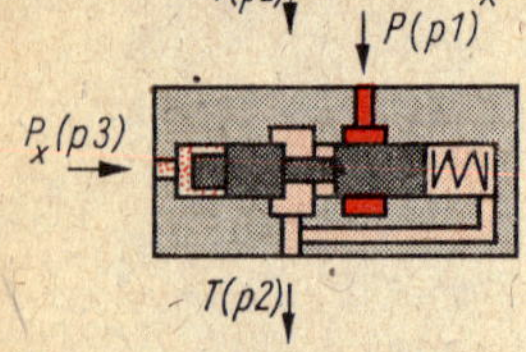	Druckbegrenzungsventil, fremdgesteuert, nicht ablaufdruckentlastet $p_1 \leqq p_{zul}.$	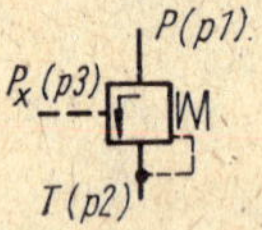
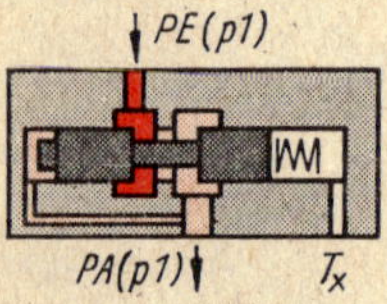	Druckminderventil, eigengesteuert, ablaufdruckentlastet $p_2 < p_1$	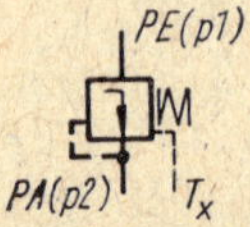
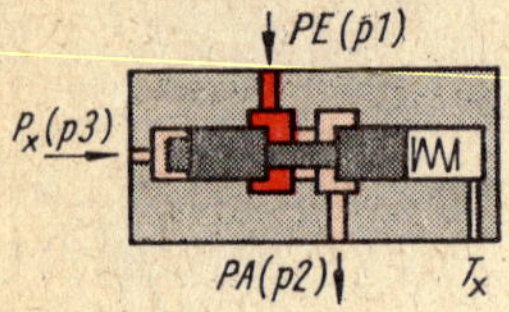	Druckminderventil, fremdgesteuert, ablaufdruckentlastet $p_2 < p_1$	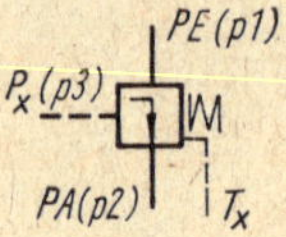

Wirkungsweise

Im Ventilgehäuse *5* wird der Regelkolben *6* geführt, der in der gezeichneten Ausgangsstellung den Zulauf *12* vom Ablauf *11* trennt. Der Druckvolumenstrom wird über den Anschluß *12* in der Unterplatte *10* dem Ventil zugeführt und beaufschlagt über den Druckkanal *7* und das Rückschlagventil *9* die Stirnfläche des Steuerkolbens *8*. Wird die damit erzeugte hydrostatische Kraft größer als die Federkraft, so wird der Regelkolben *6* so weit gegen die Feder *4* verschoben, bis eine Verbindung zwischen dem Zulauf *12* und dem Ablauf *11* hergestellt ist. Der Druck im Zulauf vermindert sich.

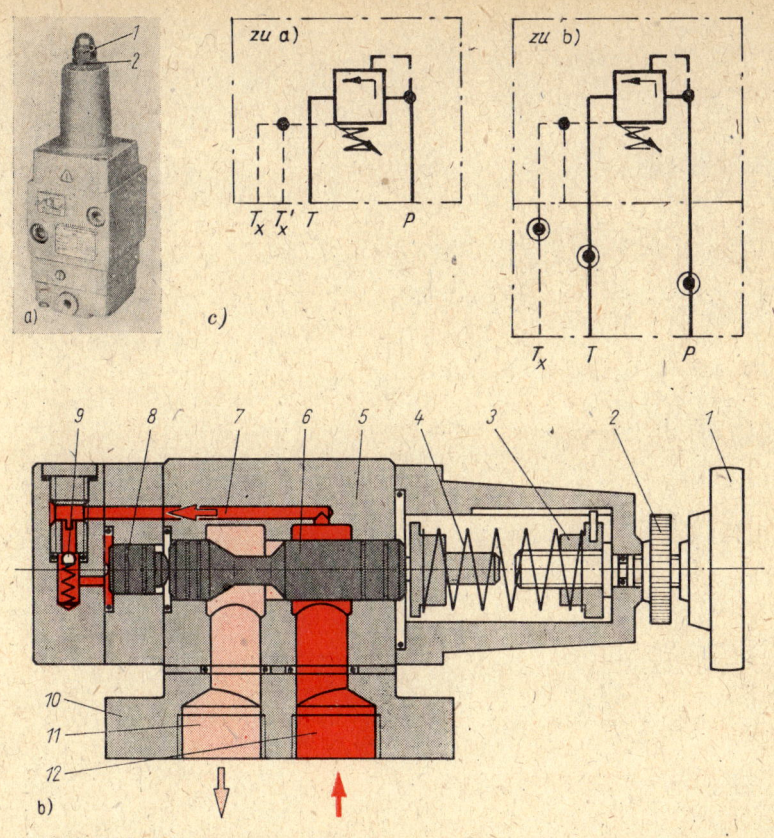

Bild 5.4.15. Druckbegrenzungsventile

a) Druckbegrenzungsventil BDS
 B Unterplattenanbau; D ablaufdruckentlastet; S mit Stellzapfen

b) Druckbegrenzungsventil BDH, Wirkungsweise
 B Unterplattenanbau (mit Unterplatte dargestellt); D ablaufdruckentlastet; H mit Handrad
 1 Handrad; *2* Kontermutter; *3* Schraubtrieb; *4* Druckfeder; *5* Ventilgehäuse; *6* Regelkolben; *7* Druckkanal; *8* Steuerkolben; *9* Rückschlagventil; *10* Unterplatte; *11* Anschluß, Ablauf; *12* Anschluß, Zulauf

c) symbolische Darstellungen

Der niedrigere Druck hat zur Folge, daß die Druckfeder *4* den Regelkolben wieder nach links schiebt, Zu- und Ablauf trennt. Das hinter dem Steuerkolben *8* befindliche Fluid muß über den Spalt zwischen Steuerkolben und Gehäuse verdrängt werden und dämpft so die Schließbewegung des Regelkolbens — Schwingungsdämpfung.

Das Einstellen verschiedener Öffnungsdrücke wird durch Ändern der Vorspannkraft der Druckfeder *4* möglich. Die Vorspannkraft kann durch den Schraubtrieb *3* verändert werden. Die Betätigung ist über das Handrad *1* oder über einen Stellzapfen (Bild 5.4.15a) möglich. Gegen selbsttätiges Lösen wird die Einstellung mit der Kontermutter *2* gesichert.

Da am Regelkolben durchtretendes Lecköl über einen speziellen Leckstromanschluß abgeführt wird, sind alle Ventile ablaufdruckentlastet. Die Ventile werden in Nennweite 16 mm ($Q_{f\,max} = 40$ dm³·min⁻¹) und 40 mm ($Q_{f\,max} = 250$ dm³·min⁻¹ hergestellt.

Druckbegrenzungsventile, direktgesteuert, für Bohrungseinbau

Diese Druckbegrenzungsventile sind im Gegensatz zu den für Unterplattenanbau entwickelten Geräten als Kegelsitzventile ausgeführt. Bild 5.4.16 zeigt ein Ventil für Bohrungseinbau mit Aufnahmekörper. In dieser Variante entspricht das Ventil der Bauform Rohrleitungseinbau.

Wirkungsweise

Der Druckvolumenstrom beaufschlagt das Ventil über den Anschluß *1* im Aufnahmekörper *2*. Über den Einströmkanal *20* liegt der Druck an der Stirnfläche des Regelkolbens *14* an, der in seiner Ausgangsstellung die Verbindung zwischen Zulauf *1* und Ablauf *17* trennt. Steigt der Druck an, so daß die aus Kolbenfläche mal Druck resultierende hydrostatische Kraft größer wird als die Federkraft der Druckfeder *7*, so hebt der Regelkolben von seinem Kegelsitz *19* ab. Damit wird der Zulauf mit dem Ablauf verbunden, der Volumenstrom kann teilweise, entsprechend dem Öffnungsquerschnitt, über den An-

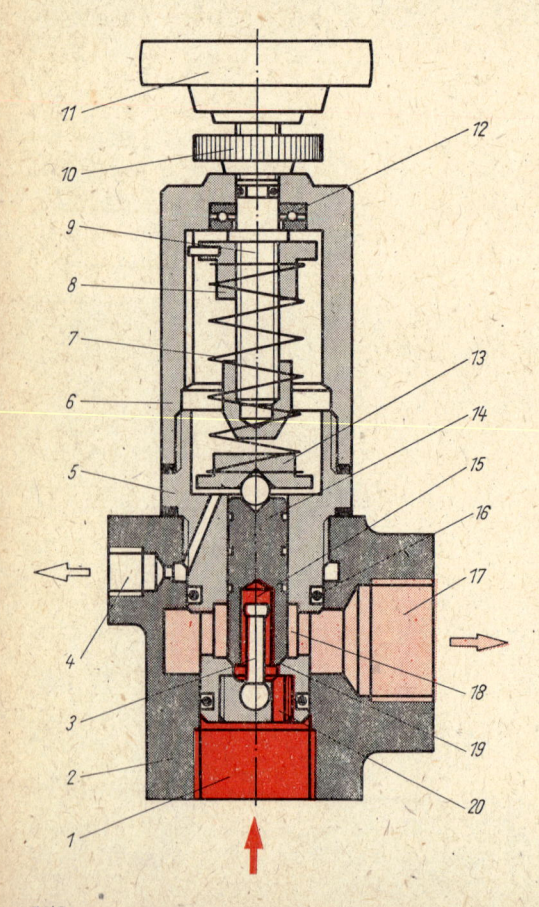

Bild 5.4.16. *Wirkungsweise eines Druckbegrenzungsventils, Bauform CDH*

C Bohrungseinbau (mit Aufnahmekörper dargestellt); D ablaufdruckentlastet; H mit Handrad

1 Anschluß, Zulauf; 2 Aufnahmekörper; 3 Dämpfungskolben; 4 Anschluß für Leckstrom; 5 Ventilgrundkörper; 6 Federgehäuse; 7 Druckfeder; 8 Schraubtrieb; 9 Stellspindel; 10 Kontermutter; 11 Handrad; 12 Axial-Rillenkugellager; 13 Federteller; 14 Regelkolben; 15 Dämpfungsvolumenraum; 16 Rundring; 17 Anschluß, Ablauf; 18 Ringkanal; 19 Kegelsitz; 20 Einströmkanal

schluß *17* zum Behälter abfließen. Bei der Schließbewegung des Regelkolbens infolge abnehmenden Druckes muß das vom Regelkolben *14* aus dem Dämpfungsvolumenraum *15* verdrängte Fluid über das Spiel zwischen der Bohrungswand des Regelkolbens und dem Dämpfungskolben *3* abfließen. Dadurch entsteht beim Schließen eine Dämpfungskraft, die ein Schwingen des Regelkolbens weitgehend verhindert.
Die Vorspannkraft der Druckfeder *7* und damit die Druckeinstellung werden über die Stellspindel *9* und den Schraubtrieb *8* durch Drehen am Handrad *11* verändert. Die entsprechende Einstellung wird durch die Kontermutter *10* gesichert.
Der Leckstrom aus dem Federraum wird über eine Bohrung zum Anschluß *4* (Bauform „ablaufdruckentlastet") geführt. Bei der Bauform „nicht ablaufdruckentlastet" entfällt der Rundring *16*, und der Leckstrom wird direkt über den Ringkanal *18* in den Ablauf *12* geleitet.
Die Ventile arbeiten ebenfalls im Druckbereich von 0,4 bis 16 MPa. Sie wurden in 3 Nennweiten entwickelt.
Die Kurzzeichen (Bild 5.4.17) kennzeichnen die Art der Druckeinstellung:

  F   Festeinstellung der Federvorspannung,
  H   Einstellung mit Handrad,
  S   Einstellung mit Stellzapfen.

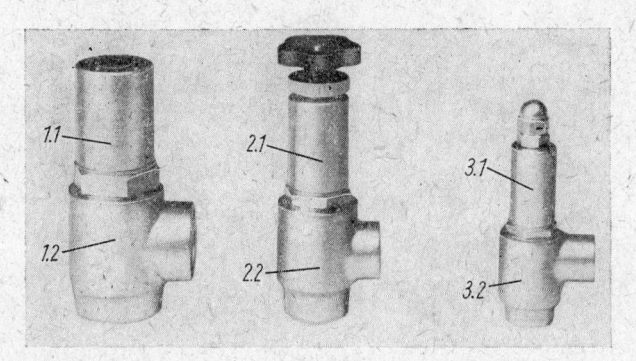

Bild 5.4.17. Druckbegrenzungsventil, Nenndruck 16 MPa, für Bohrungseinbau mit Aufnahmekörper
1.1 Druckbegrenzungsventil *CNF 25*, nicht ablaufdruckentlastet, Festeinstellung; *2.1* Druckbegrenzungsventil *CNH 16*, nicht ablaufdruckentlastet, mit Handrad; *3.1* Druckbegrenzungsventil *CNS 10*, nicht ablaufdruckentlastet, mit Stellzapfen; *1.2*, *2.2*, *3.2* Aufnahmekörper

Auf Grund der universellen Verkettbarkeit kommt der Ausführung „Bohrungseinbau" erhöhte Bedeutung zu. Bild 5.4.18 zeigt die neuentwickelte Baureihe Druckbegrenzungsventile mit Nenndruck 32 MPa.

Druckbegrenzungsventile, vorgesteuert, für Rohrleitungseinbau

Vorgesteuerte Druckbegrenzungsventile haben bessere Ventilkennwerte als direktgesteuerte Ventile. Durch die Vorsteuerung werden sicher Schwingungen des Regelkolbens vermieden, was bei direktgesteuerten Ventilen nicht einmal mit Dämpfungselementen in allen Betriebszuständen garantiert werden kann. Zum anderen lassen sich mit vorgesteuerten Ventilen höhere Drücke und größere Durchflußströme steuern.

Bild 5.4.18. Druckbegrenzungsventile, Nenndruck 32 MPa, für Bohrungseinbau mit Stellzapfen, NW 4, 6, 10, 20, 32 und 50 mm

Wirkungsweise

Das Druckbegrenzungsventil besteht aus dem Hauptsteuerventil 15 und dem Vorsteuerventil 10. Der Druckvolumenstrom wird über den Anschluß 13 eingeleitet und beaufschlagt über die Druckbohrung 17 die untere Stirnfläche 18 bzw. über die Drosselbohrung 14 die obere Stirnfläche 4 des Hauptsteuerkolbens 16 mit dem Eingangsdruck p_1. Durch die Druckfeder 11 wird der Hauptsteuerkolben in der unteren Stellung gehalten. Gleichzeitig wird über die Steuerbohrung 2 der Ventilkegel 3 des Vorsteuerventils beaufschlagt. Übersteigt der Zulaufdruck p_1 den mit der Druckfeder 7 im Vorsteuerventil 10 eingestellten Wert, so öffnet der Ventilkegel 3, und es fließt so viel Druckfluid in den Federraum ab, bis Kraftgleichheit am Ventilkegel besteht. Zwischen dem Federraum 12 des Hauptsteuerkolbens und dem Zulaufraum 13 entsteht über die Drosselbohrung 14 eine Druckdifferenz. Der Hauptsteuerkolben 16 wird gegen die Kraft der Feder 11 durch die unterschiedlich beaufschlagten Kolbenflächen angehoben und gibt den Weg zwischen Zulauf 13 und Ablauf 1 frei. Stellt sich Druckgleichheit ein, drückt die Druckfeder 11 den Hauptsteuerkolben 16 in die Ausgangsstellung zurück, und der Zu- und Ablauf werden getrennt.

Das Ventil (Bild 5.4.19) ist nicht ablaufdruckentlastet, da der vom Vorsteuerventil ablaufende Volumenstrom über die Steuerbohrung 5 direkt in die Ablaufleitung 1 geführt wird.

Das Vorsteuerventil kann vom Hauptventil getrennt werden, so daß der Druck ferneingestellt werden kann (maximale Steuerleitungslänge 10 m).

Druckbegrenzungsventile, vorgesteuert, für Bohrungseinbau

Der neuentwickelte Ventilbaukasten ist darauf orientiert, möglichst alle Ventile in der Bohrungseinbauvariante zu bauen. Bei Druckbegrenzungsventilen werden nur die Ventile der Nennweite 4 mm als direktgesteuerte Ventile ausgeführt, die Nennweiten 6 bis 50 mm sind als vorgesteuerte Ventile (Bild 5.4.20) ausgelegt.

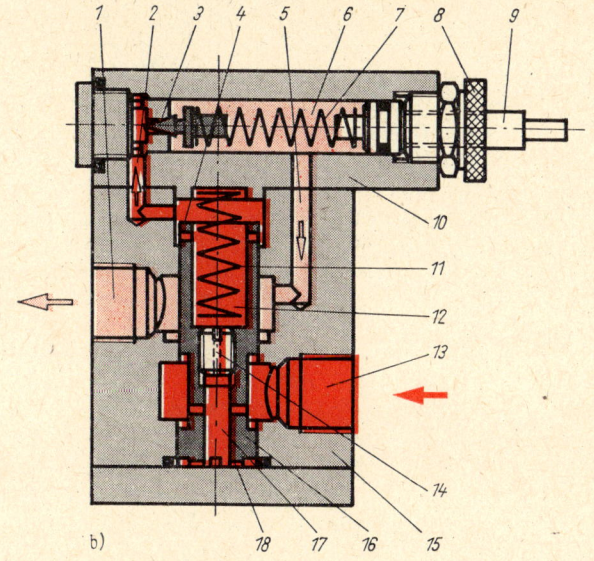

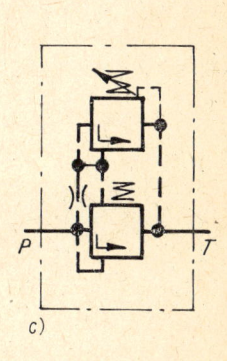

Bild 5.4.19. *Druckbegrenzungsventil, vorgesteuert, Nenndruck 32 MPa*
a) Ansicht;   b) Wirkungsweise;   c) symbolische Darstellung
1 Anschluß, Ablauf; *2* Steuerbohrung, Druck; *3* Ventilkegel; *4* obere Stirnfläche des Hauptsteuerkolbens; *5* Steuerbohrung, Ablauf; *6* Federraum Vorsteuerventil; *7* Druckfeder Vorsteuerventil; *8* Kontermutter; *9* Stellspindel; *10* Vorsteuerventil; *11* Druckfeder Hauptsteuerventil; *12* Federraum; *13* Anschluß, Zulauf; *14* Drosselbohrung; *15* Hauptsteuerventil; *16* Hauptsteuerkolben; *17* Druckbohrung; *18* untere Stirnfläche des Hauptsteuerkolbens

Wirkungsweise

Der am Anschluß P anliegende Druckvolumenstrom wirkt gegen den Ventilschieber *7*, der durch die Druckfeder *6* in der Schließstellung gehalten wird. Über die Düse *10* im Ventilschieber *7*, den Federraum der Druckfeder *6* und eine Dämpfungsbohrung gelangt das Drucköl zum Vorsteuerventil und beaufschlagt den Vorsteuerkegel *4*. Übersteigt die daraus resultierende Kraft die Vorspannkraft der Druckfeder *3*, so hebt der Vorsteuerkegel *4* vom Kegelsitz *5* ab. Das dabei über den Leckölanschluß L abfließende Fluid bewirkt

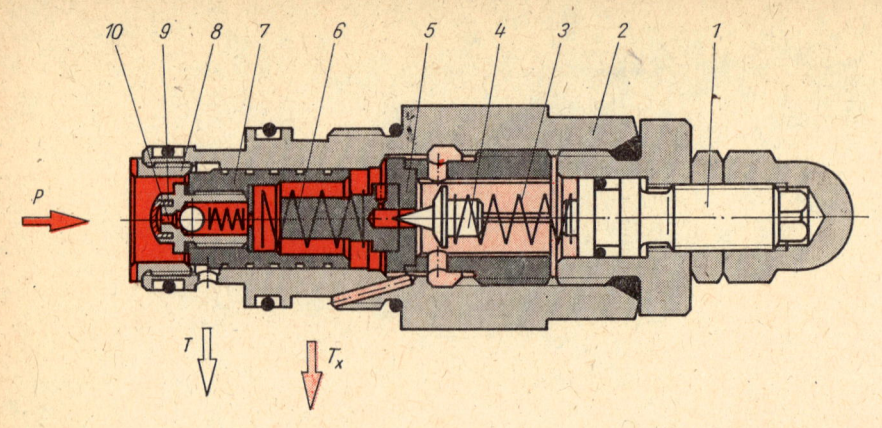

Bild 5.4.20. Druckbegrenzungsventil, vorgesteuert, Nenndruck 32 MPa, NW 6 mm
1 Stellspindel; *2* Ventilkörper; *3* Druckfeder Vorsteuerventil; *4* Vorsteuerkegel; *5* Vorsteuerkegelsitz; *6* Druckfeder Hauptsteuerschieber; *7* Ventilschieber Hauptsteuerventil; *8* Kegelsitzring; *9* Filtersieb; *10* Düse

infolge der Drosselwirkung der Düse *10* im Raum hinter dem Ventilschieber *7* einen Druckabfall. Da dadurch die Stirnflächen des Ventilschiebers *7* mit unterschiedlichen Drücken beaufschlagt werden, hebt der Schieber *7* vom Kegelsitzring *8* ab und läßt Öl zum Behälter *T* abfließen. Dieser Ablauf bleibt so lange geöffnet, bis die den Vorsteuerkegel beaufschlagende Druckkraft so weit vermindert wird, daß die Druckfeder *3* das Vorsteuerventil schließt. Auf Grund der Kraftwirkung der Druckfeder *6* wird dann der Ventilschieber *7* wieder auf den Kegelsitzring *8* gedrückt und der Ablauf damit geschlossen.

5.4.3.3. Druckminderventile

Sie werden dort eingesetzt, wo es darauf ankommt, einen Verbraucherdruck p_2 unabhängig von der Größe des vor dem Ventil herrschenden Eingangsdruckes p_1 konstant zu halten. Hydraulische Steuerkreisläufe oder Hilfskreisläufe können damit ohne zusätzlichen Druckstromerzeuger aus dem Hauptkreislauf gespeist werden.

Wirkungsweise

Der im Gehäuse *5* geführte Regelkolben *6* gibt in der Ausgangsstellung, im Gegensatz zum Druckbegrenzungsventil, den größten Durchflußquerschnitt frei. Über die Druckbohrung *7* und das Rückschlagventil *9* liegt der verminderte Ablaufdruck ($p_2 < p_1$) an der Stirnfläche des Steuerkolbens *8* an. Übersteigt der Ablaufdruck p_2 den an der Druckfeder *4* eingestellten Wert, so bewegt der Steuerkolben *8* den Regelkolben *6* entgegen der Federkraft. Der Drosselquerschnitt zwischen Zulauf *12* und Ablauf *11* wird so eingestellt, daß der abfließende Volumenstrom im Anschluß *11* einen konstanten Druck p_2 einhält.

Druckminderventile werden in den Nennweiten 6, 10 und 20 mm für Bohrungseinbau und mit entsprechenden Aufnahmekörpern für Rohrleitungseinbau gefertigt. Für die NW 10 und 20 mm gibt es Aufnahmekörper für Unterplattenanbau.

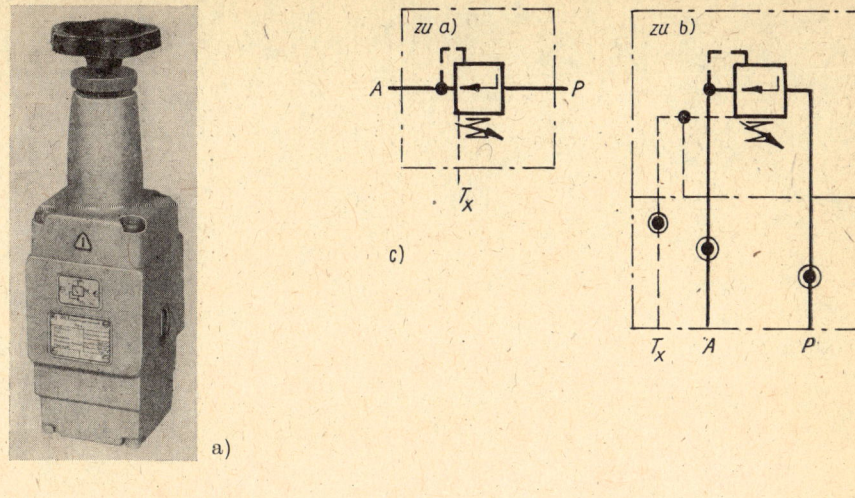

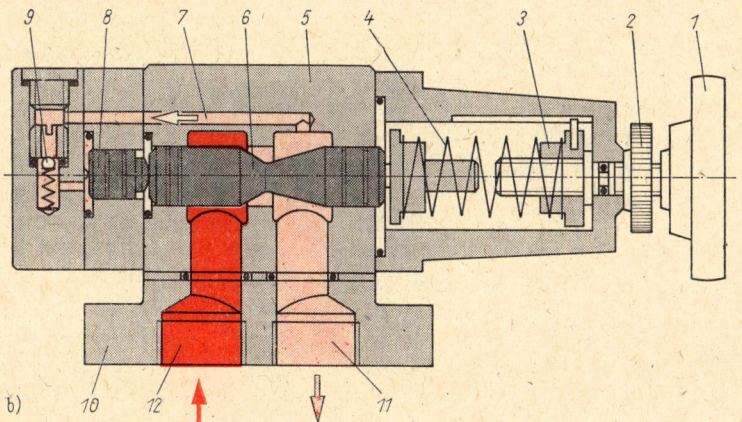

Bild 5.4.21. Druckminderventil, direktgesteuert

a) Ansicht, Bauform *ADH*, für Rohrleitungseinbau; b) Wirkungsweise der Bauform *BDH*, mit Unterplatte; c) symbolische Darstellungen

1 Handrad; *2* Kontermutter; *3* Schraubtrieb; *4* Druckfeder; *5* Gehäuse; *6* Regelkolben; *7* Druckbohrung; *8* Steuerkolben; *9* Rückschlagventil; *10* Unterplatte; *11* Anschluß, Ablauf; *12* Anschluß, Zulauf

5.4.4. Stromventile

5.4.4.1. Merkmale, Einteilung, Kenngrößen

Stromventile (Mengenventile) beeinflussen vorwiegend den Förderstrom. Ihre Hauptkenngrößen sind Nenndruck und Nennweite.

Sie werden eingesetzt, um einen konstanten Förderstrom so zu ändern, daß an einem Verbraucher unterschiedliche Geschwindigkeiten eingestellt werden können. Sie drosseln den Volumenstrom und bewirken stets Leistungsverluste. Durch die Drosselung wird der Druck im Förderstrom verringert und dieser Leistungsanteil in Wärme umgewandelt. Nach der Funktion werden die Stromventile eingeteilt in

- Drosselventile
- Strombegrenzungsventile
- Stromteilventile.

Diese Ventilarten können einstellbar und nicht einstellbar ausgeführt werden.
Bei den einstellbaren Stromventilen ist der Durchflußquerschnitt veränderlich. Sie werden mit Stellzapfen, mit Hand- oder Fernstelleinrichtung hergestellt und im allgemeinen mit einer allgemein bezeichneten Strichskale geliefert, so daß sie nur unter Betriebsbedingungen geeicht bzw. eingestellt werden können.
Bei den nicht einstellbaren Stromventilen ist der Durchflußquerschnitt unveränderlich, damit fließt immer ein konstanter Volumenstrom.

5.4.4.2. Drosselventile

So werden die Ventile bezeichnet, die einen Volumenstrom durch Verändern eines Durchflußquerschnittes beeinflussen. Der Volumenstrom ist außerdem vom Druck im Leitungssystem und von der Fluidbeschaffenheit (Viskosität, s. Abschn. 1.5.2.) abhängig.
Drosselventile werden eingesetzt, wo der Druckstromverbraucher mit konstanter Last arbeitet oder bei schwankender Belastung seine Geschwindigkeit ändern darf. Durch Kombination mit Druckventilen wird die für die Drosselventile charakteristische Abhängigkeit des Volumenstromes von der Belastung beseitigt, diese Ventile nennt man Strombegrenzungsventile. Wird ein Drosselventil mit einem Rückschlagventil parallelgeschaltet, ergibt sich eine Gerätevariante, bei der der Volumenstrom ungedrosselt vom Verbraucher über das Ventil abfließen kann, der Zulauf jedoch gedrosselt wird. In gleicher Weise kann der Ablauf vom Verbraucher gedrosselt und der Zulauf über das Rückschlagventil ungedrosselt erfolgen (Bild 4.2.2c).
Drosselventile werden in den Nennweiten 06, 10, 20 und 25 mm für Rohrleitungseinbau (Bild 5.4.22a) und in den Nennweiten 04, 06, 10 und 20 mm für Bohrungseinbau gebaut. Der Nenndruck beträgt 32 MPa.

Wirkungsweise

Der am Anschluß *1* zufließende Volumenstrom drückt die Kugel *11* gegen den Dichtsitz *10*, er kann das Rückschlagventil nicht passieren. Er muß unbedingt den Ringraum *7* und den dreieckigen Drosselquerschnitt *8* am Drosselschieber *4* durchlaufen, bevor er am Anschluß *9* austreten kann — gedrosselte Durchflußrichtung.
Wird der Volumenstrom in Gegenrichtung am Anschluß *9* in das Ventil eingeleitet, so öffnet die Kugel *11* gegen die Federkraft der Druckfeder *12* das Rückschlagventil, der Volumenstrom kann ungedrosselt das Ventil durchfließen — freie Durchflußrichtung. Die Größe des Drosselquerschnittes *8* kann durch Längsverschieben des Drosselschiebers *4* verändert werden; das entsprechende Moment dazu wird manuell an einem Stellzapfen, Bedienknopf oder Rollenhebel eingeleitet.

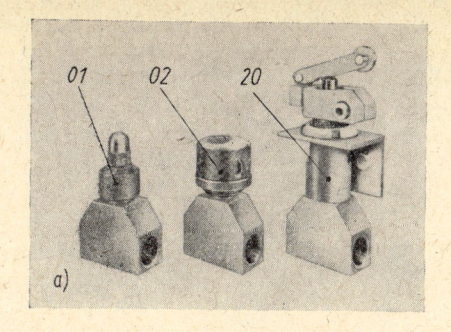

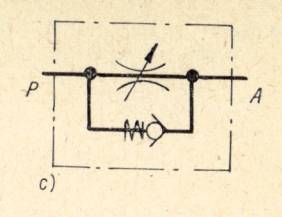

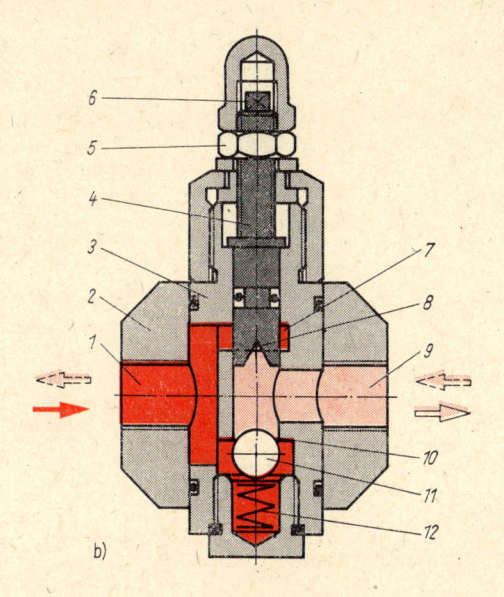

Bild 5.4.22. Drosselventil mit Rückschlagventil

a) Außenansicht eines Drosselventils für Rohrleitungseinbau mit
01 Stelleinheit mit Stellzapfen, plombierbar; *02* Stelleinheit mit Bedienkopf, arretierbar; *20* Stelleinheit mit Rollenhebel

b) Wirkungsweise; c) Symbol

1 Zulauf, gedrosselte Durchflußrichtung; *2* Ventilkörper; *3* Ventilbuchse; *4* Drosselschieber; *5* Kontermutter; *6* Stellzapfen; *7* Ringraum; *8* Drosselquerschnitt; *9* Ablauf, gedrosselte Richtung, oder Zulauf, freier Durchfluß; *10* Dichtsitz; *11* Kugel; *12* Druckfeder

5.4.4.3. Strombegrenzungsventile

Strombegrenzungsventile halten die Größe eines Hydraulikfluidstromes (Nutzstrom zum Verbraucher Q_2) unabhängig von Druckschwankungen am Eingang und Ausgang des Ventils konstant. Damit wird es möglich, die Geschwindigkeit eines Hydromotors unabhängig von seiner Belastung gleichzuhalten. Strombegrenzungsventile sind Gerätekombinationen aus einem Druckdifferenzventil *DD* und einem nachgeschalteten einstellbaren Drosselventil *SD 2*. Entsprechend dem funktionellen Aufbau der Ventile und den abgehenden Leitungsanschlüssen unterscheiden wir:

- Zwei-Wege-Strombegrenzungsventile — ein Eingang und ein Ausgang, die Abzweigung des überschüssigen Hydraulikfluidstromes (Verluststrom Q_3) erfolgt außerhalb des Ventiles;
- Drei-Wege-Strombegrenzungsventile — ein Eingang und zwei Ausgänge, die Abzweigung des überschüssigen Hydraulikfluidstromes erfolgt innerhalb des Ventils zu einem 2. Anschluß.

Strombegrenzungsventil — Zweiwegesystem

Der von einer Konstantpumpe abgegebene Volumenstrom Q_1 wird in den Nutzstrom Q_2 und den Verluststrom Q_3 aufgeteilt. Der Verluststrom wird von einem vorgeschalteten Druckbegrenzungsventil DB zum Behälter abgeführt, der Nutzstrom Q_2 fließt durch das Strombegrenzungsventil zum Verbraucher (Bild 5.4.23 b).

Zu Beginn der Stromregelung drückt die Federkraft den Regelkolben in die untere Endlage. Obwohl der Regelspalt (Drosselstelle $SD\ 1$) geöffnet ist, kann der Volumenstrom Q_1 nicht drucklos durchfließen, da an dem Drosselventil nur ein kleiner Querschnitt geöffnet ist ($Q_1 > Q_2$). Es entsteht vor der Drossel $SD\ 2$ der Staudruck p_2, der den Regelkolben so weit nach oben verschiebt, bis sich der Regelspalt $SD\ 1$ auf eine Q_2 entsprechende Durchflußgröße eingestellt hat. Der überschüssige Volumenstrom ($Q_3 = Q_1 - Q_2$) wird über das Druckbegrenzungsventil zum Behälter geleitet.

Erhöht sich der Ablaufdruck p_3 durch Belastung des Verbrauchers, dann verringern sich kurzzeitig die Druckdifferenz zwischen p_3 und p_2 und der Durchflußstrom. Gleichzeitig schiebt aber der höhere Druck p_3 den Regelkolben so weit nach unten, daß der Regelspalt $SD\ 1$ vergrößert wird, der Zwischendruck p_2 steigt durch größeren Zufluß um den gleichen Betrag an, wie p_3 größer wurde.

Bei der Entlastung des Verbrauchers (p_3 wird kleiner) ist der Regelvorgang analog.

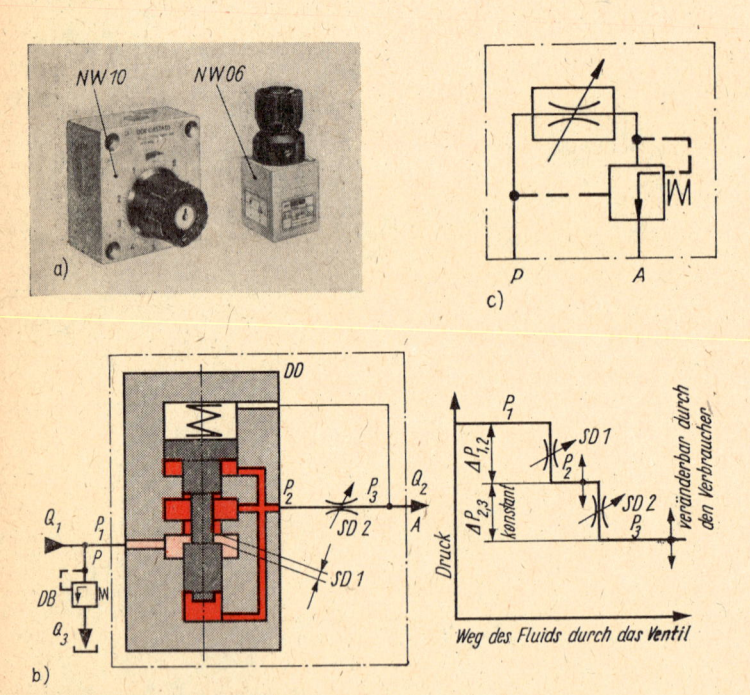

Bild 5.4.23. *Strombegrenzungsventil — Zweiwegesystem für Unterplattenanbau mit Stelleinheit 11 — Bedienknopf mit Skale und Schloß*
a) Außenansicht eines Ventils NW 06 und eines Ventils NW 10; b) Wirkungsweise; c) Symbol

Strombegrenzungsventile mit Zweiwegesystem werden mit Nennweite 06 und 10 für Unterplattenanbau (Bild 5.4.23a) und mit Nennweite 06, 10 und 20 mm für Bohrungseinbau (Bild 5.4.24) gefertigt.

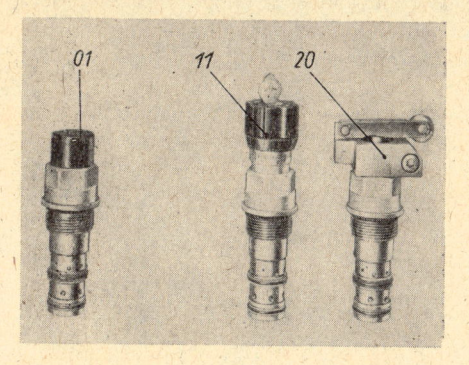

Bild 5.4.24. Strombegrenzungsventile — Zweiwegesystem für Bohrungseinbau
01 Stelleinheit, Kontermutter mit Kappe, plombierbar
02 Stelleinheit, Bedienknopf mit Skale und Schloß
20 Stelleinheit mit Rollenhebel

Strombegrenzungsventil — Dreiwegesystem

Der von einer Konstantpumpe erzeugte Volumenstrom Q_1 wird in den Nutzstrom Q_2 und den Verluststrom Q_3 aufgeteilt. Der Verluststrom Q_3 wird durch eine Stromteilschaltung im Druckdifferenzventil abgezweigt (Bild 5.4.25b).

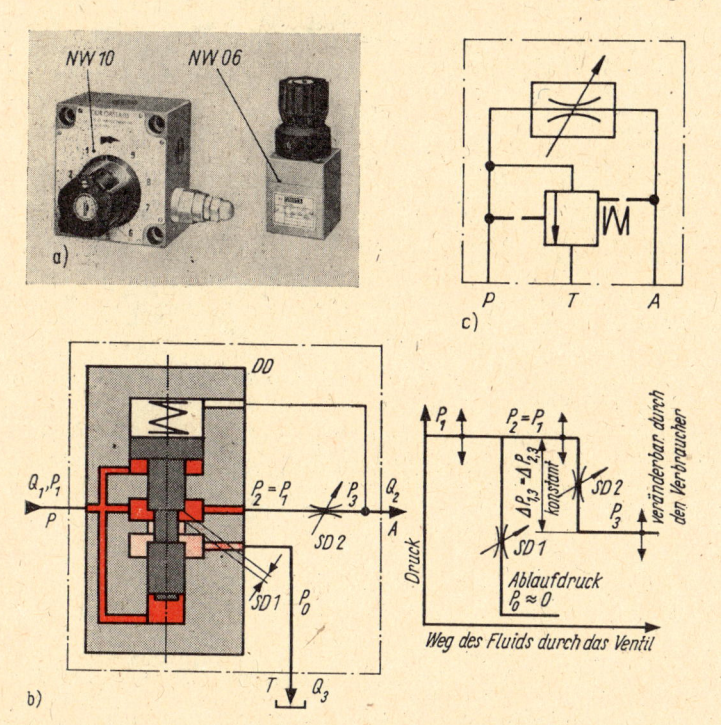

Bild 5.4.25. Strombegrenzungsventil — Dreiwegesystem für Unterplattenanbau mit Stelleinheit 11 — Bedienknopf mit Skale und Schloß
a) Außenansicht eines Ventils NW 06 und eines Ventils NW 10; b) Wirkungsweise; c) Symbol

Bei Beginn der Stromregelung steht der Regelkolben infolge der Federkraft in der unteren Endlage. Der Ablauf Q_3 ist damit geschlossen. Vor dem Drosselventil $SD\ 2$ entsteht, wenn die Bedingung $Q_1 > Q_2$ eingehalten ist, ein Staudruck $p_2 = p_1$. Dieser wirkt auf den Regelkolben und bewegt ihn entgegen der Federkraft nach oben, bis sich ein Kräftegleichgewicht einstellt und damit der Drosselspalt $SD\ 1$ so eingestellt wird, daß der Verluststrom $(Q_3 = Q_1 - Q_2)$ abfließen kann.

Erhöht sich der Ablaufdruck p_3 durch Belastung des Verbrauchers, so verringert sich kurzzeitig der Nutzstrom Q_2. Der Regelkolben wird auf der Federseite mit p_3 beaufschlagt und bewegt sich in Schließrichtung. Der abfließende Verluststrom Q_3 wird gedrosselt, bis sich wieder das Kräftegleichgewicht am Regelkolben einstellt. Es fließt der eingestellte Nutzstrom Q_2.

Beim Drei-Wege-Strombegrenzungsventil stellt sich der Zulaufdruck entsprechend dem Druck am Verbraucher ein und ist meist wesentlich niedriger als beim Zwei-Wege-Ventil, wo immer p_1 konstante Größe (entsprechend der Druckbegrenzungsventileinstellung) hat. Damit hat das Drei-Wege-Ventil einen besseren Wirkungsgrad, weniger Verlust durch Umsetzung in Wärme. Des weiteren ist bei der Drei-Wege-Ausführung der Vorteil vorhanden, daß kein Druckbegrenzungsventil DB vorgeschaltet zu werden braucht. Nachteilig ist, daß das Drei-Wege-Ventil nur im Zulauf zum Verbraucher geschaltet werden kann, während die Zwei-Wege-Ausführung im Zu- und Ablauf einsetzbar ist.

Strombegrenzungsventile werden in beiden Ausführungen eingesetzt. In dem von ORSTA-Hydraulik neuentwickelten Ventilsystem $p_n = 32\ \text{MPa}$ wurden Strombegrenzungsventile in den Nennweiten 6; 10 und 20 mm entwickelt. Größere Nennweiten werden nicht ausgeführt, da alle Stromventile Verlustquellen darstellen und ihr Einsatz nur bei kleinen und mittleren Volumenströmen wirtschaftlich ist.

5.4.5. Sperrventile — Rückschlagventile

> *Absperrventile* sperren bei meist manueller Betätigung den Durchfluß eines Volumenstromes unabhängig von der Durchflußrichtung oder öffnen den Durchflußquerschnitt;
> *Rückschlagventile* gewähren dem Volumenstrom in einer Richtung freien Durchfluß und sperren selbsttätig in der Gegenrichtung; durch Zusatzeinheiten kann die Sperrung aufgehoben werden (entsperrbare Rückschlagventile).

Von den möglichen Sperrelementen Kugel, Kegel oder Kolben bzw. Dichtplatte wird aus ökonomischen und funktionellen Gründen fast ausschließlich die Kugel verwendet.

Der Einsatz von Rückschlagventilen in Hydraulikkreisläufen ist vielseitig und kann auf 4 Hauptanwendungsbereiche zurückgeführt werden:

- Einbau in der Saugleitung vor der Pumpe verhindert bei längerer Stillstandszeit das Leerlaufen der Saugleitung und damit beim Einschalten das Ansaugen von Luft.
- Einbau in der Druckleitung hinter der Pumpe hält Druckstöße von der Pumpe fern und verhindert beim Ausschalten ein Zurückfließen des Fluids zur Pumpe.

- Einbau in der Ablaufleitung erzeugt einen geringen Gegendruck, dadurch wird ein ruhiges, stoßfreies Arbeiten der Druckstromverbraucher erreicht und ein Leerlauf vermieden.
- Einbau parallel zu einem Drosselventil (Bild 5.4.22) ergibt eine richtungsabhängige Drosselung des Volumenstromes.

Rückschlagventile zum Einstecken

Das in 4 Nennweiten (4 bis 16 mm) und $p_n = 32$ MPa vorhandene Ventil ist speziell zum Einpressen in Bohrungen maschinengebundener Hydraulikblöcke vorgesehen.

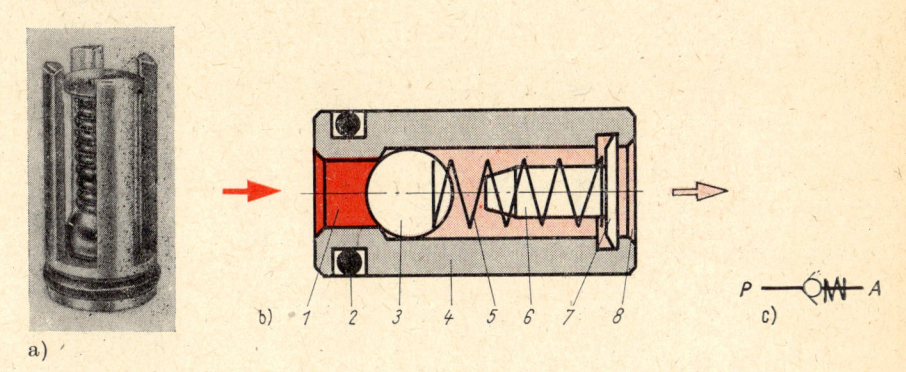

Bild 5.4.26. *Rückschlagventil zum Einstecken, Nenndruck 32 MPa*
a) Ansicht; b) Wirkungsweise; c) Symbol
1 Zulauf; *2* Dichtring; *3* Sperrelement, Kugel; *4* Ventilkörper; *5* Druckfeder; *6* Anschlag für Kugel; *7* Federteller; *8* Ablauf

Wirkungsweise

Der am Zulauf *1* eintretende Volumenstrom drückt die Kugel *3* gegen die Kraft der Feder *5* (Öffnungsdruck 0,1 oder 0,3 MPa) und fließt durch das Ventil. Die Seitenführung der Kugel übernimmt der Ventilkörper *4*, der max. Öffnungsweg wird durch den Anschlag *6* begrenzt.

Rückschlagventile für Rohrleitungseinbau und Unterplattenanbau

Rückschlagventile für Rohrleitungseinbau sind in 12 Nenngrößen (NW 4 bis 80 mm) für $p_n = 16$ MPa oder $p_n = 32$ MPa im Fertigungsprogramm, Ventile für Unterplattenanbau nur in 2 Nennweiten (16 mm und 32 mm) für $p_n = 32$ MPa.

Wirkungsweise

Ein zulaufender Volumenstrom über Anschluß *1* der Unterplatte *2* hebt die Kugel *5* vom Dichtsitz ab. Damit wird der Durchfluß zum Ablauf *8* geöffnet. Verschiedene Öffnungsdrücke (0,1; 0,3 oder 0,5 MPa) werden durch unterschiedliche Druckfedern *7* erreicht.

Bild 5.4.27. Rückschlagventil für Rohrleitungsein- und Unterplattenanbau, Nenndruck 16 und 32 MPa

a) Ansichten der Ventile; *R1* für Rohrleitungseinbau; *R2* für Unterplattenanbau; b) Rückschlagventil mit Unterplatte, Wirkungsweise; c) Symbole für *R1* und *R2*

1 Zulauf; *2* Unterplatte; *3* Dichtplatte; *4* Ventilkörper; *5* Sperrelement, Kugel; *6* Führungsbuchse; *7* Druckfeder; *8* Ablauf

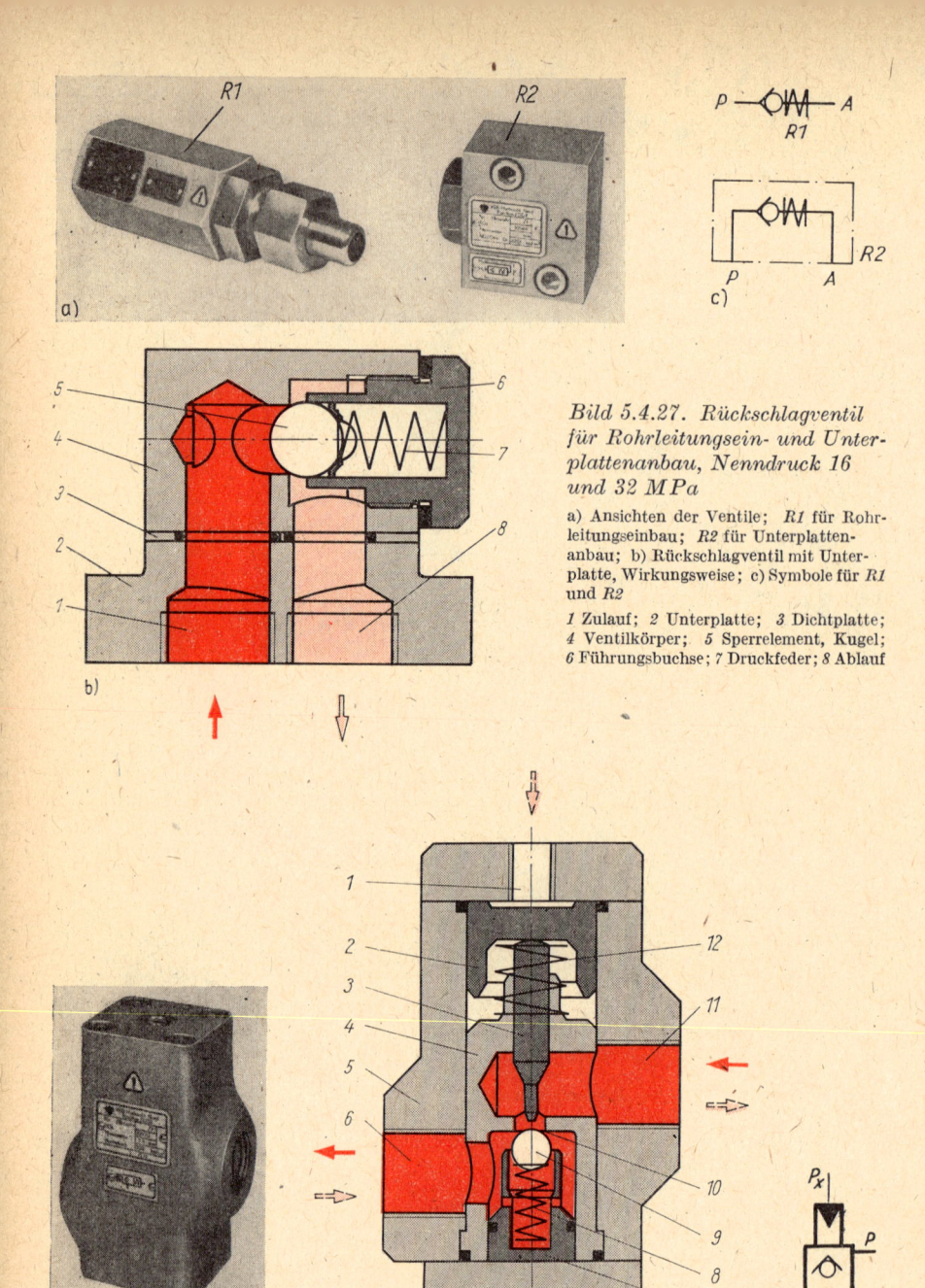

Bild 5.4.28. Entsperrbares Rückschlagventil, Nenndruck 16 und 32 MPa
a) Ansicht; b) Wirkungsweise; c) Symbol
1 Anschluß, Steuervolumenstrom; *2* Steuerkolben; *3* Stößel; *4* Ventilbuchse; *5* Ventilkörper; *6* Anschluß, Ablauf; *7* Führungsbuchse; *8* Druckfeder; *9* Kugel; *10* Dichtsitz; *11* Anschluß, Zulauf; *12* Druckfeder

Rückschlagventile, entsperrbar, für Rohrleitungseinbau

Entsperrbare Rückschlagventile gestatten, daß die gesperrte Richtung bei entsprechender Beaufschlagung mit einem Steuervolumenstrom geöffnet wird. Sie werden eingesetzt, wo eine bestimmte Last bei abgeschalteter Pumpe längere Zeit gehalten werden soll oder bei Leitungsbruch ein Absenken der Last nicht eintreten darf. 9 Nenngrößen (NW 8 bis 90 mm) $p_n = 16$ und 32 MPa garantieren für jeden Einsatzfall die bestmögliche Lösung.

Wirkungsweise

Der bei *11* zufließende Volumenstrom hebt die Kugel *9* vom Dichtsitz *10* gegen die Kraft der Feder *8* ab und durchfließt das Ventil zum Anschluß *6*. Ein in Gegenrichtung am Anschluß *6* zufließender Volumenstrom drückt die Kugel gegen den Dichtsitz und sperrt diese Richtung. Wird jedoch über den Anschluß *1* der Steuerkolben *2* mit einem Steuerdruck beaufschlagt, so wird er gegen die Kraft der Feder *12* gedrückt. Dabei hebt der in der Ventilbuchse *4* geführte Stößel *3* die Kugel aus dem Dichtsitz und öffnet zwangsweise den Durchfluß von *6* nach *11*, solange der Steuerdruck anliegt.

Rückschlagventile, wechselseitig entsperrbar, für Rohrleitungseinbau

Wechselseitig entsperrbare Rückschlagventile, auch Doppelrückschlagventile genannt, öffnen bzw. schließen selbsttätig zwei gesteuerte Leitungen und können damit in vielen Fällen zur Steuerung doppeltwirkender Hydraulik-

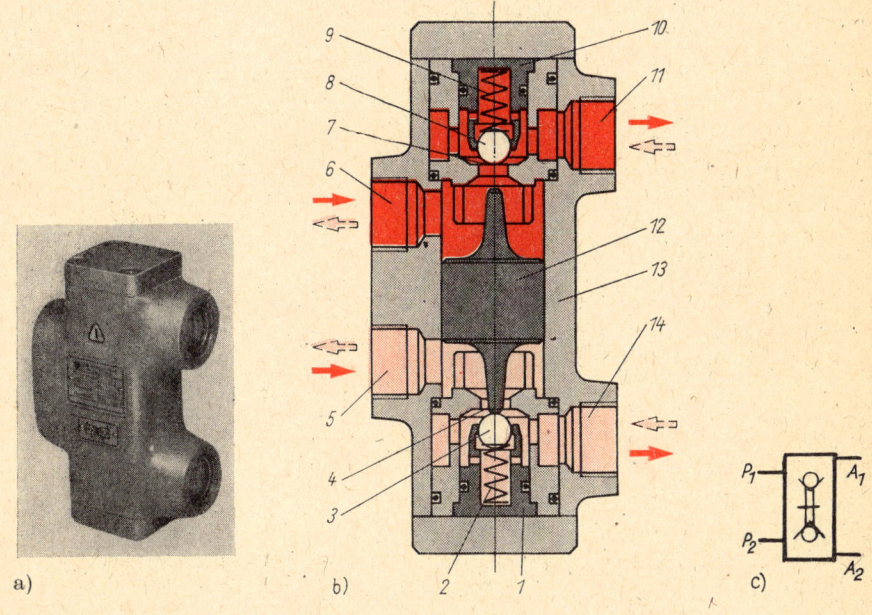

Bild 5.4.29. *Doppelrückschlagventil, Nenndruck 16 und 32 MPa*
a) Ansicht; b) Wirkungsweise; c) Symbol
1, 10 Führungsbuchsen; *2, 9* Druckfedern; *3, 8* Kugeln; *4, 7* Dichtsitze; *5, 6, 11, 14* Anschlüsse; *12* Entsperrkolben; *13* Ventilkörper

171

zylinder eingesetzt werden. Sie wurden für Nenndrücke p_n = 16 bzw. 32 MPa ausgelegt und für Nennweiten von 8 bis 80 mm entwickelt.

Wirkungsweise

Ein am Anschluß *6* zulaufender Volumenstrom hebt die in der Buchse *10* geführte Kugel *8* gegen die Kraft der Druckfeder *9* vom Dichtsitz *7* ab und fließt zum Anschluß *11* des Ventils. Gleichzeitig wird von diesem Volumenstrom der im Gehäuse *13* geführte Entsperrkolben *12* beaufschlagt. Dieser bewegt sich nach unten und hebt dabei die Kugel *3* vom Dichtsitz *4* ab, so daß sich der Durchfluß vom Anschluß *14* zum Anschluß *5* zwangsläufig öffnet. In gleicher Weise wird bei Druck im Anschluß *5* der Durchfluß zu Anschluß *14* und der von *11* zu *6* geschaltet.

Rückschlagventile für Bohrungseinbau (Einschraubventile)

Die modernste Bauform für die meisten Ventilarten ist das Einschraubventil. Es ist damit möglich, ganze Hydraulikschaltungen in speziellen Steuerblöcken unterzubringen.

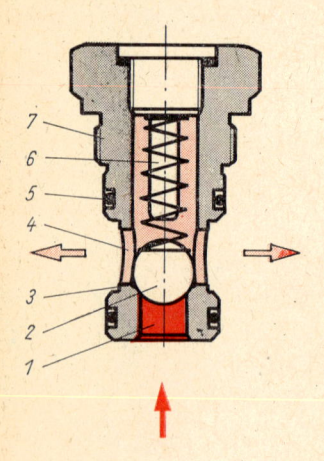

Bild 5.4.30. *Rückschlagventil für Bohrungseinbau, Nenndruck 32 MPa, Wirkungsweise*
1 Zulauf; *2* Kugel; *3* Dichtsitz; *4* Langlöcher, Ablauf; *5* Dichtring; *6* Anschlag; *7* Einschraubgewinde

Bild 5.4.30 zeigt ein Rückschlagventil zum Einschrauben. Der Volumenstrom fließt am Anschluß *1* zu, hebt die Kugel *2* gegen die Federkraft von Dichtsitz *3* ab und verläßt aus den Langlöchern *4* das Ventil. Der Weg der Kugel wird durch den Anschlag *6* begrenzt. Die Rundringe *5* dichten die einzelnen Räume in der Bohrung gegeneinander ab. das Gewinde *7* dient zum Einschrauben des Ventilkörpers in die Bohrung.

Auch entsperrbare Rückschlagventile werden für Bohrungseinbau ausgelegt. Neu ist dabei, daß das Entsperren nicht nur hydraulisch, sondern auch durch verschiedene andere Möglichkeiten vorgenommen werden kann (Bild 5.4.31).

Die Ventile können entweder bei Steuersignal geschlossen oder bei Steuersignal geöffnet ausgebildet sein und ersetzen damit in großem Umfang herkömmliche Wegeventile.

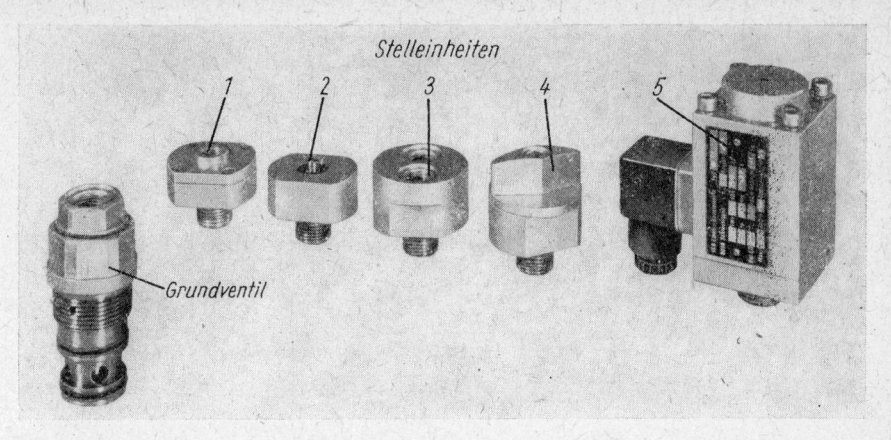

Bild 5.4.31. *Entsperrbares Rückschlagventil mit verschiedenen Stelleinheiten*
1 pneumatische Stelleinheit; *2, 4* mechanische Stelleinheiten; *3* hydraulische Stelleinheit; *5* elektromagnetische Stelleinheit

5.4.6. Ventilkombinationen — Verkettungssysteme

Um für den Aufbau von Hydraulikaggregaten günstige Voraussetzungen zu schaffen, können verschiedene Ventilarten mit Hilfe von Verkettungssystemen zu einbaufertigen Gerätekombinationen zusammengestellt werden. Dabei entfallen in großem Umfang Rohrleitungen zwischen den einzelnen Ventilen; es wird eine raumsparende, wirtschaftliche Gestaltung erreicht.

Bild 5.4.32. *Ventilkombination in Batterieverkettung für einen Universalbagger*
1 Druckventile, Bohrungseinbau mit Festeinstellung; *2* Stelleinheiten der Wegeventile; *3* Steuereinheiten der Wegeventile; *4* Druckventil, Bohrungseinbau mit Stellzapfen

Für mobile Hydraulikanlagen (Bagger, Greifer, Traktoren, Landmaschinen, Fördergeräte) werden hauptsächlich Batterieverkettungen von Wege-, Druck- und Sperrventilen eingesetzt. Bild 5.4.32 zeigt die Steuersäule, die in der Hydraulikanlage eines Universalbaggers zum Einsatz kommt.

Für stationäre Hydraulikanlagen (Hydraulikschränke für Werkzeugmaschinen, Umformmaschinen u. a.) werden Ventilkombinationen mit Unterplattenverkettung bevorzugt (Bild 5.4.33).

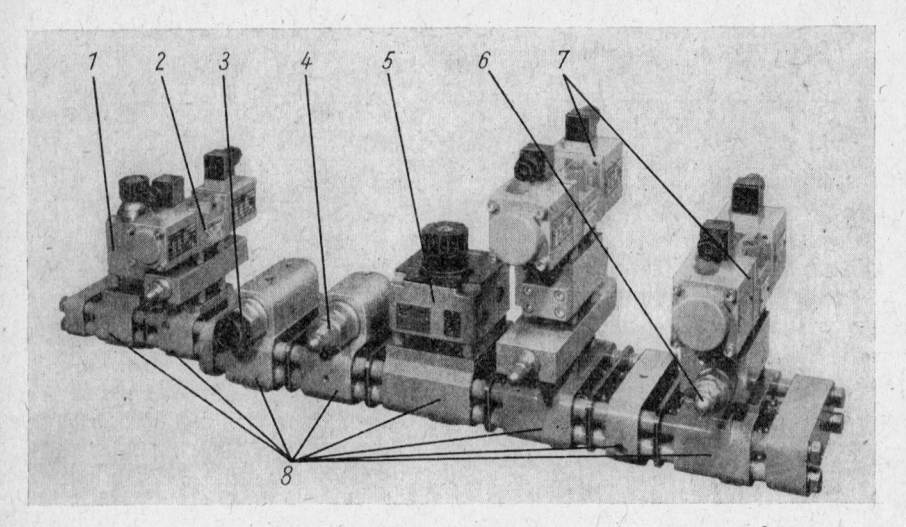

Bild 5.4.33. Ventilkombination in Unterplattenverkettung für stationäre Hydraulikanlagen

1 Strombegrenzungsventil (Zwei-Wege-Ausführung für Unterplattenanbau); *2* Wegeventil, elektromagnetisch direktgesteuert, für Unterplattenanbau; *3* Strombegrenzungsventil (Zwei-Wege-Ausführung für Bohrungseinbau); *4* Druckbegrenzungsventil für Bohrungseinbau; *5* Strombegrenzungsventil (Zwei-Wege-Ausführung für Unterplattenanbau); *6* Druckbegrenzungsventil für Bohrungseinbau; *7* Wegeventil, elektromagnetisch direkt betätigt, für Unterplattenanbau; *8* Verkettungseinheiten — Unterplatte

Für Hydraulikanlagen, die in größeren Stückzahlen gefertigt werden, erweist sich die anlagenbezogene Steuerblockausführung als die wirtschaftlichste Verkettungsvariante. Bild 5.4.34 zeigt einen solchen Steuerblock, wie er an einem Plastspritzgießautomaten eingebaut wird. Die zweckmäßige Verkettung der unifizierten Ventile bringt folgende Vorteile: Anordnung aller Ventile in einem Block, damit geringste Anzahl von Rohrleitungen; geringe Abmessungen und Maße der Verkettung und trotzdem ungehinderter Zugang zu jedem Ventil.

5.5. Hydraulikzubehör

5.5.1. Zuordnung

Alle Geräte und Einzelteile, die außer den vorstehend beschriebenen Hauptfunktionsteilen der Hydraulik noch benötigt werden, um eine Hydraulikanlage aufzubauen, werden unter dem Begriff „Zubehör" erläutert. Dabei werden sowohl spezielle Geräte der Hydraulik als auch allgemeine Verbindungselemente unter diesem Begriff verstanden.

Bild 5.4.34. Steuerblock für Hydraulikanlage eines Plastspritzgießautomaten

1 Wegeventil, elektrisch direktgesteuert, Unterplattenanbau; *2* elektrohydraulischer Druckschalter, Bohrungseinbau; *3* Strombegrenzungsventile, Zwei-Wege-Ausführung, Bohrungseinbau; *4* funktionserweitertes Druckbegrenzungsventil für drei verschiedene Einstelldrücke, bestehend aus drei Vorsteuerdruckbegrenzungsventilen, einem Hauptsteuerdruckbegrenzungsventil und zwei Wegeventilen (elektromagnetisch betätigt) für Bohrungseinbau; *5* Wegeventile (analog *1*); *6* Druckbegrenzungsventile, Bohrungseinbau; *7* funktionserweitertes Druckbegrenzungsventil für zwei Drücke (analog *4*)

5.5.2. Hydraulikfluidbehälter

Hydraulikfluidbehälter (Flüssigkeitsbehälter) sind der Teil einer Hydraulikanlage, in dem das Hydraulikfluid unter atmosphärischem Druck oder geringem Überdruck gelagert wird.

An Hydraulikfluidbehälter werden folgende Forderungen gestellt:

- Verhinderung von Wirbelbildung im Ansaugraum,
- staubdichter Abschluß des Behälters und aller Anschlüsse,
- gute Reinigungsmöglichkeit,
- gute Wärmeableitung.

Gleichzeitig muß die Größe des Behälters so bemessen werden, daß sich das zurückfließende Hydraulikfluid entspannen kann und eingeschlossene Luftbläschen aus dem Fluid ausgeschieden werden können.

Die Auswahl der Fluidbehältergrößen ist nach folgender Zahlenwertgleichung möglich.

$$V_B = k \cdot Q_f \qquad \begin{array}{c|c} V_B & Q_f \\ \hline dm^3 & dm^3 \cdot min^{-1} \end{array}$$

V_B Behälterinhalt (Nutzvolumen $V_{B\,Nutz}$)
     oder
     Restinhalt nach maximaler Entnahme ($V_{B\,Rest}$)
Q_f maximaler Volumenstrom aller Pumpen
k Proportionalitätsfaktor

Die Werte für k sind der Tafel 5.5.1 zu entnehmen.
Die Fluidumwälzzahl zeigt an, welcher Anteil des Behälters in einer Minute durch die Anlage gedrückt wird. Sie läßt sich aus folgender Zahlenwertgleichung ermitteln.

$$Z = \frac{Q_f}{V_{B\,Nutz}} \qquad \begin{array}{c|c} Q_f & V_{B\,Nutz} \\ \hline dm^3 \cdot min^{-1} & dm^3 \end{array}$$

Z Fluidumwälzzahl
Q_f Volumenstrom
$V_{B\,Nutz}$ Nutzvolumen des Behälters

Die Fluidumwälzzahlen für die verschiedenen Betriebsbedingungen sind der Tafel 5.5.1 zu entnehmen.

Tafel 5.5.1. k-Werte und Fluidumwälzzahlen zur Auswahl der Fluidbehältergrößen

Betriebsbedingungen der Hydraulikanlage (stationär)	k-Werte für		Fluidumwälzzahl
	$V_{B\,Nutz}$	$V_{B\,Rest}$	Z
Aussetzbetrieb mit Pumpenabschaltung	2 bis 3	0,5	0,5 bis 0,33
Aussetzbetrieb mit drucklosem Umlauf oder Nullhub der Pumpe	4 bis 5	2 bis 3	0,25 bis 0,2
Dauerbetrieb mit hohem Wärmeanfall (Drosselelemente)	4 bis 8	3 bis 5	0,25 bis 0,13

Die nach TGL 10892 hergestellten Flüssigkeitsbehälter erfüllen diese Forderungen. Sie werden durch den Nenninhalt gekennzeichnet. Der Behälter ist durch eine Trennwand in einen Rücklaufraum und einen Saugraum unterteilt, die nur durch eine Öffnung in der Trennwand miteinander verbunden sind. Vom Rücklaufraum bis zum Saugraum legt das Hydraulikfluid einen relativ langen Weg zurück, so daß Abkühlung und Beruhigung gut möglich sind. Mit der Außenluft ist der Behälterinnenraum über einen Luftfilter verbunden. Damit gelangt nur staubfreie Luft in den Behälter. Zwischen Rücklauf- und Saugraum ist eine Magnet-Sieb-Filterkombination eingebaut, die sowohl Schmutz als auch ferromagnetische Teilchen entfernt. Die Deckplatte des Behälters ist für die Aufnahme von Druckstromerzeugern, deren Antriebsmotoren sowie Hydraulikventilen ausgebildet. Für die Abdichtung der Rohrdurchführungen in der Deckplatte sowie für die Eintauchlängen der Rohre sind die Gestaltungsrichtlinien nach Bild 5.5.1 zu beachten.

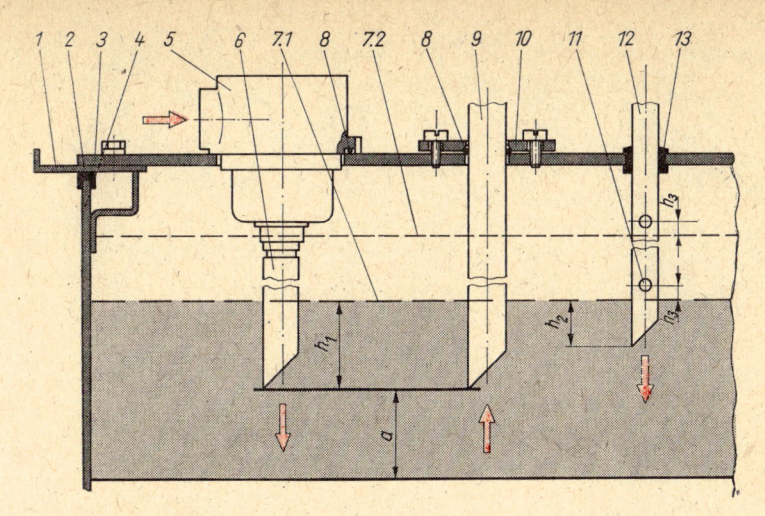

Bild 5.5.1. Empfehlung für Dichtungen der Rohrdurchführungen und Einbaumaße der Saug-, Rücklauf- und Leckfluidleitungen
1 Ölfangrinne; *2* Profilgummi, Dichtung; *3* Behälterdeckplatte; *4* Behälterwand; *5* Rücklauffilter (Deckplattenmontage); *6* Rücklaufleitung; *7.1* niedrigster Fluidstand, *7.2* maximaler Fluidstand; *8* Rundring; *9* Saugleitung; *10* Abdichtdeckel; *11* Entlüftungsbohrung; *12* Leckfluidleitung; *13* Rohrdurchführung (Formgummiteil)

h_1 mindestens 100 mm; h_2 mindestens 50 mm; h_3 mindestens 10 mm; a für Saugleitungen mindestens 50 mm; a für Rücklaufleitungen etwa 100 mm

5.5.3. Hydraulikdruckspeicher

Hydraulikdruckspeicher, auch hydraulische Akkumulatoren genannt, speichern hydraulische Energie und geben diese bei Bedarf wieder ab. Ihre Kenngrößen sind der Nenndruck und das Nutzvolumen. Im ORSTA-Hydraulik-Baukasten sind sie als druckbelastete Speicher mit Trennwand ausgeführt.

Druckspeicher sind Druckgefäße und unterliegen strengen Kontrollvorschriften der Technischen Überwachung, es dürfen keinerlei Nacharbeiten wie Schweißen, Löten usw. vorgenommen werden. Als Füllgas darf nur Stickstoff verwendet werden, da andere technische Gase wie Druckluft, Sauerstoff die Brandgefahr einer Hydraulikanlage wesentlich erhöhen würden. Das Füllen wird mit einer Fülleinrichtung vorgenommen. Diese besitzt eine Vorrichtung für das Öffnen des Rückschlagventils zum Gasraum und ein Manometer zur Kontrolle des Gasfülldruckes.

Im ungefüllten Speicher nimmt die Blase *2*, die über eine Klemmplatte *6* mit einem Spannring *7* festgeklemmt wird, etwa zwei Drittel des Gehäuseinnenraumes ein (Bild 5.5.3a). Wird über das Gasfüllventil (Rückschlagventil) *5* Stickstoff in den Innenraum der Blase (Gasraum *8*) gedrückt, so dehnt sich die Blase aus und legt sich an die Innenwand des Druckgefäßes *1* an. Der Verschlußteller *3* verhindert, daß die Blase zum Anschluß *4* hinausgedrückt wird (Bild 5.5.3b). Der Anschluß *4* wird an die Hydraulikanlage angeschlossen. Steigt im Hydrauliksystem plötzlich der Druck an, so füllt sich der Hydraulikraum *9* mit dem Hydraulikfluid, das Gas im Innenraum der Blase wird zusammengedrückt (Bild 5.5.3c). Entsteht in der Hydraulik-

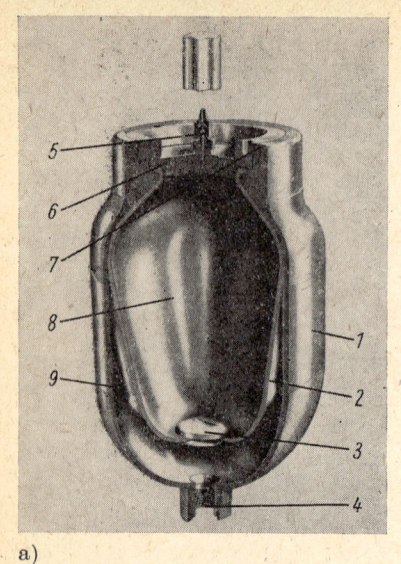

Bild 5.5.2. *Druckspeicher, Nenndruck 16 MPa*

a) Schnittdarstellung; b) Symbol

1 Druckbehälter; *2* Blase; *3* Verschlußteller; *4* Anschluß, Hydrauliksystem; *5* Gasfüllventil; *6* Klemmplatte; *7* Spannring; *8* Gasraum; *9* Hydraulikraum

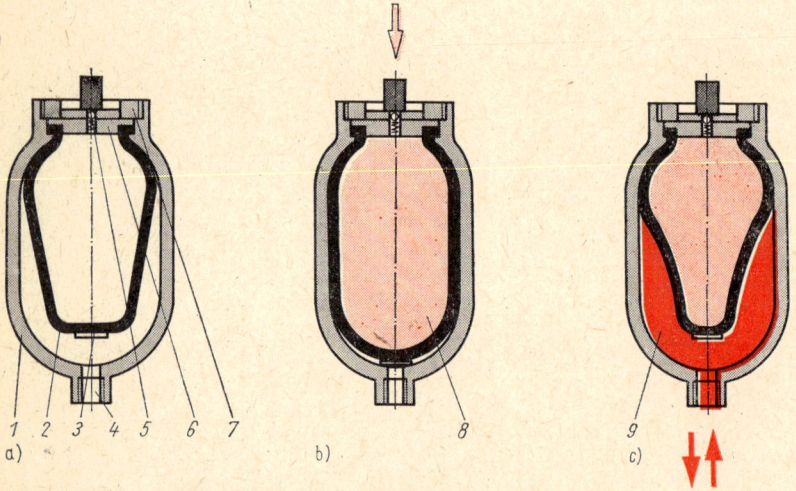

Bild 5.5.3. *Wirkungsweise eines Druckspeichers (Arbeitsphasen)*

a) Neuzustand, Gasraum und Hydraulikraum ungefüllt; b) Stickstoff über Gasfüllventil aufgefüllt, Blase wird durch Gasdruck an Innenwand gedrückt; c) Hydraulikfluid wird unter Druck zugeführt, Blase mit Gasfüllung wird zusammengedrückt

Einzelheiten wie Bild 5.5.2

anlage ein Unterdruck, so dehnt sich das Gas aus und drückt das Hydraulikfluid wieder in die Anlage. Der Einsatz von Druckspeichern bietet folgende Vorteile:

- Die Dauerleistung des Druckstromerzeugers kann wesentlich kleiner sein als die kurzzeitige Spitzenleistung des Verbrauchers. Leistungsspitzen werden dem Druckspeicher entnommen.
- Druckspitzen werden geglättet bzw. gedämpft.
- Eingeleitete Arbeitsgänge werden beendet, wenn der Druckstromerzeuger ausfällt.
- Leerlaufarbeitsgänge können verkürzt werden.
- Thermische Einflüsse auf den Kreislauf, die sich in Volumen- und Druckschwankungen äußern, werden ausgeglichen.

5.5.4. Hydraulikfilter

Hydraulikfilter sind Fluidaufbereitungsgeräte, die feste Verunreinigungen aus einem Hydraulikfluid ausscheiden. Diese Verunreinigungen führen sonst zu einem schnelleren Verschleiß der Geräte bzw. können einen plötzlichen Defekt der Geräte zur Folge haben. Nach dem Wirkprinzip unterscheidet man

- Hydraulikfilter mit mechanischem Filterelement,
- Hydraulikfilter mit Kraftfeldwirkung,
- kombinierte Hydraulikfilter.

Als mechanische Filterelemente werden in der Hydraulik vorwiegend Siebe aus Draht, Gewebe oder Papier, Sintermetalleinsätze oder einstellbare Filter-

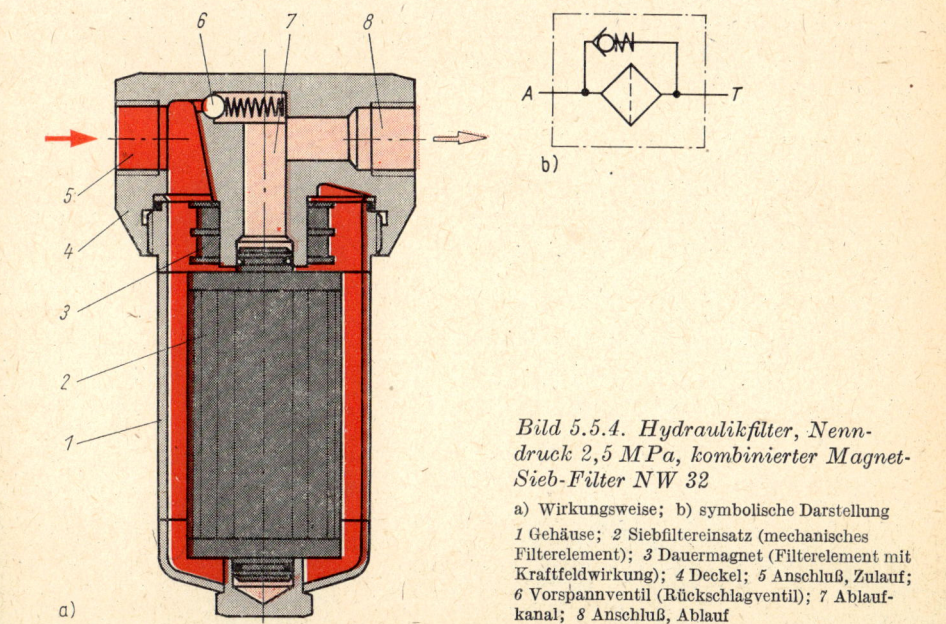

Bild 5.5.4. Hydraulikfilter, Nenndruck 2,5 MPa, kombinierter Magnet-Sieb-Filter NW 32

a) Wirkungsweise; b) symbolische Darstellung

1 Gehäuse; *2* Siebfiltereinsatz (mechanisches Filterelement); *3* Dauermagnet (Filterelement mit Kraftfeldwirkung); *4* Deckel; *5* Anschluß, Zulauf; *6* Vorspannventil (Rückschlagventil); *7* Ablaufkanal; *8* Anschluß, Ablauf

spalte eingesetzt. Für Filterung mittels magnetischer Kraftfeldwirkung kommen ausschließlich Dauermagneten zum Einsatz. Die wirkungsvollste Filterung wird jedoch durch kombinierte Magnet-Sieb-Filter (Bild 5.5.4) erreicht. Der zulaufende Volumenstrom strömt zuerst am Magneten vorbei, dabei werden ferromagnetische Teilchen gebunden. Nachfolgend wird die Filterpatrone (Papier- oder Dederongewebe) von außen nach innen durchflossen. Steigt der Staudruck im Filter an (verschmutzte Patrone), so öffnet das Vorspannventil und schützt so die Patrone vor Zerstörung. Die am häufigsten angewandten Maschenweiten der Filtersiebe sind 63 μm und 25 μm.
Der Einbau der Filter soll meist in Rücklaufleitungen vorgenommen werden. Bei Einbau in die Saugleitung wird der Strömungswiderstand erhöht, und es kann zu Saugschwierigkeiten kommen.
Hydraulikanlagen mit elektrohydraulischen Servoventilen (Bild 5.4.14) verlangen eine besonders zuverlässige Filterung. Dafür wurden Druckfilter mit Metallgewebefilterelementen mit 10 μm Filterfeinheit entwickelt. Sie werden in die Druckleitung unmittelbar vor dem Servoventil eingebaut und verhindern so das Eindringen von Fremdkörpern in die schmutzempfindlichen Düsen des Vorverstärkers. Bild 5.5.5 zeigt ein Schnittmodell dieses ohne

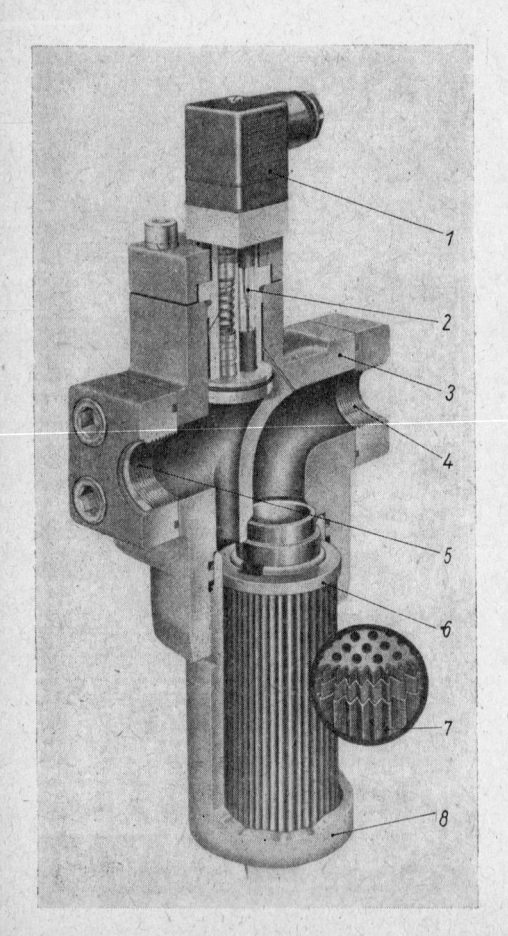

Bild 5.5.5. Druckfilter für Rohrleitungseinbau, Nenndruck 32 MPa, Nennweite 10 mm

1 Steckverbinder, richtungseinstellbar; 2 Verstopfungsanzeige; 3 Gehäuseoberteil; 4 Anschluß Druckleitung—Ausgang; 5 Anschluß Druckleitung—Eingang; 6 Filterelement, auswechselbar; 7 Aufbau der Filtergewebe; 8 Gehäuseunterteil

Umgehungsventil ausgelegten Vollstromfilters, der mit einer Verstopfungsanzeige ausgerüstet ist.

5.5.5. Leitungen und Verbindungselemente in der Hydraulik

5.5.5.1. Rohrleitungen

Sie dienen zum Führen eines Hydraulikfluidstromes und werden durch die Kenngrößen Nennweite (Innendurchmesser), Außendurchmesser und zulässiger Nenndruck gekennzeichnet.

Starre Leitungen (nahtlos gezogene Präzisionsstahlrohre) lassen keine Einzelbewegungen der angeschlossenen Geräte zu. Die Wanddicke der Rohre ist nach dem zulässigen Innendruck ausgelegt. Der lichte Querschnitt der Leitungen wird durch den maximal durchfließenden Volumenstrom und durch die maximal zulässige Durchflußgeschwindigkeit bestimmt (Tafel 5.5.2).

Beim Verlegen der Rohre sind folgende Grundsätze zu beachten:

- Für Druck- und Saugleitungen nur nahtloses Stahlrohr (St 35b) verwenden.
- Veränderungen der Leitungsdurchmesser und kleine Biegeradien sind zu vermeiden.
- Übersichtliche Leitungsanordnung ist vorzusehen, um schnell Geräte auswechseln zu können.
- Nur saubere Leitungen sind zu verwenden (vor dem Einbau Rohrleitungen vor allem innen entzundern und gründlich reinigen).

5.5.5.2. Hydraulikschlauchleitungen

Hydraulikschläuche sind bewegliche Leitungssysteme. Sie gestatten eine Bewegung der angeschlossenen Hydraulikgeräte nach allen Richtungen einer Ebene.

Entsprechend ihrem elastischen Charakter werden Schläuche überall dort angewendet, wo sich hydraulische Geräte gegeneinander bewegen oder ungünstige Platzverhältnisse vorliegen, die ein Verlegen starrer Rohrleitungen nicht gestatten.

Hydraulikschläuche sind so einzubauen, daß sie nicht auf Zug oder Verdrehung beansprucht werden. Die im Bild 5.5.6 gegebenen Einbauhinweise sind deshalb unbedingt zu beachten.

Hydraulikschläuche bestehen aus ölbeständigen, mit einfachen oder mehrfachen Metallgeweben verstärkten Gummischläuchen und an beiden Enden eingebundenen Schlauchanschlüssen.

Diese Anschlüsse können

- mit Kugelbuchse und Überwurfmutter zum Anbau an Rohrstutzen,
- mit Innenkonus und Außengewinde zum Anbau an Schneidring oder Kugelbuchsen.

ausgeführt werden.

Tafel 5.5.2. Nomogramm zur Ermittlung der Strömungsgeschwindigkeit an Rohrleitungen

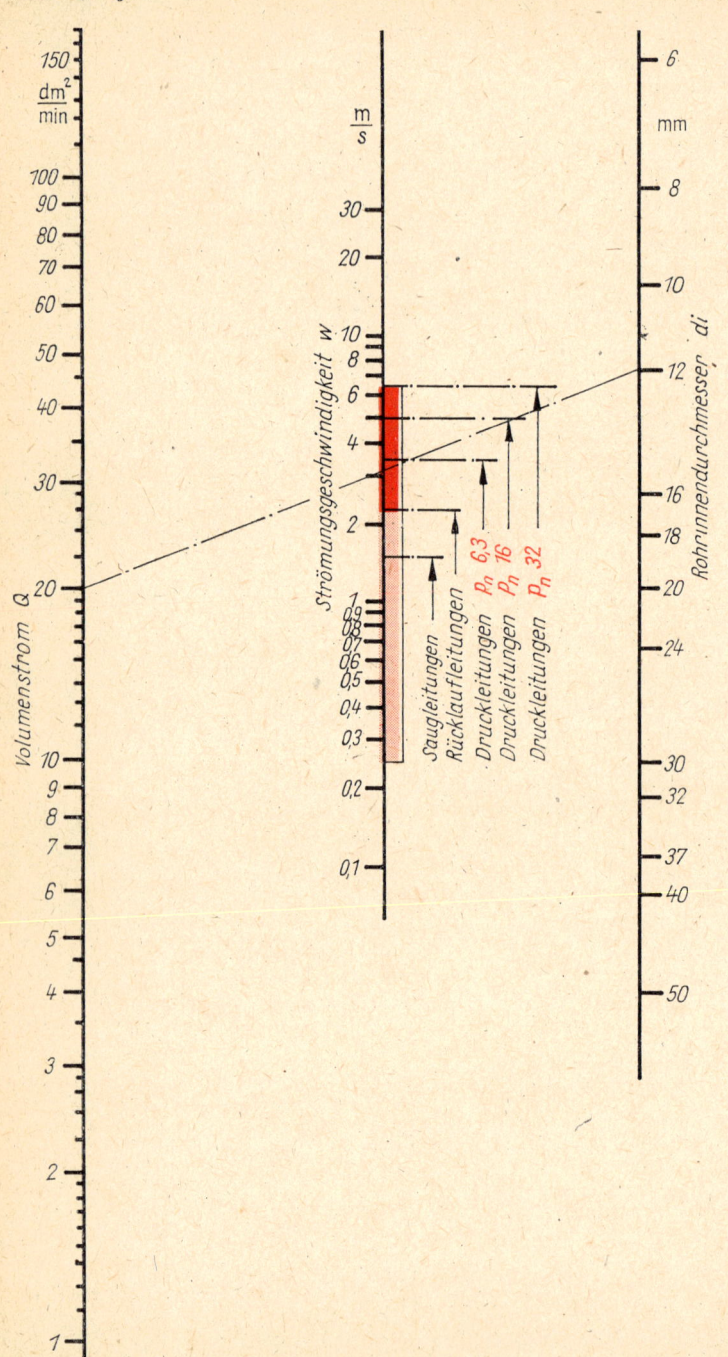

182

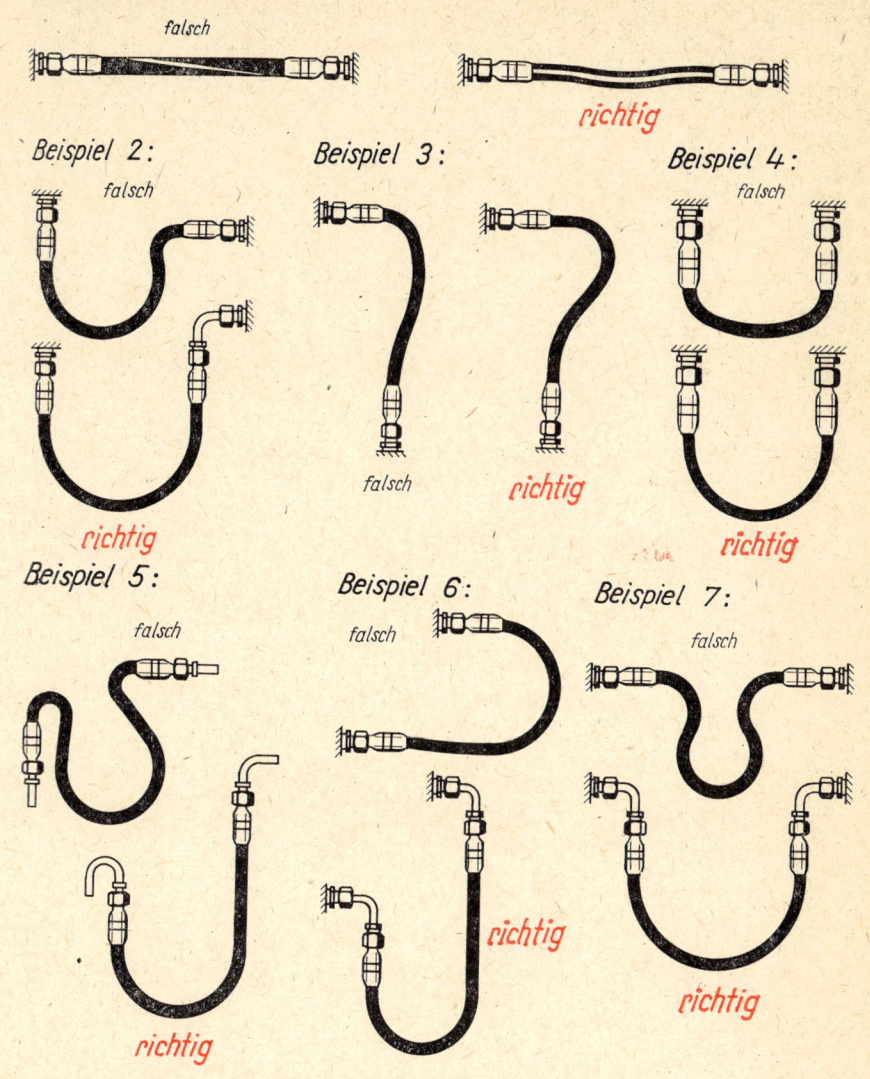

Bild 5.5.6. Falscher und richtiger Einbau von Hydraulikschläuchen

Der *nutzbare Innendurchmesser (Nennweite)* eines Hydraulikschlauches ist oftmals sehr viel kleiner als sein Außendruchmesser, deshalb dürfen die in der Tafel 5.5.3 genannten zulässigen minimalen Biegeradien auf keinen Fall unterschritten werden.

Auf Grund ihrer Elastizität dämpfen Schlauchleitungen die von den Hydraulikgeräten ausgehenden Druckschwingungen und vermindern die Übertragung von Geräuschen vom Druckstromerzeuger auf die Ventilsysteme, Montagerahmen und Druckstromverbraucher. Nachteilig ist, daß Schläuche bei stoßartigen Belastungen schnell verschleißen. Es wird empfohlen, Schläuche nicht als Saugleitungen einzusetzen.

Tafel 5.5.3. Anschlußgewinde und Biegeradien von Hydraulikschläuchen

Nenn-weite mm	Hochdruckschlauch $p_n = 25$ MPa		Hochdruckschlauch $p_n = 16$ MPa	
	Anschluß-gewinde	kleinster zul. Biegeradius mm	Anschluß-gewinde	kleinster zul. Biegeradius mm
4	M 16×1,5	50	M 12×1,5	50
6	M 18×1,5	55	M 14×1,5	55
8	M 20×1,5	60	M 16×1,5	60
10	M 22×1,5	65	M 18×1,5	65
13	M 24×1,5	70	M 22×1,5	70
16	M 30×2	80	M 27×2	80
20	M 36×2	90	M 30×2	90
25			M 36×2	140
32			M 45×2	200

5.5.5.3. Rohrverschraubungen

Rohrverschraubungen sind die am häufigsten verwendeten Verbindungselemente, um zwei Rohrleitungen oder zwei Schlauchleitungen miteinander bzw. mit den entsprechenden hydraulischen Geräten zu verbinden.

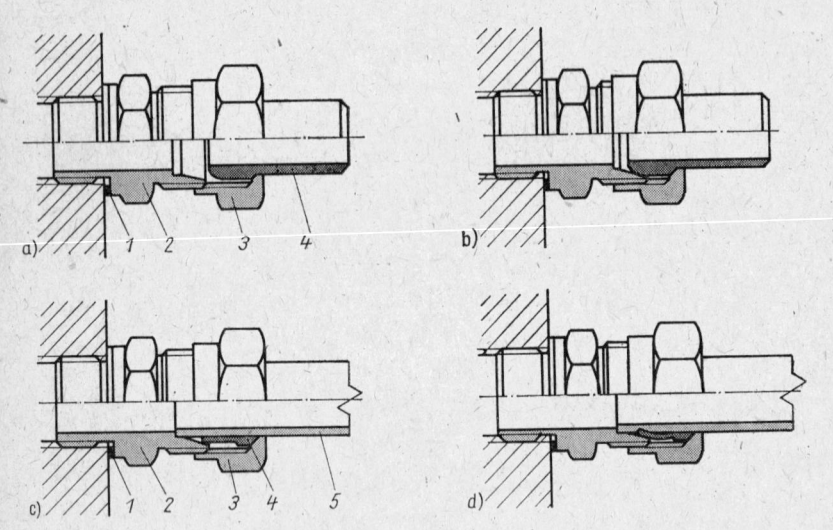

Bild 5.5.7. Rohrverschraubungen
mit Kugelbuchse
a) vor dem Anziehen; b) nach dem Anziehen
mit Schneidring
c) vor dem Anziehen; d) nach dem Anziehen
1 Flachdichtring oder Rundring; *2* Einschraubstutzen; *3* Überwurfmutter; *4* Schneidring bzw. Kegelbuchse; *5* Rohr

Für Drücke bis 16 MPa werden meist Rohrverschraubungen mit Schneidring verwendet. Für höhere Drücke bis maximal 40 MPa werden Rohrverschraubungen mit Schweißkegelbuchse eingesetzt (Bild 5.5.7).
Bei der Rohrverschraubung mit Schneidring wird durch das Einschneiden der Schneidkante des Schneidringes in das Rohr die Verbindung abgedichtet. Bei der Rohrverschraubung mit Kegelbuchse wird das Rohr mit der Kegelbuchse verschweißt. Die Dichtung erfolgt durch das Anpressen der balligen Wulst der Kegelbuchse gegen den Innenkonus des Einschraubstutzens beim Anziehen der Überwurfmutter.
Beide Verschraubungsarten können beliebig oft gelöst und wieder angezogen werden. Die in Tafel 5.5.4 genannten Anzugsmomente sind einzuhalten.

Tafel 5.5.4. Durchschnittliche Anzugsmomente für Rohrverschraubungen

Rohraußendurchmesser d_a mm	6	8	10	12	15	18	20	22	25	28	30	35	42
Anzugsdrehmomente M_d N·m	19	25	40	60	90	140	180	220	270	320	370	450	600

Für die richtige Montage einer Schneidringverschraubung gelten folgende Hinweise:

- nur nahtloses Präzisionsstahlrohr mit Zugfestigkeit 350 bis 450 MPa verwenden;
- Rohr rechtwinklig abschneiden, innen und außen leicht entgraten;
- Rohrstutzen, Schneidring und Überwurfmutter an den Gewinden und Konusteilen leicht einölen;
- Überwurfmutter und Schneidring (Bund zur Überwurfmutter) auf das Rohr schieben, Rohr bis zum Anschlag in den Stutzen drücken, Überwurfmutter mit Hand anziehen;
- Überwurfmutter bei feststehendem Rohr 1,5 Umdrehungen anziehen;
- Überwurfmutter lösen und kontrollieren, ob der Schneidring ins Rohr eingeschnitten hat (Wulst vor Schneidkante). Danach Überwurfmutter mit Hand bis Anschlag anziehen und etwa 0,3 Umdrehungen fest anziehen.

Rohrverschraubungen werden als gerade Verschraubung, Winkelverschraubung und T-förmige Verschraubung ausgeführt. Es gibt drei Verbindungsmöglichkeiten:

- Rohrverschraubungen zum Einschrauben, zum Verbinden von Rohren mit Geräten, Bild 5.5.8a bis c
- Rohrverschraubungen zum Verbinden von Rohren gleicher Außendurchmesser, Bild 5.5.9a bis c
- Rohrverschraubungen zum Verbinden von Rohren unterschiedlicher Außendurchmesser, Bild 5.5.10a bis c.

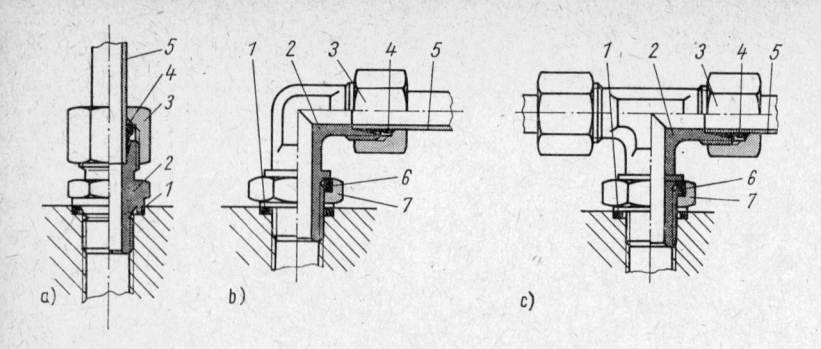

Bild 5.5.8. Einschraubverschraubungen

a) gerade Verschraubung; b) L-Verschraubung, richtungseinstellbar; c) T-Verschraubung, richtungseinstellbar
1 Dichtring; *2* Einschraubstutzen; *3* Überwurfmutter; *4* Schneidring; *5* Rohr; *6* Dichtring; *7* Einstellmutter

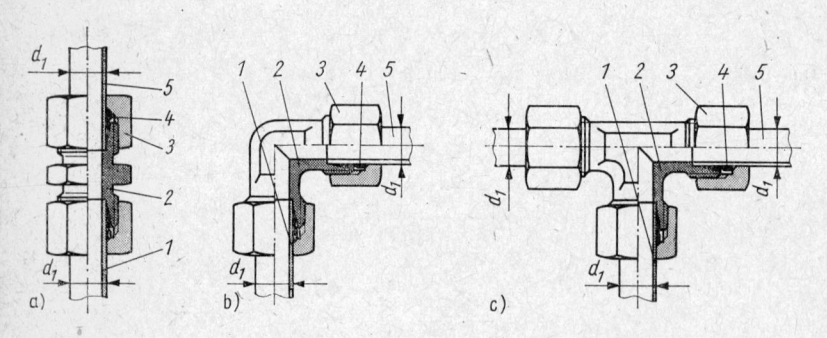

Bild 5.5.9. Verschraubungen zum Verbinden gleicher Rohre

a) gerade Verschraubung; b) L-Verschraubung; c) T-Verschraubung
2 Verbindungsstutzen gerade, winklig bzw. T-förmig; *3* Überwurfmutter; *4* Schneidring; *5* und *1* Rohre mit Außendurchmesser d_1

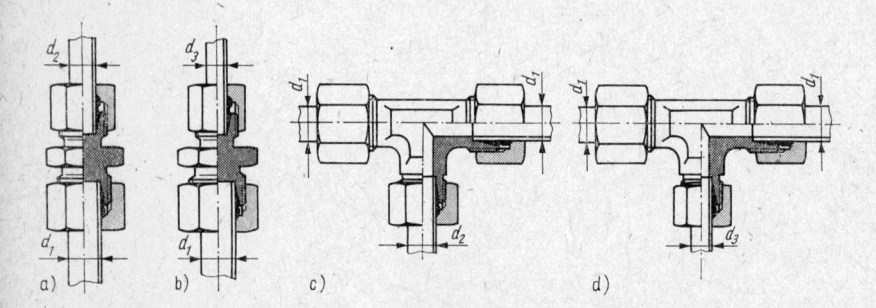

Bild 5.5.10. Verschraubungen zum Verbinden ungleicher Rohre

a) gerade Verschraubung, einstufig reduziert von d_1 auf d_2; b) gerade Verschraubung, zweistufig reduziert von d_1 auf d_3; c) T-Verschraubung, ein Anschluß einstufig reduziert; d) T-Verschraubung, ein Anschluß zweistufig reduziert

5.5.5.4. Schlauchkupplungen

Schlauchkupplungen sind Zubehörteile für ein schnelles Verbinden von zwei Hydraulikschläuchen bzw. eines Hydraulikschlauches mit einer an einem ortsfesten Maschinenteil angebrachten Buchse. Diese Kupplung gewährleistet:

- im gekuppelten Zustand freien Durchfluß des Fluidstromes,
- im entkuppelten Zustand leckfreie Absperrung des Fluids bis zum Nenndruck (Bild 5.5.11).

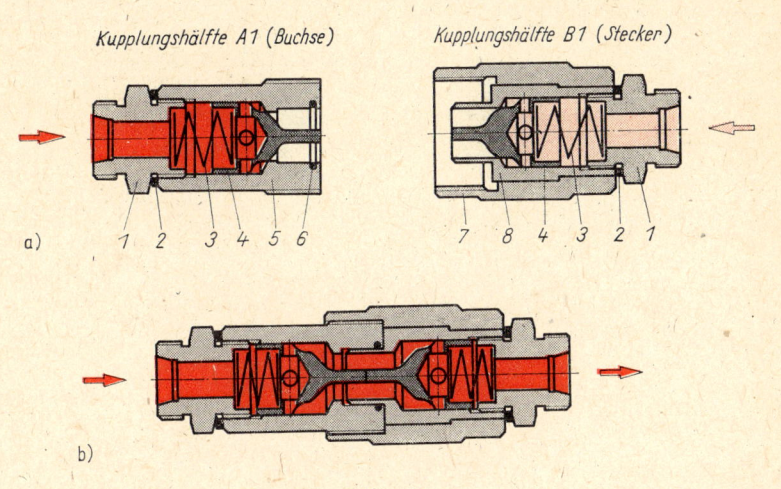

Bild 5.5.11. Schlauchkupplung A1—B1
a) im entkuppelten Zustand; b) im gekuppelten Zustand

1 Schraubstutzen; *2* Dichtring; *3* Druckfeder; *4* Ventilkörper; *5* Gewindestück; *6* Rundring; *7* Überwurfmutter; *8* Mundstück

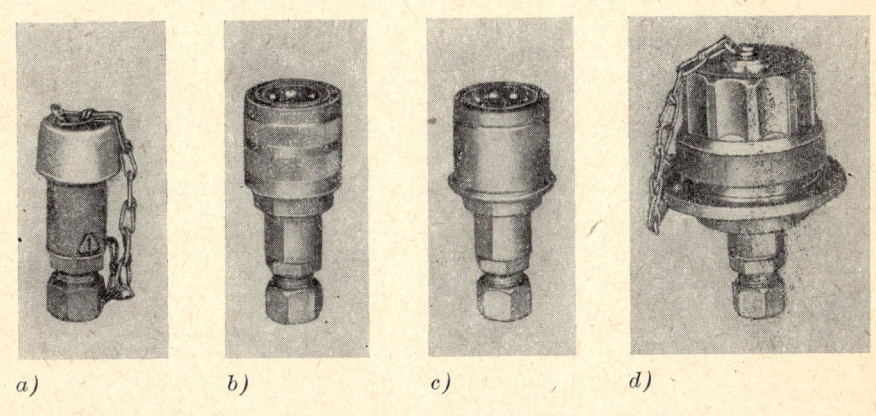

Bild 5.5.12. Bauformen der Schlauchkupplungshälften A — Buchsen

a) Buchse *A1* — zum Schrauben, mit Schutzkappe für Gewinde; b) Buchse *A2* — zum Stecken; c) Buchse *A3* — zum Stecken, mit Abreißsicherung; d) Buchse *A4* — zum Schrauben, mit Abreißsicherung und Schutzkappe für Gewinde

187

Tafel 5.5.5. Arten und Funktionsmerkmale der Schlauchkupplungen

Kombinationsmöglichkeiten	Nenngröße = Nennweite	Bemerkungen
Kupplung zum Schrauben *A1–B1*	8, 10, 13 16, 20, 25	kuppelbar bzw. entkuppelbar durch — Handkraft bei drucklosen Leitungen — Werkzeuge bei Druck in beiden Leitungen
Kupplung zum Stecken *A2–B2* (Stecker ohne Gehäuse) *A2–B3* (Stecker mit Schutzgehäuse)	4, 6, 8, 10 13, 16, 20, 25	kuppelbar durch — Stecken von Hand bei druckloser Leitung — Verschrauben bei Druck in beiden Leitungen, entkuppelbar bei Leitungen mit oder ohne Druck durch Verschieben der Verriegelungshülse
Kupplung zum Stecken mit Abreißsicherung *A3–B2* (Stecker ohne Gehäuse) *A3–B3* (Stecker mit Schutzgehäuse)	8, 10, 13, 16	kuppelbar durch Stecken von Hand bei druckloser Leitung, entkuppelbar bei Leitungen mit oder ohne Druck durch Verschieben der Verriegelungshülse
Kupplung zum Schrauben mit Abreißsicherung *A4–B2* (Stecker ohne Gehäuse) *A4–B3* (Stecker mit Schutzgehäuse)	8, 10, 13, 16	kuppelbar durch Schrauben von Hand bei Druck in Leitung, entkuppelbar durch axiale Verschiebung bei Druck in Leitung

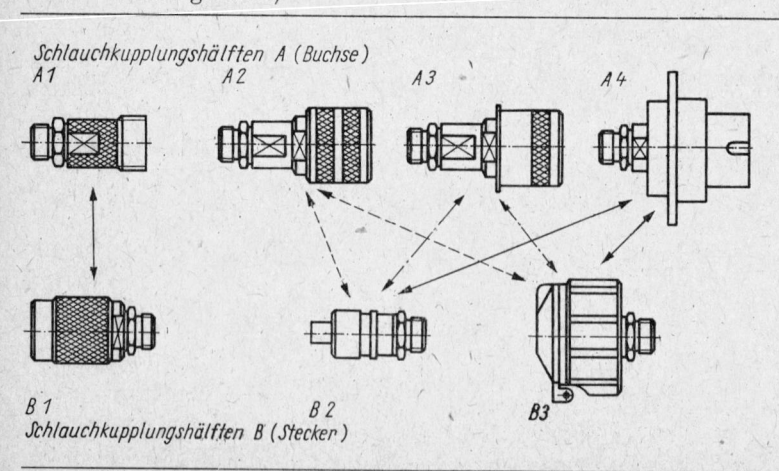

Schlauchkupplungshälften A (Buchse)
A1 A2 A3 A4

B1 B2 B3
Schlauchkupplungshälften B (Stecker)

Eine Schlauchkupplung ist die Kombination aus einer Schlauchkupplungshälfte A (Buchse) und aus einer Schlauchkupplungshälfte B (Stecker) (Bild 5.5.12).
Durch verschiedene Varianten der Kupplungshälften A und B werden alle Möglichkeiten der Kuppelbarkeit erfüllt; eine Übersicht gibt die Tafel 5.5.5.
Das Funktionsprinzip einer Schlauchkupplung soll an einer Kupplung zum Schrauben mit Buchse $A1$ und Stecker $B1$ erläutert werden. Das Bild 5.5.11a zeigt die beiden Schlauchkupplungshälften im entkuppelten Zustand. Der über den Schraubstutzen *1* eingeleitete Druckvolumenstrom wird nach dem Prinzip eines Rückschlagventils durch den am Dichtsitz des Gewindestücks *5* anliegenden Ventilkörper *4* abgesperrt. In gleicher Weise wird ein am Schraubstutzen *1* der Kupplungshälfte $B1$ anliegender Leckvolumenstrom vom Ventilkörper *4* am Mundstück *8* dicht abgesperrt. Durch das Zusammenschrauben beider Kupplungshälften (Bild 5.5.11b) stoßen die Zapfen der Ventilkörper *4* aufeinander und drücken die Ventile gegen die Vorspannkraft der Druckfedern *3* vom Dichtsitz weg. Nach dem Kuppeln ist also ein freier Durchlauf des Druckvolumenstroms möglich.

5.6. Hydraulische Anlagen

5.6.1. Merkmale

Eine Hydraulikanlage umfaßt die Gesamtheit aller zur Lösung einer Aufgabenstellung notwendigen Hydraulikgeräte einschließlich des Verkettungszubehörs. Für jede Hydraulikanlage besteht ein Schaltplan, in dem die funktionellen Zusammenhänge zwischen den einzelnen Geräten sowie die Art der Verbindungen mittels Rohrleitungen dargestellt werden.
Bei der Erarbeitung des Schaltplanes müssen die technischen Kenngrößen der Hydraulikgeräte (Nenndruck, Nennweite, Nennvolumenstrom usw.; vgl. Abschn. 4.) sowie Bedingungen der Umwelt der Hydraulikanlage (Umgebungstemperaturen, Klimazone, Viskositätsverhalten des Fluids, Verschmutzungsgrad usw.) beachtet werden.

> **Eine Hydraulikanlage ist die Gesamtheit aller nach einem Schaltplan durch entsprechende Rohrleitungen verbundenen Hydraulikgeräte.**

5.6.2. Arten und Aufbau

5.6.2.1. Mobile Hydraulikanlagen

Man spricht von mobilen Hydraulikanlagen, wenn sie in Erzeugnisse eingebaut werden, die zur Verrichtung ihrer Arbeitsfunktion ständig den Einsatzort wechseln. Solche Erzeugnisse sind beispielsweise Traktoren, selbstfahrende Landmaschinen (Mähdrescher, Vollerntemaschinen), Kraftfahrzeuge, Bagger und Ladegeräte, Containerstapler, Baumaschinen (Straßenwalzen, Schwarzdeckenfertiger), Forsthilfsmaschinen usw.

Mobile Hydraulikanlagen sind möglichst raumsparend und mit geringster Masse auszulegen. Des weiteren müssen sich die Geräte gut in das Fahrzeug einordnen lassen und werden meist in unmittelbarer Nähe des Arbeitsbereichs angeordnet (Hydraulikzylinder direkt am Ausleger oder Greifer, Hydraulikmotor meist am Fahrwerk bzw. in der Radnabe). Kennzeichnend für Geräte in mobilen Hydraulikanlagen ist, daß ihre Grenznutzungsdauer, bedingt durch die häufigen Temperaturwechsel, die starke Verschmutzungsgefahr und die hohen Fluidtemperaturen sowie die großen Fluidumwälzzahlen, meist viel niedriger ist als die Grenznutzungsdauer der in stationären Anlagen eingesetzten gleichen Geräte.

Mobile Hydraulikanlagen werden meist in aufgelöster Bauform ausgeführt, da die Zusammenfassung zu Gerätebaugruppen bzw. Hydraulikaggregaten durch den geringen zur Verfügung stehenden Raum im allgemeinen nicht möglich ist.

5.6.2.2. Stationäre Hydraulikanlagen

Die Hydraulikanlagen in ortsfesten Erzeugnissen werden als stationäre Hydraulikanlagen bezeichnet. Dazu zählen auch auf Großfahrzeugen (Schiffe, Schaufelradbagger usw.) installierte Hydraulikanlagen.

Auf Grund des nicht so stark begrenzten Einbauraumes hat sich für stationäre Anlagen eine fertigungs- und montagetechnisch vorteilhafte Form des Aufbaus durchgesetzt.

Der Hydraulikfluidbehälter, die Pumpen mit den zugehörigen Antriebsmotoren und die meisten Hydraulikventile und Zubehörgeräte werden zu kompletten, anschlußfertigen Hydraulikaggregaten (s. Abschn. 5.6.4.) montiert. Innerhalb der Maschine werden nur die Druckstromverbraucher (Hydraulikzylinder und Rotationsmotoren) mit einigen zugehörigen Ventilen angeordnet. Dieser Aufbau ermöglicht eine gute Montage sowie eine leichte Wartung und Instandhaltung der Hydraulikgeräte.

5.6.3. Schaltpläne

5.6.3.1. Merkmale

Schaltpläne zeigen die funktionellen Zusammenhänge der verschiedenen Hydraulikgeräte. Sie sind die Grundlage für die Montage und die spätere Instandhaltung hydraulischer Anlagen. Für die Darstellung der Geräte in den Schaltplänen werden die standardisierten Symbole der Hydraulikgeräte verwendet. Die wichtigsten wurden in den vorstehenden Abschnitten dieses Lehrbuches zu den jeweiligen Geräten gezeigt und erläutert.

5.6.3.2. Funktionsschaltplan

Er soll in einfacher, übersichtlicher Form das *Zusammenwirken* der einzelnen Hydraulikgeräte und die *Funktion* der Hydraulikanlage zeigen. Dabei werden nicht die Verkettungssysteme von Gerätegruppen dargestellt, sondern es wird versucht, durch möglichst wenig Rohrleitungen eine deutliche Aussage zur Funktion und Wirkungsweise der Anlage zu geben.

Der Funktionsschaltplan ist unbedingt erforderlich, um

- die Anlage optimal projektieren zu können
- eine der Funktion entsprechende Montage der Anlage durchzuführen
- die Schritte der Funktionserprobung festlegen zu können
- die Fehlersuche an Hydraulikanlagen durchführen zu können.

Für den Aufbau eines Funktionsschaltplanes sind folgende grundsätzliche Hinweise zu beachten:

- Der Funktionsschaltplan ist vertikal nach den Funktionsgruppen der Geräte zu gliedern; von unten nach oben ist folgender Aufbau zu wählen: Fluidbehälter, Druckstromerzeuger, Ventile und Steuergeräte, Druckstromverbraucher.
- Die Anordnung der Geräte entspricht nicht immer der wirklichen Lage, bei Hydraulikzylindern sollte jedoch die senkrechte oder waagerechte Einbaulage dargestellt werden.
- An den Symbolen sind Buchstaben und Ziffern zur Kennzeichnung der Geräte sowie Kurzzeichen der Bewegungsabläufe und die wesentlichsten technischen Daten anzugeben.
- Die Symbole sind in der Ruhe- bzw. Nullstellung zu zeichnen, Magnete werden spannungslos dargestellt.
- Schaltstellungen der Wegeventile werden mit den Ziffern 0, 1 oder 2 angegeben. Elektromagnetische Stelleinheiten werden mit $Mg\,1$, $Mg\,2$ usw. numeriert.
- Druckleitungen werden als dicke Vollinie, Steuerleitungen als Strichlinien oder dünne Linien und Leckleitungen als Strichlinien dargestellt. Leitungsverbindungen werden als Punkt gezeichnet.
- Die Trennung zwischen Hydraulikaggregat und Maschine wird durch eine Strichpunktlinie markiert.
- Zur Ergänzung der Funktionen werden dem Schaltplan das Weg-Schritt-Diagramm und eine Schaltbelegungstabelle hinzugefügt.

Bild 5.6.1 zeigt den nach diesen Grundsätzen aufgebauten Funktionsschaltplan für die Vorschubsteuerung einer Feinbohreinheit.
Der nachfolgende Text gibt eine kurze Erläuterung der Abläufe für die 5 verschiedenen Funktionen des Hydraulikzylinders.

Arbeitsvorgang: Halt
Wegeventile W_1 und W_2 in Schaltstellung *0*, alle Magnete ohne Spannung. Kolben des Zylinders eingespannt, da Zu- und Ablaufleitung gesperrt. Zahnradpumpen ZP_1 und ZP_2 laufen, die Volumenströme werden über W_1 und W_2 sowie R_3 und F in den Behälter geleitet, nur geringer Druckverlust, damit keine große Erwärmung.

Arbeitsvorgang: Eilvorlauf *EV*
Magnet $Mg\,1$ stößt W_1 in Schaltstellung *1*, Magnet $Mg\,4$ W_2 in Schaltstellung *2*. Die Volumenströme ZP_1 (16 dm$^3 \cdot$ min^{-1}) und ZP_2 (4 dm$^3 \cdot$ min^{-1}) beaufschlagen über W_1 den Kolben des Zylinders. RE wird über W_2 entsperrt, das Fluid kann von der Kolbenstangenseite über W_1 direkt zum Behälter abfließen.

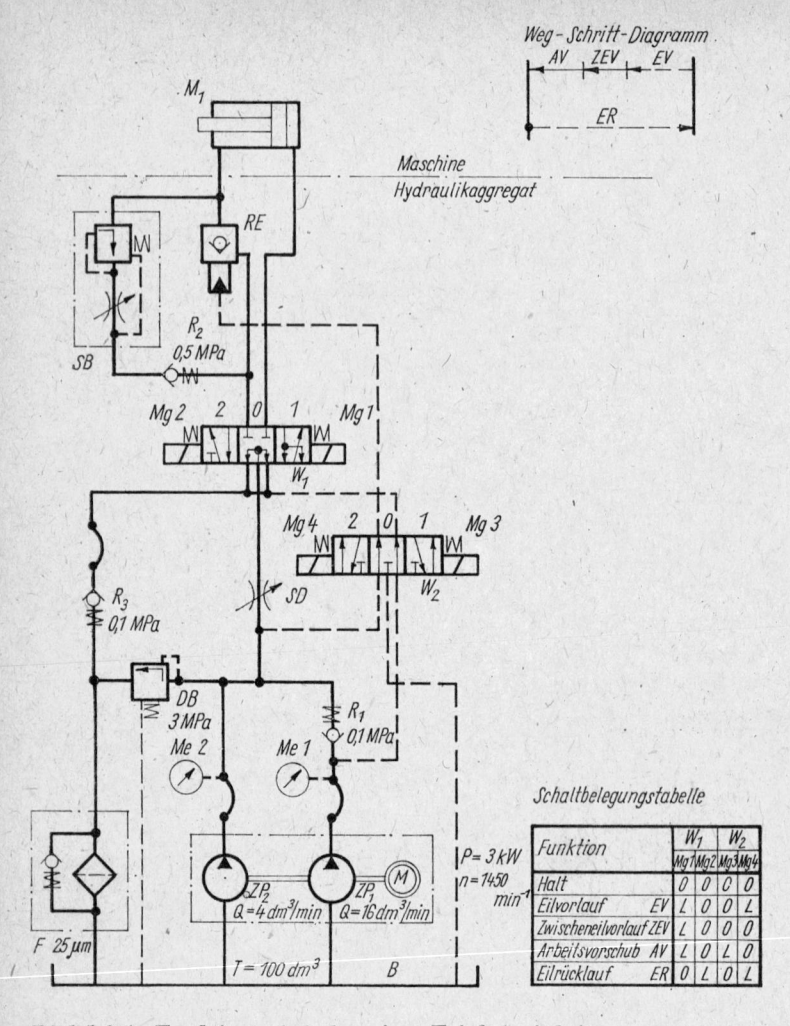

Bild 5.6.1. Funktionsschaltplan einer Feinbohreinheit

Erläuterung der Gerätebezeichnungen

ZP_1, ZP_2, M: Zahnraddoppelpumpe mit Elektromotor (vgl. Bild 5.2.21)

ZP_1 — Förderstrom $Q = 16 \text{ dm}^3/\text{min}$

ZP_2 — Förderstrom $Q = 4 \text{ dm}^3/\text{min}$

M — Antriebsleistung $P = 3 \text{ kW}$, Antriebsdrehzahl $n = 1450 \text{ U/min}$

M_1: Hydraulikzylinder, doppeltwirkend (vgl. Bild 5.3.13)

W_1, W_2: Wegeventile mit 3 Schaltstellungen und jeweils 2 elektromagnetischen Stelleinheiten ($Mg\ 1$ bis $Mg\ 4$) in Schaltbelegungstabelle: 0 — Magnet ohne Spannung; L — Magnet mit Spannung

DB: Druckbegrenzungsventil, ablaufdruckentlastet (vgl. Bild 5.4.16), Ventileinstelldruck $p = 3 \text{ MPa}$

SB: Strombegrenzungsventil — Zweiwegeausführung (vgl. Bild 5.4.24), SD: Drosselventil, einstellbar (vgl. Bild 5.4.22)

R_1, R_2, R_3: Rückschlagventile, Öffnungsdruck 0,1 bzw. 0,5 MPa (vgl. Bild 5.4.27), RE: entsperrbares Rückschlagventil (vgl. Bild 5.4.28)

B: Fluidbehälter, Tankinhalt $T = 100 \text{ dm}^3$; F: Rücklauffilter, Filterfeinheit 25 μm (vgl. Bild 5.5.4)

Me_1, Me_2: Manometer

Arbeitsvorgang: Zwischeneilvorlauf ZEV

W_1 bleibt in Stellung *1*, W_2 schaltet wieder auf *0*. Die Beaufschlagung des Kolbens mit $ZP_1 + ZP_2$ bleibt, da jedoch W_1 in *0*-Stellung, muß der gesamte Rücklauf über R_3 und F mit der Vorspannung von 0,1 MPa erfolgen — Bremswirkung.

Arbeitsvorgang: Arbeitsvorschub AV

W_1 bleibt in Stellung *1*, da aber $Mg\ 3\ W_2$ in Stellung *1* schaltet, fließt der gesamte Volumenstrom von ZP_1 über W_2, über R_3 und F in den Behälter. Der Kolben wird nur mit $Q = 4\ \text{dm}^3 \cdot \text{min}^{-1}$ beaufschlagt. Da RE über W_2 nicht entsperrt wird, muß das auf der Kolbenstangenseite verdrängte Fluid über das Strombegrenzungsventil zurückfließen, damit bleibt der Kolben während des Vorlaufes sicher eingespannt.

Arbeitsvorgang: Eilrücklauf ER

$Mg\ 2$ schaltet W_1 in Stellung *2*, damit wird die Kreisringfläche des Kolbens mit $ZP_1 + ZP_2$ beaufschlagt — größte Kolbengeschwindigkeit.
Verdrängtes Fluid kann über W_1 und W_2 zum Behälter abfließen und bremst den Rücklauf deshalb nicht.

5.6.3.3. Bauschaltplan

Der Bauschaltplan enthält alle Angaben über den konkreten Aufbau der Hydraulikanlage. Insbesondere sind die möglichen Gerätezusammenfassungen zu verketteten Steuersäulen oder Montagebaugruppen enthalten. Er ist in bezug auf die Verkettungselemente eine Konkretisierung des Funktionsschaltplanes und ist die für die Montage, Funktionsprüfung und Instandhaltung der Hydraulikanlage verbindliche Unterlage. Der Aufbau und die Gestaltungsregeln für Bauschaltpläne sind standardisiert (Tafel 5.6.1).
Bild 5.6.2 zeigt den Bauschaltplan für die Hydraulikanlage einer Feinbohrmaschine, deren Funktionsschaltplan im Bild 5.6.1 dargestellt ist. Der Grundaufbau aller Schaltpläne — Behälter und Pumpen unten, Hydraulikzylinder oder Motoren oben — wird auch hier eingehalten. Es ist zu erkennen, daß die Doppelzahnradpumpe ZP_1; ZP_2 mit dem Motor zu einer Baugruppe vereinigt ist. Auf eine Unterplattenverkettung hat man die beiden Wegeventile W_1 und W_2, das Druckbegrenzungsventil DB sowie das Strombegrenzungsventil SB montiert. Nur die Rückschlagventile und das Drosselventil SD sind als Rohrleitungseinbaugeräte verblieben.
Um den Druck in beiden Leitungen mit einem Manometer messen zu können, wurde ein Manometer-Schaltventil eingesetzt.

5.6.3.4. Geräteliste und Rohrleitungsplan

Zur Bestellung und Bereitstellung aller zur Montage einer Hydraulikanlage erforderlichen Einzelteile, Baugruppen und Gerätekombinationen benötigt man Gerätelisten.
Alle zur Hydraulikanlage gehörenden Hydraulikgeräte, Rohre und Verbindungselemente sind darin enthalten. Eine bestimmte Form dieser Geräte-

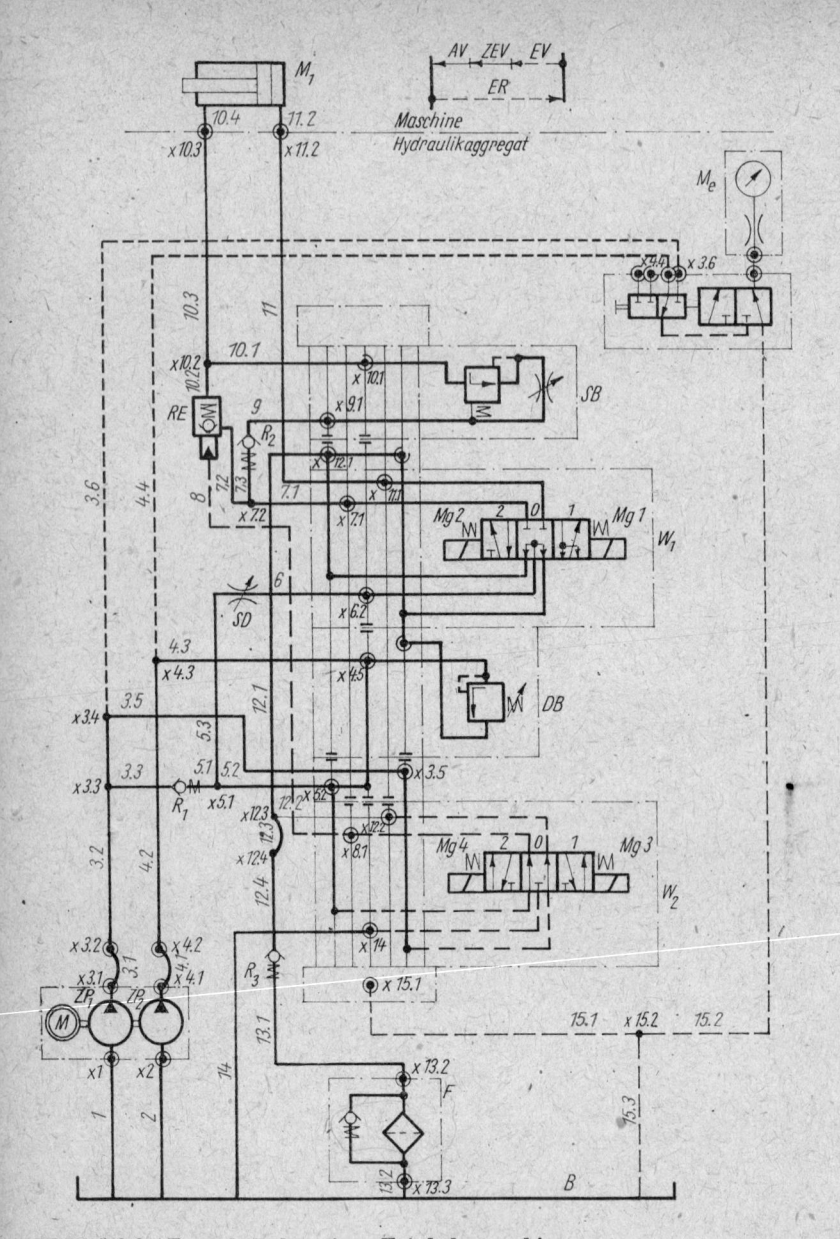

Bild 5.6.2. Bauschaltplan einer Feinbohrmaschine

Erläuterung der schwarz gedruckten Ziffern und Kurzzeichen siehe Bild 5.6.1, rot gedruckte Ziffern werden im Abschnitt 5.6.3.4 erläutert.
Für die Kennzeichnung der einzelnen Leitungen, Anschlüsse, Verbindungen und Absperrungen in den Steuersäulen der Bauschaltpläne wurden spezielle Grundsymbole geschaffen, die in Tafel 5.6.1 zusammengestellt und erläutert sind.

Tafel 5.6.1. *Grundsymbole in verketteten Ventilkombinationen*

Erläuterungen Symbol/bildliche Darstellung	Erläuterungen Symbol/bildliche Darstellung
Hauptleitung (Rohr) oder Kanal in Geräten 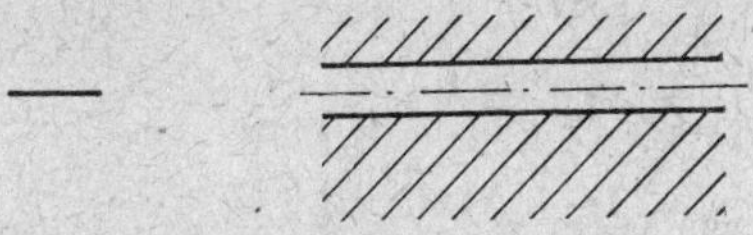	Verbindung zwischen zwei oder mehreren Kanälen 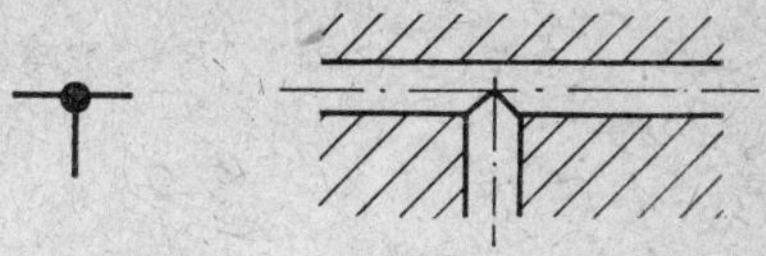
Überqueren von Kanälen oder Leitungen, die nicht verbunden sind (Leitungskreuzung) 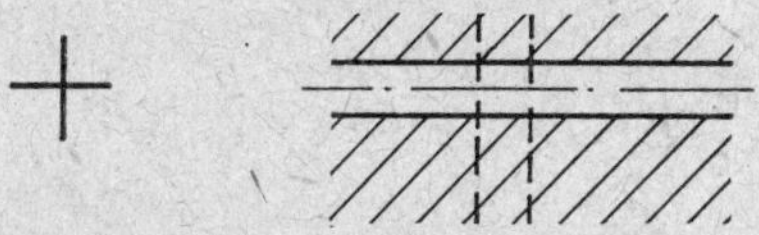	Bohrung nach außen gehend – Anschlußpunkt 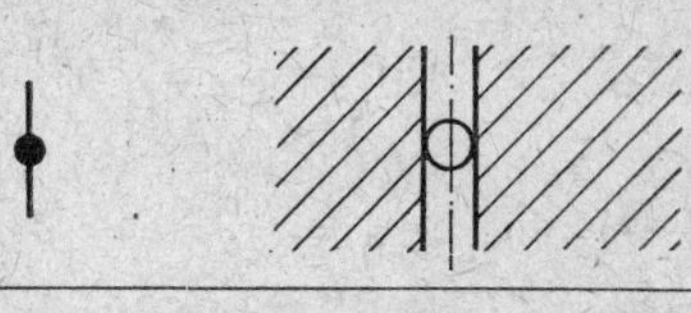 –
Kanal zwischen zwei Baugruppen ohne Sperrung 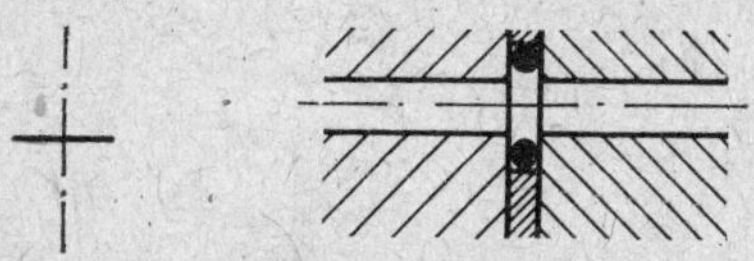	Gewindeanschluß nach außen mit Verschlußschraube verschlossen 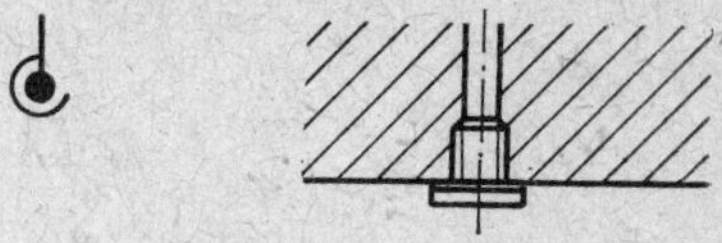
Absperrung eines Kanals durch Dichtplatten, Abdeckplatten oder Ventile 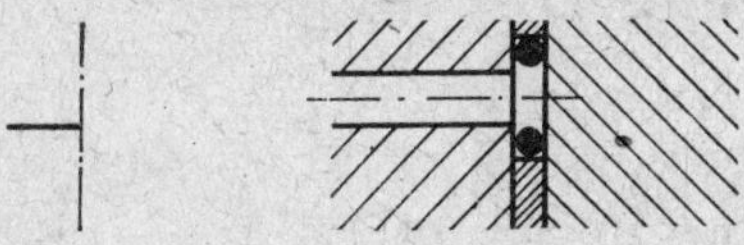	Gewindeanschluß auf Querkanal mit Verschlußschraube verschlossen 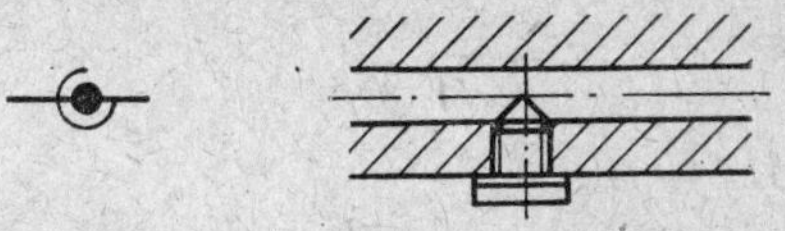
Kanäle zwischen zwei Baugruppen, durch zwei Verschlußstopfen getrennt 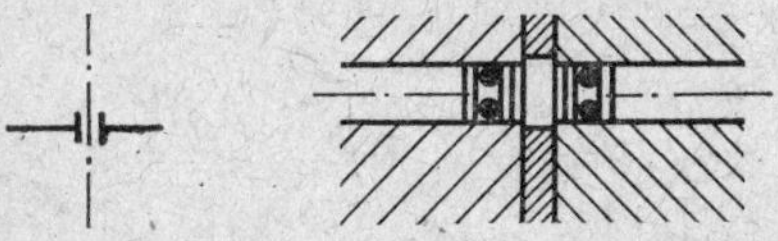	Gewindeanschluß nach außen mit Rohrverschraubung 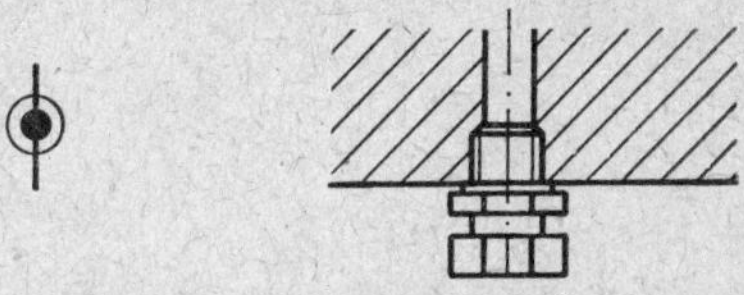
Kanäle zwischen zwei Baugruppen, durch Verschlußstopfen und Dichtplatte getrennt 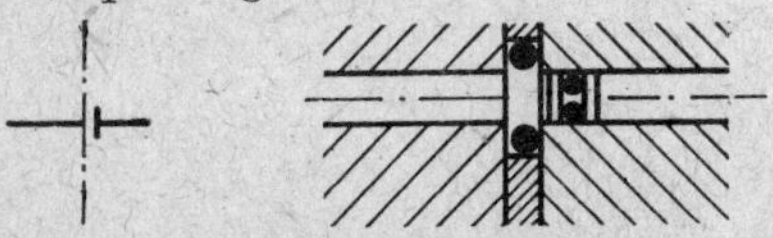	Gewindeanschluß vom Querkanal nach außen mit Rohrverschraubung 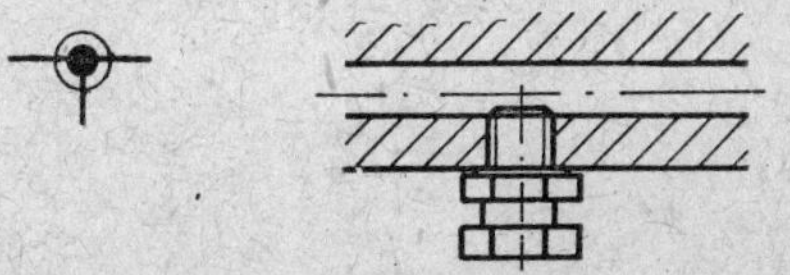

Tafel 5.6.2. Darstellung von Verschraubungen und Abdichtungen

Erläuterungen Symbol/bildliche Darstellung	Erläuterungen Symbol/bildliche Darstellung
gerade Rohrverschraubung mit Schneidring Einschraubzapfen, Bauform C 	gerade Rohrverschraubung mit Kegelbuchse Einschraubzapfen, Bauform C 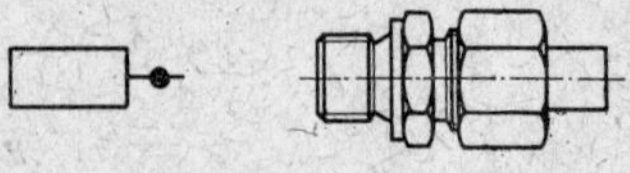
gerade Rohrverschraubung mit Schneidring zweiseitiger Rohranschluß, Bauform E 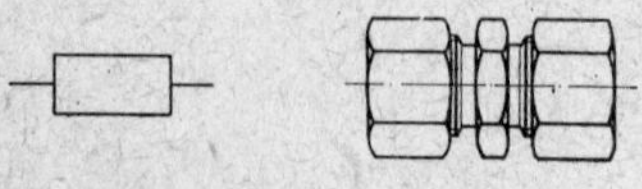	gerade Rohrverschraubung mit Kegelbuchse zweiseitiger Rohranschluß, einstufig reduziert, Bauform E/1 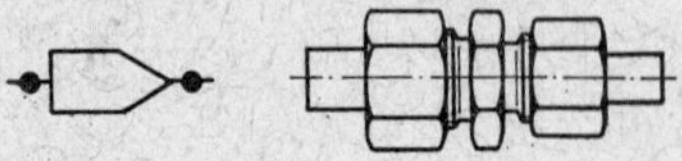
gerade Rohrverschraubung mit Schneidring zweiseitiger Rohranschluß, zweistufig reduziert, Bauform E/2 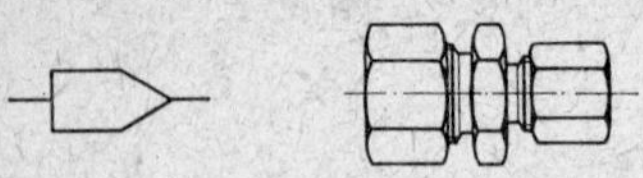	winklige Rohrverschraubung mit Kegelbuchse mit Einschraubzapfen, richtungseinstellbar, Bauform HV 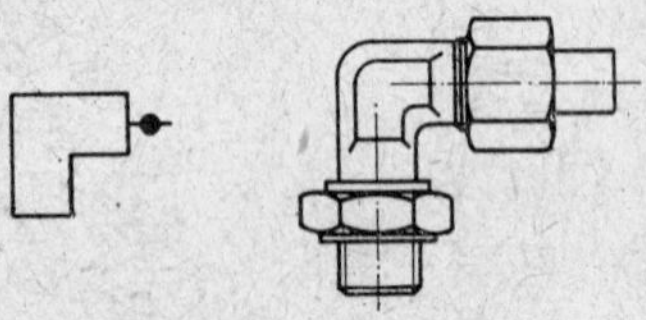
winklige Rohrverschraubung mit Schneidring zweiseitiger Rohranschluß, Bauform K 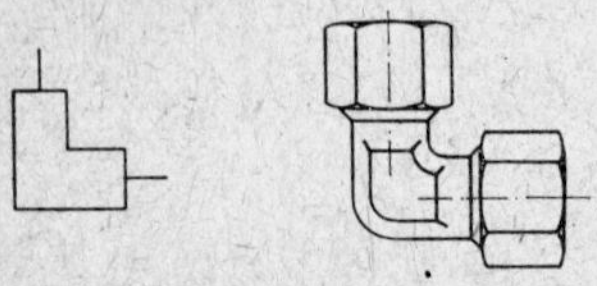	Flanschverbindung mit Vorschweißbund zum Anschweißen des Rohres 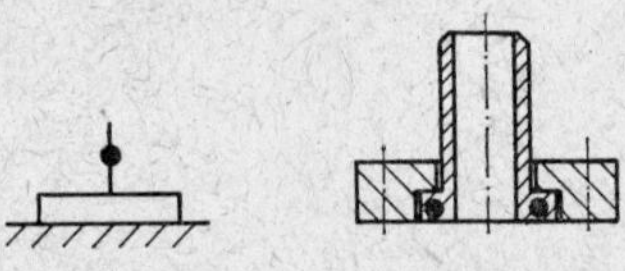
T-förmige Rohrverschraubung mit Schneidring dreiseitiger Rohranschluß, Bauform Q 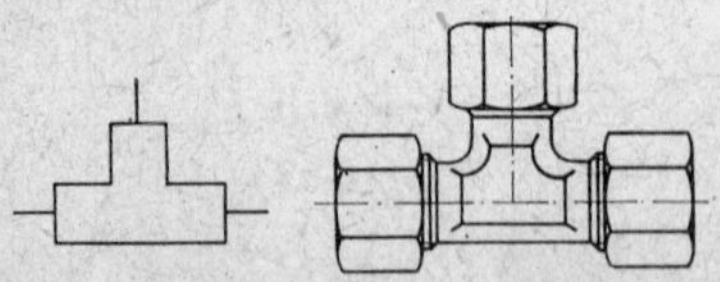	flexible Leitung mit Schlauch an beiden Enden mit gerader Verschraubung, Bauform C 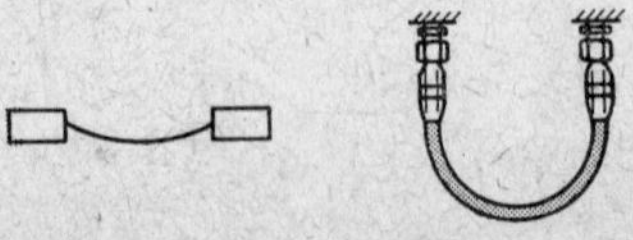

listen ist nicht standardisiert. Sie müssen jedoch generell die nachfolgend genannten Angaben enthalten:

1. laufende Stücklistennummer
2. benötigte Gesamtstückzahl für eine Anlage
3. Benennung des Gerätes oder der Baugruppe
4. vollständige Bestellbezeichnung und Standard-Nr.
5. Kurzzeichen im Hydraulik-Bauschaltplan.

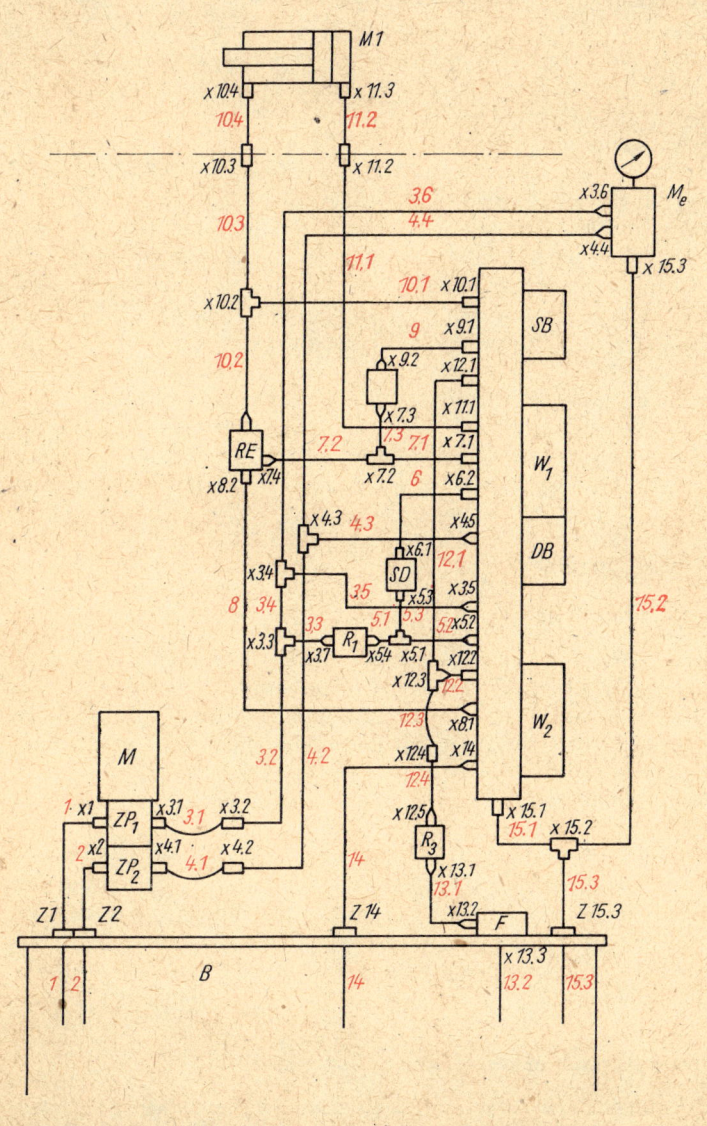

Bild 5.6.3. Rohrleitungsplan einer Feinbohrmaschine

Für Lage, Abmessungen und benötigte Stückzahl der Rohre, Leitungen und Rohrverschraubungen einer Anlage wird oftmals ein gesonderter Rohrleitungsschaltplan gezeichnet. Dabei zeichnet man die Hydraulikgeräte nur als Rechtecke oder Quadrate und trägt für die zu verwendenden Rohrverschraubungen, Schläuche oder Abdichtdeckel die in Tafel 5.6.2 dargestellten und erläuterten Symbole ein.

Bild 5.6.3 zeigt den Rohrleitungsplan für die in den Schaltplänen (Bild 5.6.1 und 5.6.2) beschriebene Feinbohrmaschine.

Die rot eingetragenen Ziffern *1* bis *15* kennzeichnen die einzelnen Rohr- bzw. Schlauchleitungen, mit $x\,1$ bis $x\,15.3$ sind die erforderlichen Rohrverschraubungen gekennzeichnet, mit $Z\,1$ bis $Z\,15.3$ sind die Abdichtdeckel auf der Behälterplatte numeriert. Alle anderen Kurzzeichen sind analog dem Bild 5.6.1 bzw. 5.6.2 verwendet.

Bei einfachen Hydraulikanlagen wird oftmals kein gesonderter Rohrleitungsplan gezeichnet, es reicht schon aus, wenn die Ziffern für die Rohrleitungen bzw. Schläuche im Bauschaltplan eingetragen werden. Im Bild 5.6.2 sind deshalb diese Ziffern rot eingetragen. Sie können direkt mit den Ziffern an den Rohrleitungen im Rohrleitungsplan verglichen werden. Da im Bauschaltplan die Rohrverschraubungen und Verbindungselemente nicht mit Symbolen der Tafel 5.6.2 gezeichnet sind, werden die Kurzzeichen für die einzelnen Rohrverschraubungen an den Knotenpunkten angegeben. So wird es ebenfalls möglich, alle erforderlichen Verbindungselemente listenmäßig zu erfassen.

Bei Hydraulikaggregaten wird oftmals noch eine Übersichtszeichnung über die Anordnung der Hydraulikgeräte in dem Aggregat hergestellt, die für Aggregate mit Seriencharakter (Stückzahlen größer 2 Stück/Jahr) durch Fotos eines Musteraggregates (1. gefertigtes Aggregat) ergänzt wird.

5.6.4. Hydraulikaggregate

5.6.4.1. Merkmale, Einteilung

Hydraulikaggregate enthalten meist den größten Teil einer Hydraulikanlage als zusammengehörige Einheit. Während die Druckstromverbraucher unmittelbar in der Maschine angeordnet werden müssen, können alle anderen Geräte in einem anschlußfertigen Aggregat untergebracht werden. Auf einem standardisierten Hydraulikfluidbehälter (s. Abschn. 5.5.2.) werden die entsprechenden Druckstromerzeuger mit den Antriebsmotoren sowie die Steuergeräte montiert.

Die Bauformen der Hydraulikaggregate haben sich in den letzten Jahren stark gewandelt. Während man bis 1973 vorwiegend Hydraulikaggregate in geschlossener Bauform baute, ist heute der größte Teil der Hydraulikaggregate in offener Montagebauweise ausgeführt. Die Gründe dafür sind vielgestaltig, und es wird nachfolgend auf einige der wesentlichsten bei der Erläuterung der Aggregate hingewiesen.

5.6.4.2. Hydraulikaggregate in geschlossener Bauform

Diese oft als Hydraulikschrank bezeichnete Bauform ist für vielfältige Steuerkreisläufe mit umfangreichen Wegeventilkombinationen speziell in Werkzeugmaschinen weit verbreitet. Die Druckstromerzeuger werden direkt auf dem Hydraulikfluidbehälter montiert, während die Ventile, meist in Unterplattenverkettung ausgeführt, an die Seitenwände angebaut werden. Die erforderlichen Rohre sind innerhalb der Blechverkleidung angeordnet. Die Aggregate werden für Antriebsleistungen bis zu 75 kW mit einem oder mit maximal 6 Druckstromerzeugern ausgeführt; es können bis zu 30 verschiedene Ventile angebaut werden.

Nachteilig bei diesen Aggregaten ist, daß die meist starr auf die Deckplatte montierte Verkleidung die Schwingungen der Pumpen (Hauptgeräuschquelle in Hydraulikanlagen) nicht dämpft, sondern vielfach noch verstärkt. Auch ein Beschichten der relativ großen Blechverkleidungen mit Geräuschdämmspachtel brachte keine nennenswerten Verbesserungen.

5.6.4.3. Hydraulikaggregate in offener Bauform

Umfangreiche Untersuchungen ergaben, daß wesentliche Geräuschminderungen durch Körperschallisolierung des Druckstromerzeugeraggregates erreichbar sind, da dadurch das unmittelbar in den Pumpen erzeugte Kompressionsgeräusch nicht weitergeleitet wird.

Durch die gleichbleibende Entwicklungskapazität für Hydraulikaggregate und den ständig steigenden Bedarf ist eine verstärkte Standardisierung im Aggregatebau erforderlich. Sie führte zu einer völlig neuen Konzeption der Hydraulikaggregate, die mit den folgenden 3 Beispielen gezeigt wird.

Hydraulikaggregat mit tiefstehendem Fluidbehälter

Diese Bauform (Bild 5.6.4) erinnert noch am ehesten an die bisher übliche geschlossene Bauform der Aggregate. Sämtliche Geräte werden auf die Deckplatte des Behälters montiert. Die Sperrschieberpumpen-Kombination wird senkrecht auf einer speziellen Plattenkonstruktion aufgenommen. Sie ist durch Gummi-Metall-Federn gegenüber dem Behälter schwingungsisoliert. Da auch die Saug- und Druckleitungen über Hydraulikschläuche von der Pumpe abgeführt werden, sind die an einem Universal-Montagerahmen hängenden übrigen Hydraulikgeräte schwingungsisoliert. Der gesamte Montagerahmen ist mit Gummifedern auf der Deckplatte verschraubt.

Hydraulikaggregate mit hochstehendem Fluidbehälter

Diese Bauform (Bild 5.6.5) wird gewählt, wenn als Druckstromerzeuger relativ große und damit geräuschintensive Pumpen eingesetzt werden, im gezeigten Beispiel eine Axialkolbenpumpe 400/16. Der starre Montagerahmen für die darin nochmals schwingungsisoliert aufgenommene Pumpe und der oberhalb angeordnete Fluidbehälter dämpfen das Pumpengeräusch stark. Da das Pumpenaggregat auf der Behälterdeckplatte fehlt, lassen sich die Ventile im Montagerahmen recht flach aufbauen. Somit ergibt sich etwa die gleiche Bauhöhe wie bei Aggregaten mit tiefstehendem Behälter.

Hydraulikaggregat — Ventilgerüst

Eine völlige mechanische Trennung der Hauptbaugruppen eines Hydraulikaggregates wird mit dem Ventilgerüst (Bild 5.6.6) erreicht. Die Pumpen-

**Bild 5.6.4
Hydraulikaggregat —
Behälteraufbau**

1 Luft-Ölkühler; *2* dreiströmige Sperrschieberpumpen-Kombination; *3* Standard-Fluidbehälter; *4* Montagerahmen für Pumpenkombination; *5* Metall-Gummi-Feder für Pumpenrahmen; *6* Rücklauffilter; *7* Ventilkombination auf Unterplattenverkettung; *8* Metall-Gummi-Feder für Montagerahmen; *9* Anschlußleiste; *10* Luftfilter in Behälter-Funktionsplatte; *11* Hydraulikdruckspeicher

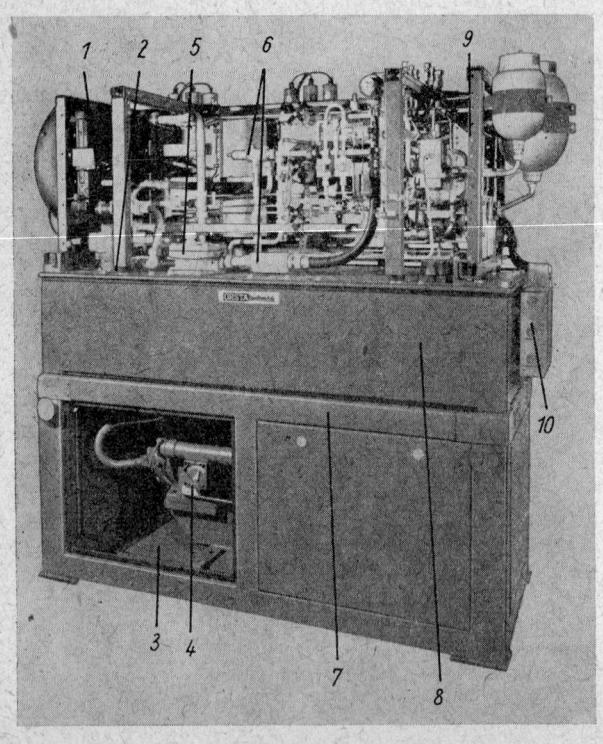

**Bild 5.6.5
Hydraulikaggregat
mit hochgestelltem
Behälter**

1 Luft-Ölkühler; *2* Gummi-Metall-Feder für Montagerahmen; *3* Pumpen-Aufnahmeplatte; *4* Axialkolbenpumpe; *5* Rücklauffilter; *6* Ventile Rohrleitungseinbau; *7* Pumpen-Montagerahmen; *8* Behälter; *9* Ventil-Montagerahmen; *10* Funktionsplatte

Bild 5.6.6. Hydraulik-Ventilgerüst
1 Montagegerüst mit Zahnradpumpenkombination; *2* Fluidbehälter; *3* Montagerahmen mit allen Ventilen und Kontrollgeräten

kombination ist körperschallisoliert und schwingungsgedämpft in einem Montagerahmen aus Leichtbauprofilen angeordnet. Der Fluidbehälter ist ohne mechanische Verbindung neben dem Montagerahmen aufgestellt. Im Montagerahmen sind alle Steuerungs-, Bedien- und Kontrollgeräte angeordnet. Die hydraulischen Verbindungen zwischen den drei Hauptbaugruppen erfolgen mit Schläuchen.

Bei Anschluß der Anlage an eine zentrale Drucköslstation entfallen die Pumpen- und die Behälterbaugruppe; es wird nur das Ventilgerüst aufgestellt.

6. Pneumatische Geräte und Anlagen

6.1. Grundbegriffe, Druckbereiche, Einteilung der Geräte

Ähnlich wie in der Hydraulik steht auch in der Pneumatik die Forderung, universelle, industriell hergestellte Geräte für den Aufbau kompletter Pneumatikanlagen einzusetzen. Während jedoch die Hydraulik für den gesamten Arbeitsdruckbereich von 0 bis 70 MPa mit einem Gerätesystem auskommt, werden in der Pneumatik verschiedene Gerätesysteme benötigt, da das ver-

Tafel 6.1.1. *Druckbereiche der Pneumatik und deren Anwendungsbereiche*

Bezeichnung des Druckbereiches	Druckbereich MPa	Benennung des Gerätesystems, Anwendungsbereich
Niederdruckpneumatik	bis 0,01	UNALOG-System (VEB Geräte- und Reglerwerke Teltow) Meß-, Steuer- und Regelsystem für Automatisierungsaufgaben in der Chemie, Metallurgie und Energieerzeugung $p_n = $ bis 0,001 MPa
Normaldruckpneumatik	0,02 bis 0,15	DRELOBA-System (VEB Reglerwerke Dresden) Steuer- und Regelgerätesystem (Logikbausteine) für alle Anwendungsbereiche des Maschinen- und Anlagenbaues $p_n = 0{,}02 \cdots 0{,}14$ MPa AEROPAN-Meßsystem (VEB Massi Werdau) Universelles pneumatisches Meßsystem für Außen- und Innenmaße $p_n = 0{,}05 \cdots 0{,}15$ MPa
Hochdruckpneumatik	0,2 bis 1,0	ORSTA-Pneumatik-Gerätesystem (VEB Kombinat ORSTA-Hydraulik Leipzig) Geräte für die Mechanisierung und Automatisierung von Maschinen und Produktionsanlagen, Druckluftwerkzeuge (Hämmer, Schleifspindeln, Sandstrahl- und Fördereinrichtungen), Pneumatikvorrichtungen (Spannfutter, Mehrzweckspannvorrichtungen), Fahrzeugpneumatik (Bremsen, Betätigungseinrichtungen für Türen)
Höchstdruckpneumatik	über 1,0	Leistungsschalter in Hochspannungsanlagen, Dieselmotoren, Pneumatik in Flugzeugen

wendete Fluid – Druckluft – stark kompressibel ist. Der Arbeitsbereich der Pneumatik wird in 4 Druckbereiche mit jeweils anderen Gerätesystemen für spezielle Anwendungen unterteilt.

In den folgenden Abschnitten werden nur die Geräte der Hochdruckpneumatik erläutert und damit der ORSTA-Pneumatik-Baukasten vorgestellt. Dies sind vorwiegend die Geräte, die im allgemeinen Maschinenbau, Werkzeugmaschinenbau, Kraftfahrzeug- und Landmaschinenbau sowie in vielen Zweigen der Automatisierung und Mechanisierung eingesetzt werden.

Der prinzipielle Aufbau des Gerätesystems Pneumatik entspricht dem der Hydraulik, jedoch entfallen spezielle Drucklufterzeuger, da in den meisten Betrieben zentrale Drucklufterzeugerstationen vorhanden sind. Nach funktionellen Einteilungsmerkmalen werden vier Hauptbaugruppen unterschieden:

- Druckluftaufbereitungsgeräte und Drucklufterzeuger,
- Druckluftverbraucher – Pneumatikmotoren,
- Druckluftventile – Pneumatikventile,
- Pneumatikzubehör.

Die Wirkungsmechanismen sind, bedingt durch das übereinstimmende Wirkungsprinzip des Impulsaustausches, die gleichen wie die der Hydraulik. In ihren konstruktiven Ausführungen sind sie dem gasförmigen Pneumatikfluid Druckluft angepaßt.

Eine Pneumatikanlage hat einen niedrigeren Gesamtwirkungsgrad als elektrische oder hydrostatische Anlagen gleicher Leistung.

Die Ursachen sind:

- Bei der Kompression wird ein Teil der Energie als Wärme abgeführt.
- In Pneumatikmotoren wird nur der Teil der Energie verbraucht, der für die Bewegung der Antriebselemente notwendig ist; der übrige Teil wird beim Entlüften des Motors an die Umgebung abgegeben.

Die Hauptkenngrößen der Pneumatikgeräte sind der Nenndruck und die Nennweite, bei Pneumatikzylindern dazu Hubkraft und Hublänge.

6.2. Geräte und Anlagen zur Drucklufterzeugung und Aufbereitung

6.2.1. Drucklufterzeuger — Verdichter

Verdichter erzeugen den Druckluftstrom für Pneumatikanlagen. Nach der Druckdifferenz Δp zwischen Eingangsdruck p_E (atmosphärischer Druck) und Ausgangsdruck p_A unterscheidet man

- Lüfter $\Delta p < 0{,}01$ MPa,
- Gebläse $\Delta p = 0{,}01$ MPa $\cdots$ 0,2 MPa,
- Verdichter $\Delta p > 0{,}2$ MPa.

Verdichter werden eingeteilt in

- Niederdruckverdichter $p_b = 0{,}2 \cdots 1$ MPa,
- Mitteldruckverdichter $p_b = 1 \cdots 10$ MPa,
- Hochdruckverdichter $p_b > 10$ MPa.

Eine weitere Einteilung wird außerdem nach der Methode der Drucklufterzeugung sowie der Bauart der Verdichter vorgenommen:

- Hubkolbenverdichter (Kolben- oder Membranbauart) für Volumenströme Q_f von 100 bis 25 000 m³ · h⁻¹ und Betriebsdrücke p_b von 0,1 bis 160 MPa.
- Umlaufkolbenverdichter (Zellenverdichter, Kreiskolbengebläse) für Volumenströme Q_f von 100 bis 16 000 m³ · h⁻¹ und Betriebsdrücke p_b von 0,01 bis 0,1 MPa.
- Kreiselradverdichter bzw. -gebläse (Radial- bzw. Axialbauart) für Volumenströme Q_f von 400 bis 160 000 m³ · h⁻¹ und Betriebsdrücke p_b von 0,01 bis 0,1 MPa.

Hauptkenngrößen der Verdichter sind der erreichbare Verdichterdruck und der geförderte Volumenstrom.
Als Beispiel für Aufbau und Wirkungsweise der Verdichter wird das Arbeitsprinzip eines zweistufigen Kolbenverdichters, der dem eines Brennkraftmotors ähnlich ist, erläutert (Bild 6.2.1).

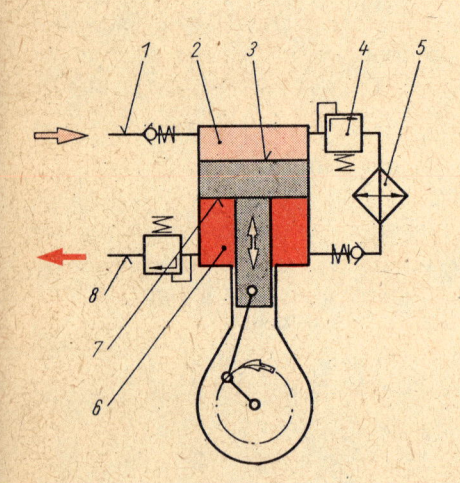

Bild 6.2.1. Zweistufiger Kolbenverdichter mit Kurbeltrieb, Wirkungsweise

1 Saugleitung; *2* Zylinderraum (Niederdruckstufe); *3* Kolbenfläche (Niederdruckstufe); *4* Druckbegrenzungsventil; *5* Kühler; *6* Zylinderraum (Hochdruckstufe); *7* Kolbenfläche (Hochdruckstufe); *8* Druckleitung

Die Luft wird über die Saugleitung *1* in den Zylinderraum *2* während der Abwärtsbewegung des Kolbens *3* angesaugt. Bewegt sich der Kolben aufwärts, wird die Luft im Zylinderraum *2* verdichtet. Ein Rückschlagventil in der Saugleitung verhindert das Ausströmen der Luft. Wird der an dem Druckbegrenzungsventil *4* eingestellte Wert erreicht, strömt das Druckmittel über den Kühler *5* in den Zylinderraum *6*. Bewegt sich der Kolben wieder abwärts, wirkt der Kolben mit der Hochdruckseite (Hochdruckstufe) *7*. Das Druckmittel wird weiter verdichtet und strömt dann über das Druckbegrenzungsventil in der Druckleitung *8* zum Speicher.
Ein- und mehrstufige Kolbenverdichter werden z. B. in Farbspritzereien, Tankstellenluftverdichtern, auf Baustellen und im Maschinenbau für Spannwerkzeuge eingesetzt.
Verdichter sollten in trockenen und staubfreien Räumen, die ausreichend belüftet sein müssen, aufgestellt werden, damit die Kompressionswärme abgeführt werden kann. In die Saugleitung ist ein Luftfilter einzusetzen, denn

die Reinheit der Saugluft bestimmt die Dauer der Einsatzfähigkeit des Verdichters. Alle Anschlußleitungen müssen vom Verdichter weg Gefälle aufweisen, damit sich absetzendes Kondenswasser nicht in den Verdichter fließt.

6.2.2. Druckluftspeicher

Druckluftspeicher können eine bestimmte potentielle Energie speichern und bei Bedarf wieder abgeben. Sie sind im Gegensatz zu Hydraulikdruckspeichern in jeder Anlage erforderlich, um den stark pulsierenden Luftstrom des Verdichters zu glätten. Sie passen die Drucklufterzeugung dem Druckluftverbrauch an. Ihre Kenngrößen sind der Rauminhalt und der zulässige Nenndruck.

Für sie gelten die besonderen Arbeitsschutzbestimmungen für Druckgefäße, die beim Bau und bei der Anwendung unbedingt zu beachten sind.

Das Speichervolumen entspricht etwa dem Zwanzig- bis Fünfzigfachen des Hubvolumens der Verdichterendstufe und wird von dem Luftbedarf der Pneumatikanlage bestimmt. Damit der Verdichter nicht ständig arbeitet, sind kleinere Anlagen mit einem Kontaktmanometer oder einem Druckschalter ausgerüstet, die den Druck im Speicher messen. Diese Kontrollgeräte besitzen eine Höchst- und eine Mindestdruckeinstellung, bei der der jeweilige elektrische Schalter betätigt wird. Erreicht der Druck im Speicher den Höchstwert, so wird der Verdichter abgeschaltet. Sinkt der Druck im Speicher infolge Luftabgaben an die angeschlossenen Verbraucher auf den eingestellten Mindestwert, wird der Verdichter wieder eingeschaltet. Diese Abschaltregelung (Zweipunktregelung) wird nur bei kleineren Verdichtern eingesetzt und bringt besonders dann Vorteile, wenn Druckluft nur kurzzeitig entnommen wird und dann längere Zeit keine Entnahme erfolgt.

Für größere Anlagen ist diese Art der Regelung nicht einsetzbar, denn das häufige Zuschalten großer Elektromotoren belastet das Energienetz durch die hohen Anlaufströme. Bei ihnen wird die Leerlaufregelung angewendet. Nachdem der eingestellte Höchstdruck im Speicher erreicht ist, wird der Verdichter so über Ventile gesteuert, daß seine Förderleistung auf Null absinkt. Motor und Verdichter arbeiten im Leerlauf. Die häufige Belastung des Energienetzes wird vermieden, jedoch im Leerlauf wird noch etwa ein Drittel der Nennlast als Antriebsenergie benötigt.

6.2.3. Druckluftaufbereitungsgeräte

Verdichter und Druckluftspeicher sind in den meisten Betrieben als zentrale Druckluftstationen vorhanden, von denen ein weitverzweigtes Druckluftnetz in allen Bereichen Anschlußmöglichkeiten bietet. Deshalb entfallen bei Pneumatikanlagen in den meisten Fällen diese genannten Geräte. Eine Reihe meist auch zentral angeordneter Geräte hat nun die Aufgabe, die Druckluft aufzubereiten.

Der Verdichter ist ebenso wie alle nachfolgenden Geräte vor Verunreinigung aus der angesaugten Luft zu schützen. Deshalb wird in die Ansaugleitung ein Filter eingeschaltet.

Die Abkühlung der verdichteten Luft im Speicher und im Leitungsnetz führt zu Wasserabscheidungen. In das Leitungsnetz werden an der tiefsten

Stelle Druckluftwasserabscheider bzw. Grobfilter eingefügt, die einen großen Teil des Wassers und der Verunreinigungen ausscheiden.

Bevor die Druckluft aus dem zentralen Leitungsnetz in die einzelnen Pneumatikanlagen gelangt, sind Druckluftaufbereitungsgeräte einzubauen, die das Eindringen von Kondenswasser und Schmutzteilchen in die pneumatischen Steuergeräte und Motoren verhindern. Gleichzeitig wird der Druckluft Ölnebel zugesetzt, der zur Schmierung der bewegten Teile dient.

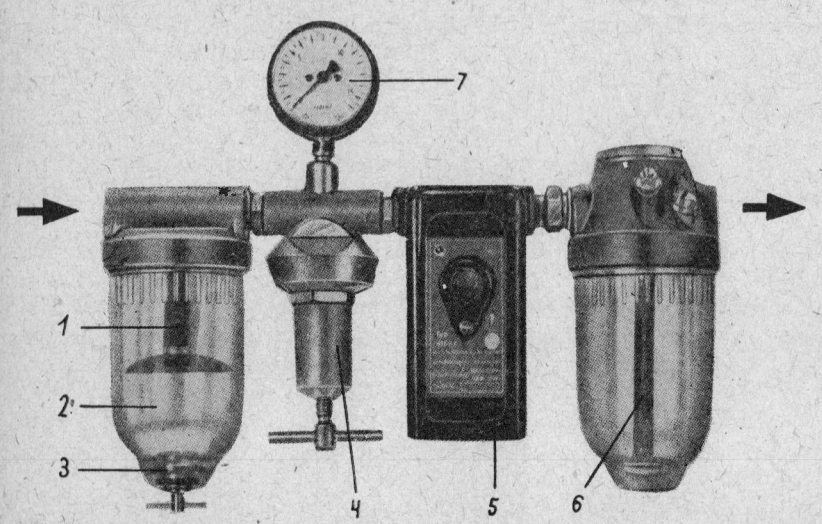

Bild 6.2.2. Druckluftaufbereitungsgerät, Gerätekombination

1 Druckluftfilter; *2* Behälter für Wasserabscheidung; *3* Ablaßhahn; *4* Druckminderventil; *5* Druckschalter; *6* Druckluft-Nebelöler; *7* Manometer für Einstelldruckanzeige

Die Druckluft tritt in das Druckluftfilter *1* ein. Hier werden die festen und flüssigen Verunreinigungen (Staub, Zunder und Rost aus den Rohrleitungen, Kondenswasser und Schmieröl) abgeschieden. Sie sammeln sich in dem Behälter *2*. Wenn erforderlich, werden die Abscheidungen über den Ablaßhahn *3* abgelassen. Am Druckminderventil *4* wird der erforderliche Arbeitsdruck für die nachfolgenden Pneumatikgeräte eingestellt. Diesen Druck zeigt das Manometer *7* an. Der Druckschalter *5* dient als Sicherheitsorgan. Er löst bei Absinken des Druckes auf einen eingestellten Mindestdruck ein elektrisches Signal aus, das zur akustischen oder optischen Signalgabe bzw. zum Abschalten der Anlage genutzt werden kann. Der nachfolgende Druckluft-Nebelöler *6* hat die Aufgabe, der durchströmenden Druckluft feinverteilte Öltröpfchen in Form eines Ölnebels beizumischen. In den Verbrauchern, z. B. in Pneumatikzylindern, wird dieses Öl als Schmiermittel abgeschieden. Nebelöler sind vor Feuchtigkeit und Fremdkörpern zu schützen; sie werden deshalb immer dem Luftfilter nachgeschaltet.

Für bestimmte Drucklufteinsatzgebiete, z. B. in der Steuerungs- und Regelungstechnik und in der Rechentechnik, wird öl- und wasserfreie Luft benötigt. In diesen Anlagen werden Absorberfilter und Drucklufttrocknungsanlagen eingesetzt, die die durchströmende Luft filtern und trocknen. Öl wird weitgehend, doch nicht restlos entfernt. Absolut ölfreie Druckluft kann nur mit Trockenlauf- oder mit Turboverdichtern erzeugt werden.

6.3. Druckluftverbraucher — Pneumatikmotoren

6.3.1. Merkmale

Druckluftverbraucher wandeln die dem Druckluftstrom eingeprägte Energie in eine Abtriebsbewegung um. In ihrer Wirkungsweise sind sie mit den hydraulischen Druckstromverbrauchern vergleichbar (s. Abschn. 5.3.).

6.3.2. Pneumatikmotoren mit rotierender Abtriebsbewegung

Die zugeführte Druckluft wird zur Erzeugung einer Drehbewegung verwendet. Als wesentlichste Verdrängungselemente werden die Wirkungsmechanismen Kolben/Zylinder, Kreiselrad oder Membrane eingesetzt. Gegenüber Hydraulikmotoren besteht der große Vorteil, daß Pneumatikmotoren bis zum Stillstand überlastet werden können, ohne dabei funktionsuntüchtig zu werden. Druckluftmotoren werden meist mit dem Betätigungselement zu einer Baueinheit (z. B. einer Schleifspindel) zusammengefaßt, eine standardisierte Baureihe solcher Motoren wird nicht gefertigt. Als Drehkolbenmotor (Flügelzellenmotor) hat der Pneumatikmotor speziell in handgeführten Druckluftwerkzeugen (Handbohrmaschinen, Sägen, Schleifspindeln) Bedeutung erlangt.

6.3.3. Pneumatikzylinder

Das Wirkungspaar Kolben und Zylinder wird in einzylindriger Ausführung zum Hubkolbenmotor mit geradliniger Abtriebsbewegung, der als Pneumatikzylinder bezeichnet wird. Pneumatikzylinder haben einen großen Anwendungsbereich und, daraus resultierend, unterschiedliche Bauformen (Tafel 6.3.1).
Bei Pneumatikzylindern ist die Reibkraft zwischen Kolben und Zylinder zu berücksichtigen, die 15 bis 25 % der erzielbaren Kolbenkraft bei Nenndruck erreichen kann. Sie führt bei schlechter Schmierung des Kolbens und stark gedrosselter Luftzufuhr zu ruckartigen Bewegungen der Kolbenstange. Die maximale Kolbengeschwindigkeit von $1{,}5 \text{ m} \cdot \text{s}^{-1}$ darf nicht überschritten werden.
Im Gegensatz zu Hydraulikzylindern wird bei einfachwirkenden Pneumatikzylindern eine Bauform mit Federrückstellung ausgerüstet. Auch ist der innere Aufbau der Pneumatikzylinder gegenüber Hydraulikzylindern durch Gummidichtelemente anders.

Pneumatikzylinder, doppeltwirkend, ohne Bremsung
Wirkungsweise (Bild 6.3.1a)
Am Anschluß zugeführte Druckluft beaufschlagt den Kolben *5* und bewegt ihn. Dabei wird die im Kolbenstangenraum befindliche Luft über den Anschluß *9* herausgedrückt. Bei Beaufschlagung des Anschlusses *9* erfolgt eine gegenläufige Bewegung des Kolbens.

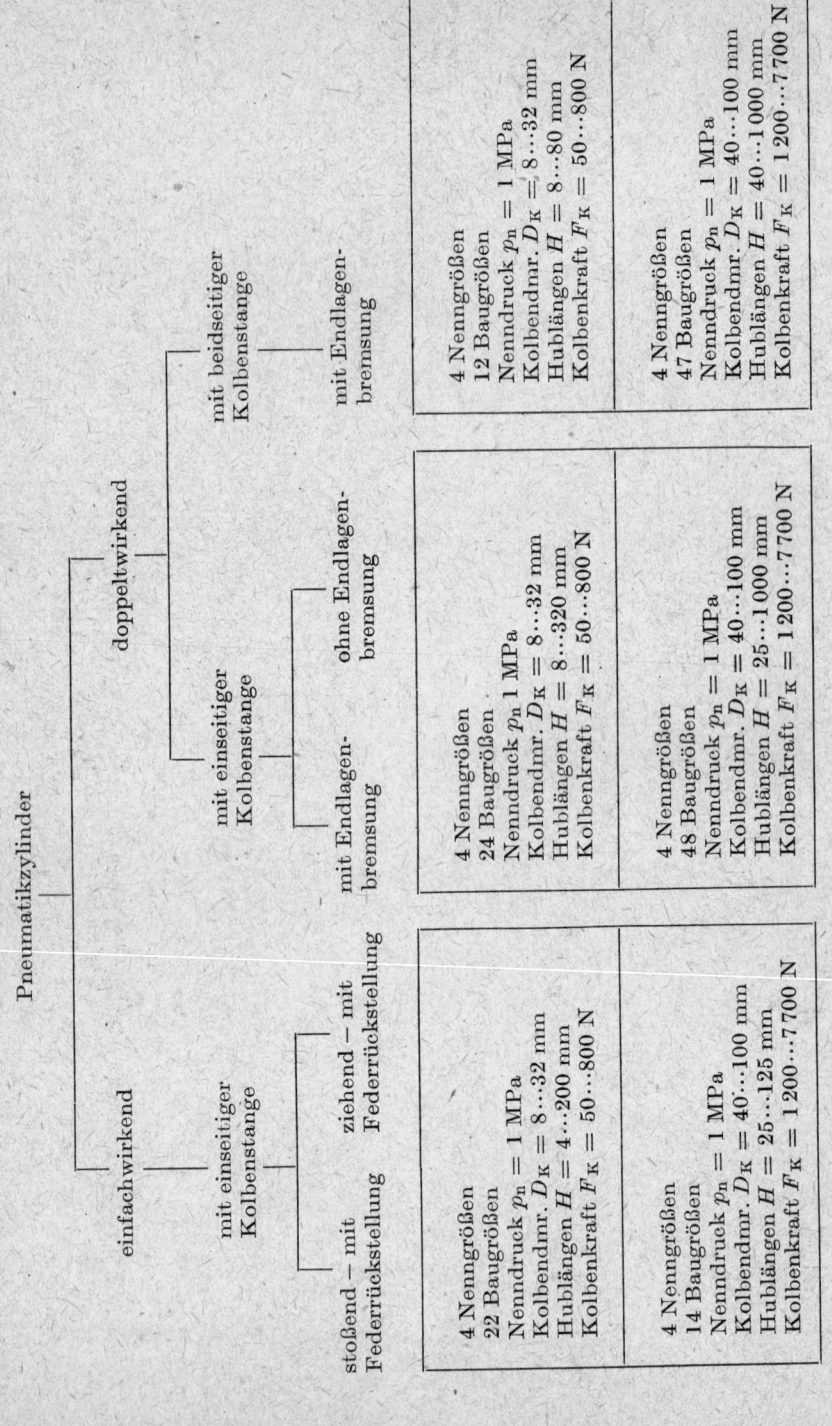

Tafel 6.3.1. *Einteilung der Pneumatikzylinder und zugehöriges Fertigungsprogramm*

```
                              Pneumatikzylinder
                              ┌──────┴──────┐
                      einfachwirkend    doppeltwirkend
                              │               ├─────────────────────┐
                      mit einseitiger   mit einseitiger       mit beidseitiger
                       Kolbenstange      Kolbenstange           Kolbenstange
                       ┌──────┴──────┐    ┌──────┴──────┐           │
                  stoßend – mit  ziehend – mit  mit Endlagen-  ohne Endlagen-   mit Endlagen-
                  Federrückstellung Federrückstellung bremsung  bremsung        bremsung
```

stoßend – mit Federrückstellung:
4 Nenngrößen
22 Baugrößen
Nenndruck $p_n = 1$ MPa
Kolbendmr. $D_K = 8 \cdots 32$ mm
Hublängen $H = 4 \cdots 200$ mm
Kolbenkraft $F_K = 50 \cdots 800$ N

ziehend – mit Federrückstellung:
4 Nenngrößen
14 Baugrößen
Nenndruck $p_n = 1$ MPa
Kolbendmr. $D_K = 40 \cdots 100$ mm
Hublängen $H = 25 \cdots 125$ mm
Kolbenkraft $F_K = 1200 \cdots 7700$ N

mit einseitiger Kolbenstange, mit Endlagenbremsung:
4 Nenngrößen
24 Baugrößen
Nenndruck $p_n = 1$ MPa
Kolbendmr. $D_K = 8 \cdots 32$ mm
Hublängen $H = 8 \cdots 320$ mm
Kolbenkraft $F_K = 50 \cdots 800$ N

4 Nenngrößen
48 Baugrößen
Nenndruck $p_n = 1$ MPa
Kolbendmr. $D_K = 40 \cdots 100$ mm
Hublängen $H = 25 \cdots 1000$ mm
Kolbenkraft $F_K = 1200 \cdots 7700$ N

mit beidseitiger Kolbenstange, mit Endlagenbremsung:
4 Nenngrößen
12 Baugrößen
Nenndruck $p_n = 1$ MPa
Kolbendmr. $D_K = 8 \cdots 32$ mm
Hublängen $H = 8 \cdots 80$ mm
Kolbenkraft $F_K = 50 \cdots 800$ N

4 Nenngrößen
47 Baugrößen
Nenndruck $p_n = 1$ MPa
Kolbendmr. $D_K = 40 \cdots 100$ mm
Hublängen $H = 40 \cdots 1000$ mm
Kolbenkraft $F_K = 1200 \cdots 7700$ N

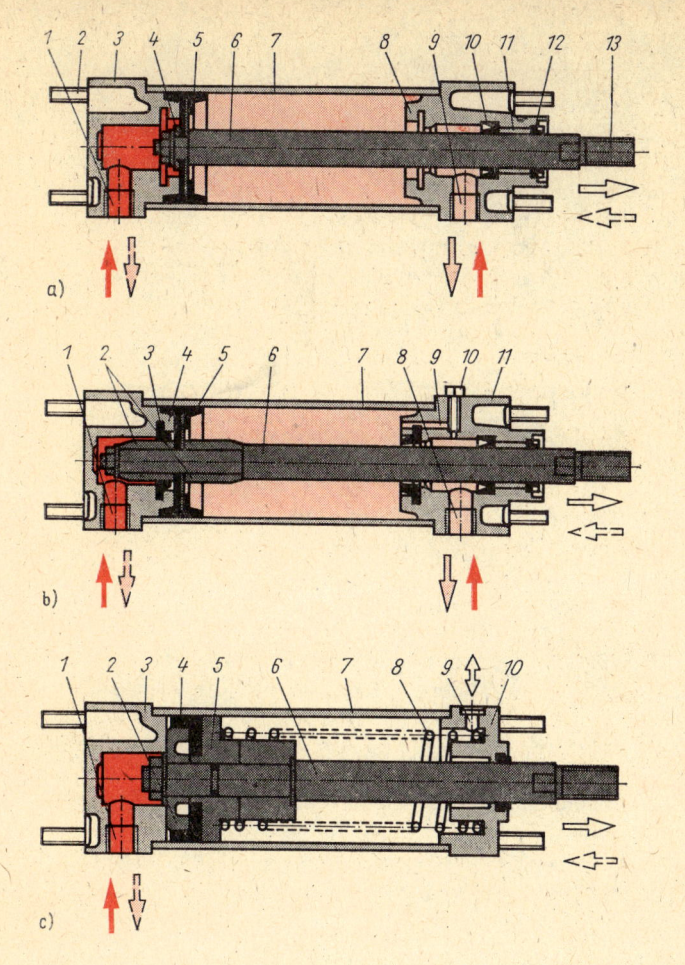

Bild 6.3.1. Wirkungsweisen verschiedener Bauformen von Pneumatikzylindern

a) Pneumatikzylinder, doppeltwirkend, mit einseitiger Kolbenstange, ohne Endlagenbremsung

1, 9 Druckluftanschlüsse; *2* Zuganker; *3* Lagerdeckel; *4* Stützring; *5* Kolben; *6* Kolbenstange; *7* Zylinderrohr; *8* Dichtungsgehäuse; *10* Innenlippenring; *11* Lagerbuchse; *12* Abstreifring; *13* Befestigungsgewinde für Kolbenstangenkopf

b) Pneumatikzylinder, doppeltwirkend, mit einseitiger Kolbenstange, mit Endlagenbremsung

1, 8 Druckluftanschlüsse; *2* Bremskolben; *3* Lagerdeckel; *4* Hutmanschette; *5* Kolben; *6* Kolbenstange; *7* Zylinderrohr; *9* Drosselbohrung; *10* Drosselschraube; *11* Dichtungsgehäuse

c) Pneumatikzylinder, einfachwirkend, mit einseitiger Kolbenstange, stoßend, mit Federrückstellung

1 Druckluftanschluß; *2* Stützkolben; *3* Lagerdeckel; *4* Topfmanschette; *5* Kolben; *6* Kolbenstange; *7* Zylinderrohr; *8* Druckfeder; *9* Entlüftungsbohrung; *10* Dichtungsgehäuse

Das Zylinderrohr *7* wird stirnseitig durch das Dichtungsgehäuse *8* bzw. den Lagerdeckel *3* begrenzt, alle 3 Teile werden durch 4 Zuganker (vergleiche auch Bild 6.3.2) verspannt. Die Kolbenstange *6* wird durch die Lagerbuchse *11* geführt und durch den Innenlippenring *10* gegen Druckluftaustritt von innen und durch den Abstreifring *12* gegen Schmutzeintritt von außen gedichtet.

Pneumatikzylinder, doppeltwirkend, mit Bremsung

Wirkungsweise (Bild 6.3.1b)

Um eine Dämpfung der Kolbenstangenbewegung in den Endlagen zu erreichen, wurden zwei Bremskolben *2* und zwei Hutmanschetten *4* in den Zylinder eingebaut. Wird der Kolben *5* über den Anschluß *1* mit Druckluft beaufschlagt, so bewegt er sich; die Luft im Kolbenstangenraum wird zwischen Kolbenstange und Hutmanschette zum Anschluß *8* gedrückt. Vor dem Erreichen der Endlage taucht jedoch der Bremskolben in die Hutmanschette ein und dichtet ab. Die Restluft kann jetzt nur noch über die Entlüftungsbohrung *9* und einen durch die Drosselschraube *10* einstellbaren kleinen Querschnitt verdrängt werden, dadurch tritt Bremswirkung ein. Mit der Schraube *10* kann die Bremsverzögerung bestimmt werden. In der Gegenrichtung wirkt das gleiche Prinzip zwischen dem 2. Bremskolben und der Manschette.

Pneumatikzylinder, einfachwirkend, mit Federrückstellung

Wirkungsweise (Bild 6.3.1c)

Durch Druckluftbeaufschlagung am Anschluß *1* wird der Kolben *5* bewegt und die Druckfeder *8* zusammengedrückt. Der Druckfederraum ist über die Bohrung *9* mit der Atmosphäre verbunden. Hört die Druckluftzufuhr auf, so drückt die Feder den Kolben in die Endlage zurück, die Luft auf der Kolbenseite wird dabei über den Anschluß *1* herausgedrückt.
Die Befestigungsarten der Pneumatikzylinder sind denen der Hydraulikzylinder gleich. Bild 6.3.2 zeigt Pneumatikzylinder verschiedener Kolbendurchmesser und mit unterschiedlichen Befestigungselementen.
Deutlich erkennbar sind die 4 Zuganker, mit denen Zylinderrohr, Lagerdeckel und Dichtungsgehäuse verspannt werden. Bei den kleinen Nenngrößen

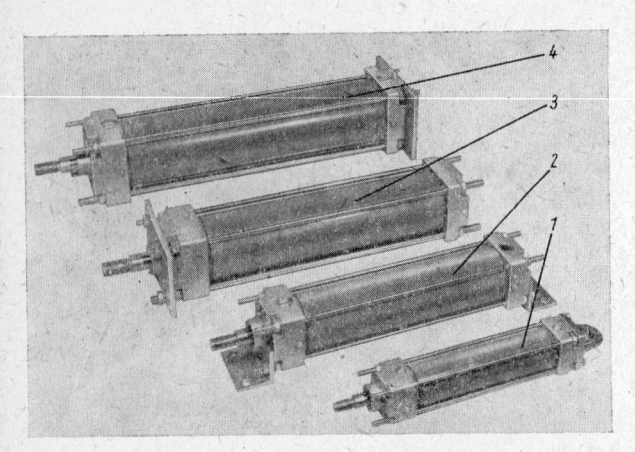

Bild 6.3.2. Bauformen verschiedener Pneumatikzylinder großer Kolbendurchmesser

1 Pneumatikzylinder 40 × 160, Befestigung mit Gelenkauge; *2* Pneumatikzylinder 63 × 250, Befestigung durch Füße tangential zur Kraftwirkung; *3* Pneumatikzylinder 80 × 320, Befestigung durch Flansch, ausfahrseitig; *4* Pneumatikzylinder 100 × 400, Befestigung durch Flansch, bodenseitig

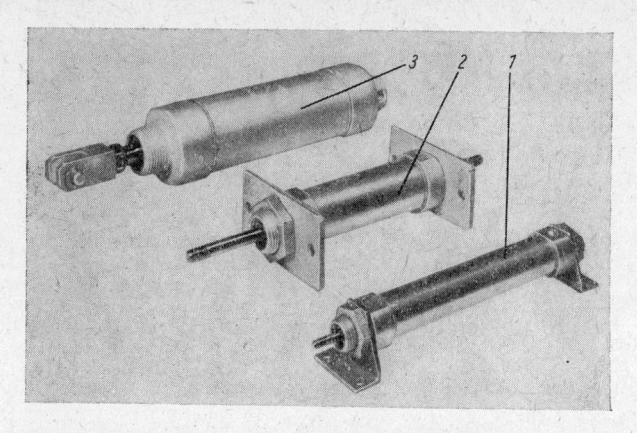

Bild 6.3.3. *Bauformen verschiedener Pneumatikzylinder kleiner Kolbendurchmesser*
1 Pneumatikzylinder 8 × 32, Fußbefestigung, einseitige Kolbenstange; *2* Pneumatikzylinder 12 × 20, beidseitiger Flansch, Kolben mit beidseitiger Kolbenstange; *3* Pneumatikzylinder 20 × 32, Grundausführung, einseitige Kolbenstange mit Gabelkopf

(Kolbendmr. 8 bis 20 mm) werden die beiden stirnseitigen Lagerdeckel mit dem Zylinderrohr verschraubt; die Befestigungselemente werden ebenfalls angeschraubt, wie aus Bild 6.3.3 erkennbar ist.

Durch direkt an die Pneumatikzylinder angebaute Baugruppen oder Ventile kann das Einsatzgebiet wesentlich erweitert werden. Zwei auf einem Zuganker verschiebbar befestigte Magnetschalter, durch das Kraftfeld eines am Kolben befestigten Dauermagneten berührungslos betätigt, signalisieren erreichte Arbeitsstellungen des Kolbens. Ein über eine Unterplatte direkt am Zylinderdeckel befestigtes Wegeventil komplettiert den Pneumatikzylinder zur pneumatischen Antriebseinheit.

6.4. Steuer- und Regelgeräte — Pneumatikventile

6.4.1. Merkmale, Einteilung, Kenngrößen

Ventile in pneumatischen Anlagen sind Anpassungsorgane. Sie haben die gleiche Funktion und auch den gleichen prinzipiellen Aufbau wie die Hydraulikventile (s. Abschn. 5.4.). Im konstruktiven Aufbau sind sie dem Fluid Druckluft angepaßt.

Die Einteilung der Pneumatikventile wird nach der Funktion des Ventils (Tafel 6.4.1) oder nach der Montageart vorgenommen.

Pneumatikventile werden überwiegend für Rohrleitungseinbau hergestellt, in begrenztem Umfang werden Wegeventile für Batterieverkettung bzw. für Unterplattenverkettung ausgelegt.

Die Hauptkenngrößen sind bei Pneumatikventilen, genau wie bei Hydraulikventilen, Nenndruck und Nennweite.

Tafel 6.4.1. ORSTA-Pneumatikventile (Fertigungsprogramm)

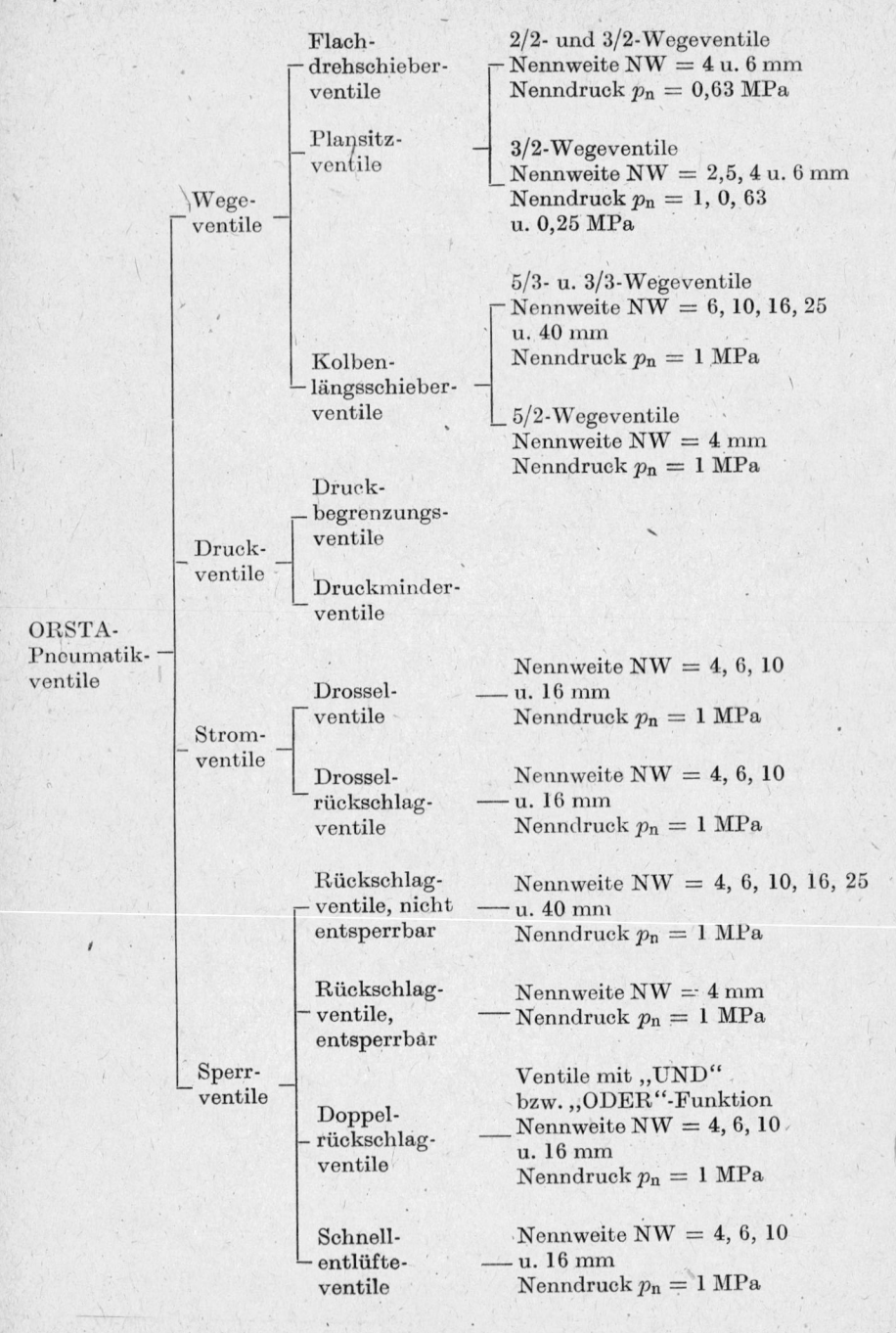

- ORSTA-Pneumatikventile
  - Wegeventile
    - Flachdrehschieberventile — 2/2- und 3/2-Wegeventile; Nennweite NW = 4 u. 6 mm; Nenndruck p_n = 0,63 MPa
    - Plansitzventile — 3/2-Wegeventile; Nennweite NW = 2,5, 4 u. 6 mm; Nenndruck p_n = 1, 0, 63 u. 0,25 MPa
    - Kolbenlängsschieberventile
      - 5/3- u. 3/3-Wegeventile; Nennweite NW = 6, 10, 16, 25 u. 40 mm; Nenndruck p_n = 1 MPa
      - 5/2-Wegeventile; Nennweite NW = 4 mm; Nenndruck p_n = 1 MPa
  - Druckventile
    - Druckbegrenzungsventile
    - Druckminderventile
  - Stromventile
    - Drosselventile — Nennweite NW = 4, 6, 10 u. 16 mm; Nenndruck p_n = 1 MPa
    - Drosselrückschlagventile — Nennweite NW = 4, 6, 10 u. 16 mm; Nenndruck p_n = 1 MPa
  - Sperrventile
    - Rückschlagventile, nicht entsperrbar — Nennweite NW = 4, 6, 10, 16, 25 u. 40 mm; Nenndruck p_n = 1 MPa
    - Rückschlagventile, entsperrbar — Nennweite NW = 4 mm; Nenndruck p_n = 1 MPa
    - Doppelrückschlagventile — Ventile mit „UND" bzw. „ODER"-Funktion; Nennweite NW = 4, 6, 10 u. 16 mm; Nenndruck p_n = 1 MPa
    - Schnellentlüfteventile — Nennweite NW = 4, 6, 10 u. 16 mm; Nenndruck p_n = 1 MPa

6.4.2. Wegeventile

Die Wegeventile des Pneumatikbaukastens setzen sich aus den Baugruppen Steuereinheit, Stelleinheit und Zusatzeinheit zusammen. Sie werden durch die Nennweite, den Nenndruck und die möglichen Wegevarianten gekennzeichnet. Außerdem werden sie in Schließventile und Öffnungsventile eingeteilt.
Schließventile unterbrechen bei Betätigung den Druckluftstrom, im Ruhezustand sind sie geöffnet. Öffnungsventile geben bei Betätigung den Weg für den Druckluftstrom frei, im Ruhezustand sind sie geschlossen.
Entsprechend der konstruktiven Ausbildung der Wirkungsmechanismen der Steuereinheiten werden Wegeventile mit Flachdrehschieber, mit Plansitz bzw. mit Kolbenlängsschieber unterschieden, von denen die beiden letzteren als Standardventile im Gerätebaukasten Pneumatik Anwendung finden.

Wegeventile mit Plansitz

Plansitzventile werden vorwiegend als Zweistellungsventile mit zwei bzw. drei gesteuerten Leitungen ausgeführt und in kleinen Nennweiten gefertigt. Sie dienen zur Steuerung kleiner Pneumatikzylinder für Spann- und Transportaufgaben oder zur Betätigung von Kolbenlängsschieberventilen.

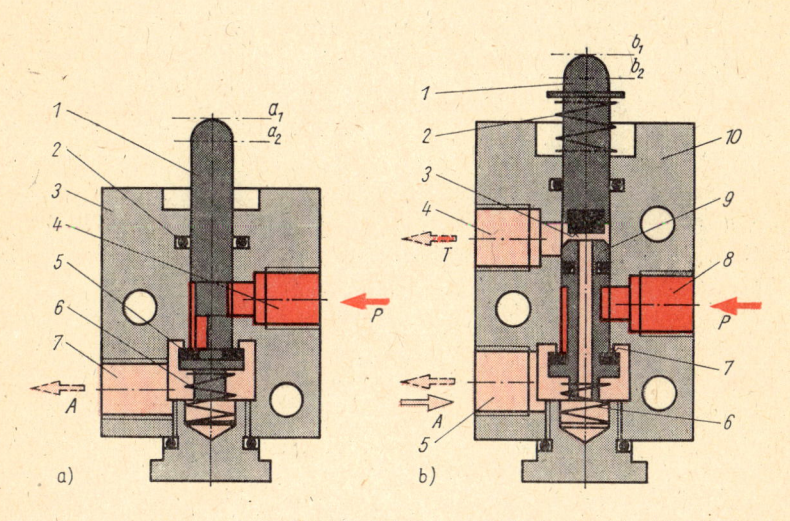

Bild 6.4.1. Pneumatikwegeventile, Wirkungsweisen

a) Steuereinheit 2/2
1 Kolben; *2* Rundring; *3* Gehäuse; *4* Anschluß, Druckluftzufuhr; *5* Plansitz mit Gummidichtelement; *6* Druckfeder; *7* Anschluß, Verbraucher

b) Steuereinheit 3/2
1 Kolben; *2* Druckfeder; *3* Plansitz mit Gummidichtelement; *4* Anschluß, Druckluftaustritt; *5* Anschluß, Verbraucher; *6* Druckfeder; *7* Plansitz mit Gummidichtelement; *8* Anschluß, Druckluftzufuhr; *9* Kolben; *10* Gehäuse

c) Symbole

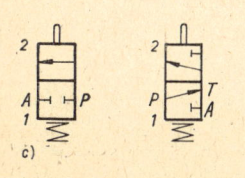

Wirkungsweise eines 2/2-Wegeventils (Bild 6.4.1a)

Der mit dem Plansitzelement 5 versehene Kolben 1 wird in der Ruhelage (Schaltstellung a_1) durch die Druckfeder 6 angehoben, der Druckluftdurchgang vom Anschluß 4 zum Anschluß 7 ist unterbrochen. Wird der Kolben durch Betätigung mittels einer Stelleinheit in die Schaltstellung a_2 gedrückt, kann die Druckluft durch das Ventil strömen – Öffnungsventil.

Wirkungsweise eines 3/2-Wegeventils (Bild 6.4.1b)

Durch die Druckfeder 6 wird der Kolben 9 in der Ruhelage an den Plansitz 7 gedrückt; die Druckluft liegt am Anschluß 8 an; der Durchfluß zum Anschluß 5 ist gesperrt. Gleichzeitig wird der Kolben 1 durch die Feder 2 vom Plansitz 3 abgehoben und damit eine Verbindung vom Anschluß 5 zum Anschluß 4 hergestellt. Bewegt sich der Kolben 1 der Feder 2 entgegen, wird zunächst der Plansitz 3 geschlossen, der Kolben 9 mit bewegt und der Plansitz 7 geöffnet. Die Druckluft kann jetzt vom Anschluß 8 zum Anschluß 5 fließen, während der Ablauf 4 gesperrt bleibt.

Mehrere Wegeventile dieser Art können zu Ventilbatterien zusammengebaut werden (Bild 6.4.2). Dabei ist es möglich, die vorstehend beschriebenen Steuereinheiten durch unterschiedliche Stelleinheiten zu betätigen. Im Beispiel ist gezeigt, wie 3 Steuereinheiten durch einen Handhebel abhängig voneinander betätigt werden können. Außerdem sind pneumatische und elektropneumatische Stelleinheiten vorhanden.

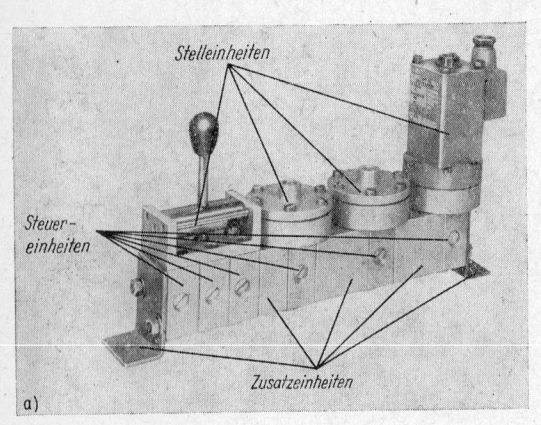

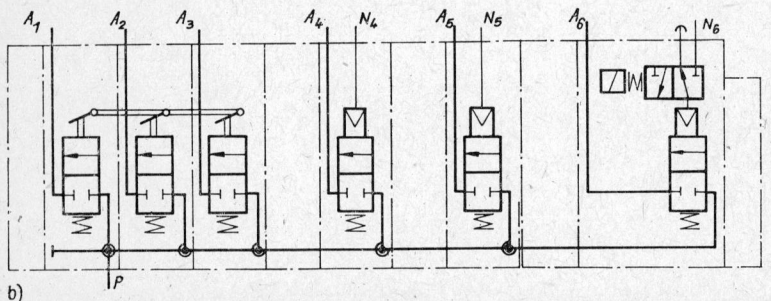

Bild 6.4.2. Pneumatikwegeventil in Batterieverkettung
a) Ansicht (6 Steuereinheiten); b) symbolische Darstellung

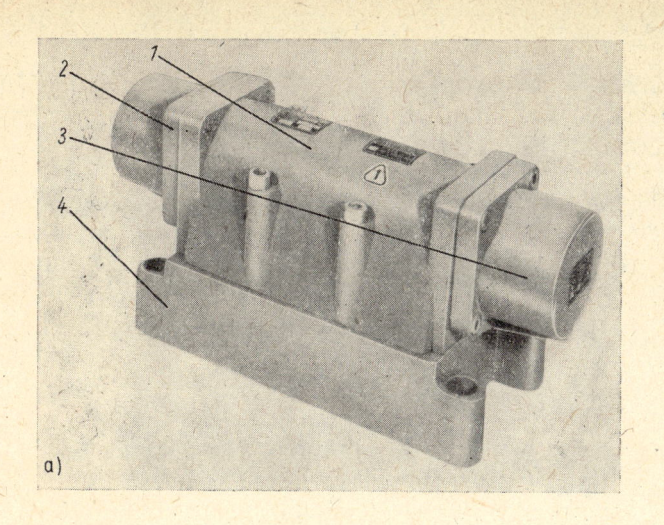

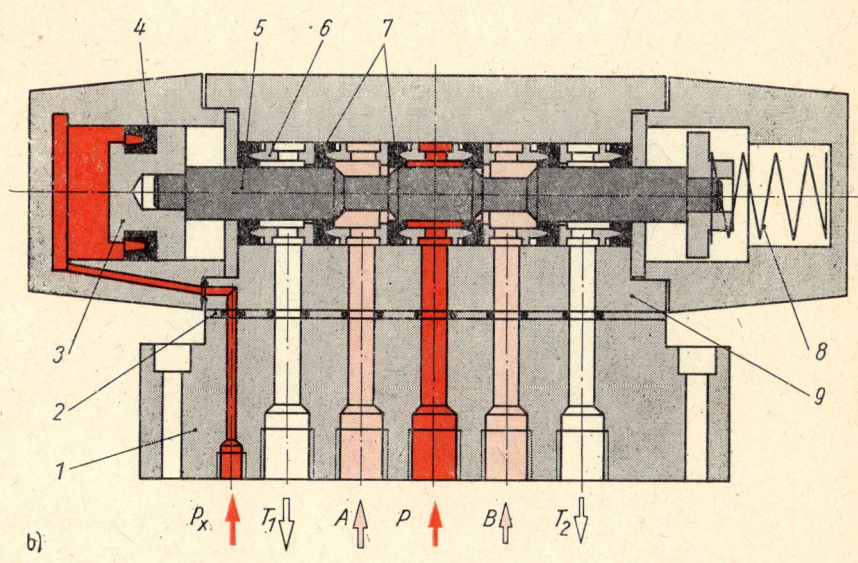

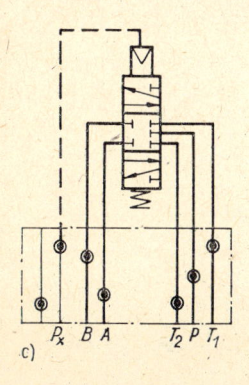

Bild 6.4.3. Pneumatikwegeventil, Einzelventil mit Unterplatte

a) Ansicht

1 Steuereinheit; *2* pneumatische Stelleinheit; *3* Federstelleinheit; *4* Zusatzeinheit (Einzelunterplatte)

b) Wirkungsweise

1 Unterplatte; *2* Dichtplatte; *3* Stellkolben; *4* Innenlippenring; *5* Kolbenlängsschieber; *6* Stützbuchsen; *7* Lippenringe; *8* Druckfeder; *9* Steuergehäuse

c) symbolische Darstellung

6.4.3. Druckventile

Pneumatikdruckventile, als Druckbegrenzungs- oder Druckminderventile ausgeführt, spielen nicht die Rolle wie in der Hydraulik, da Druckluftverbraucher bis zum Stillstand überlastbar sind. Es werden in Pneumatikanlagen oftmals nur die zur Aufbereitungs- und Wartungseinheit gehörenden Druckminderventile eingesetzt. Da der konstruktive Aufbau und die Funktion dieser Ventile denen der Hydraulik entsprechen, werden sie nicht gesondert dargestellt.

6.4.4. Stromventile

Sie beeinflussen die Größe oder Durchflußmenge (Volumenstrom) des Druckluftstromes durch Veränderung der Größe der Durchströmöffnung und werden vorwiegend zur Geschwindigkeitssteuerung von Pneumatikmotoren benutzt. Sie können sowohl in die Zuleitung als auch in die Ableitung der Pneumatikmotoren eingebaut werden. Stromventile werden ausgeführt als

- Drosselventile,
  Drosselwirkung in beiden Durchflußrichtungen;
- Drosselrückschlagventile,
  eine Durchflußrichtung gedrosselt, eine ungedrosselt.

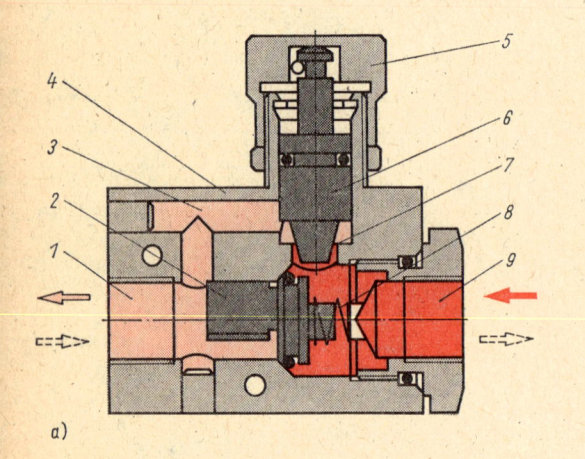

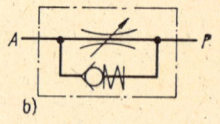

Bild 6.4.4. Drosselventil mit Rückschlagventil
a) Wirkungsweise; b) symbolische Darstellung

1 Anschluß für Ablauf; *2* Rückschlagkolben; *3* Ablaufbohrung; *4* Ventilgehäuse; *5* Stellgriff; *6* Drosselkolben; *7* Drosselspalt; *8* Druckfeder; *9* Anschluß für Zulauf

Wirkungsweise

Am Anschluß *9* eingeleitete Druckluft beaufschlagt den Dichtteller des Rückschlagkolbens *2* und drückt ihn gegen den Dichtsitz im Ventilgehäuse *4*. Die Druckluft muß durch den Drosselspalt *7*, dessen Größe durch Drehen am Stellgriff *5* und damit eingeleitetes Längsverschieben des Drosselkolbens *6* verändert werden kann, strömen, ehe sie über die Ablaufbohrung *3* zum Anschluß *1* gelangt — gedrosselte Durchflußrichtung.
Wird die Druckluft am Anschluß *1* eingeleitet, so verschiebt sie den Rückschlagkolben *2* gegen die geringe Kraft der Druckfeder *8* und strömt ungedrosselt durch das Ventil. Der Öffnungsdruck beträgt $\approx 0{,}01$ MPa.

Drosselventile werden in den Nennweiten 4 bis 16 mm hergestellt. Im Unterschied zu Hydraulikventilen, bei denen als Drosselorgan überwiegend Dreieckkerben angewendet werden, wird in der Pneumatik ein Kegelstumpf (Ringspalt) verwendet.

6.4.5. Sperrventile

Sperrventile als Richtungsventile haben eine große Bedeutung für Pneumatikanlagen. Die oftmals recht einfachen Pneumatikanlagen werden vielfach statt mit Wegeventilen mit Sperrventilen ausgerüstet. Damit können logische Funktionen (UND-Funktion, ODER-Funktion) realisiert werden. Entsperrbare Rückschlagventile werden auch als Endschalter verwendet. Die Vielfalt der Ausführungen ist aus der Tafel 6.4.1 zu erkennen.

Rückschlagventile, nicht entsperrbar (Bild 6.4.5a)

Wirkungsweise

Der am Anschluß *1* anliegende Druckluftstrom beaufschlagt den Rückschlagkolben *3* und bewegt ihn gegen die Kraft der Druckfeder *4*. Dabei wird das Dichtelement vom Dichtsitz im Gehäuse *2* abgehoben, und die Luft kann zum Anschluß *6* strömen. Die Gegenrichtung wird durch das Dichtelement gesperrt, eine Entsperrung erfolgt nur, wenn an den Anschlüssen *1* und *6* ein Druckluftstrom anliegt und der am Anschluß *1* anliegende einen höheren Druck hat.

Rückschlagventile, entsperrbar

Die entsperrbaren Rückschlagventile haben grundsätzlich eine freie Durchflußrichtung. Die Sperrung in der Gegenrichtung kann mechanisch durch Rollenhebel oder Handhebel bzw. pneumatisch durch einen druckluftbeaufschlagten Kolben erfolgen.

Doppelrückschlagventile mit ODER-Funktion (Bild 6.4.5b)

Doppelrückschlagventile mit ODER-Funktion sind selbstschaltende Richtungsventile. Sie werden vor allem dort eingesetzt, wo die Betätigung einer Anlage von mehreren Stellen aus erfolgen soll.

Wirkungsweise

Ein Druckimpuls gelangt zum gesteuerten Anschluß *2*, wenn am Druckanschluß *1* oder am Druckanschluß *7* oder an beiden Anschlüssen Druckimpulse anliegen. In der im Bild 6.4.5b gezeichneten Stellung beaufschlagt der am Anschluß *7* anliegende Druckluftstrom den Schaltkolben *4* und bewegt ihn, bis der Rundring *3* die Gegenseite abdichtet. Die Druckluft gelangt über die Bohrungen *5* zum Anschluß *2*. Bei Druckluft am Anschluß *1* wird der Kolben in analoger Weise in der Gegenrichtung geschoben. Liegen bei *1* und *7* Druckimpulse unterschiedlicher Höhe an, so gelangt der größere von beiden zum gesteuerten Anschluß *2*.

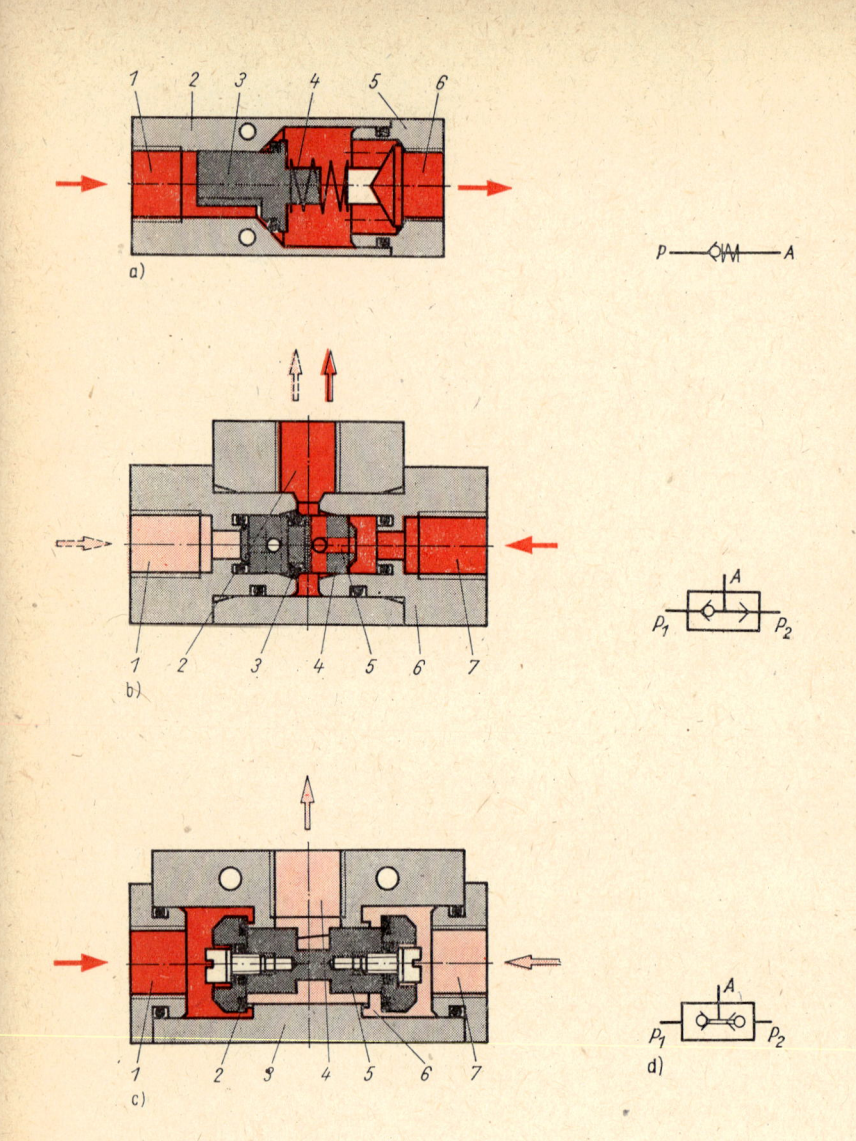

Bild 6.4.5. Pneumatiksperrventile, Wirkungsweisen

a) Rückschlagventil

1 Zulauf Druckluft; *2* Gehäuse; *3* Rückschlagkolben mit Dichtring; *4* Druckfeder; *5* Einschraubstück; *6* Ablauf Druckluft

b) Doppelrückschlagventil mit ODER-Funktion

1,7 Zulauf Druckluft; *2* gesteuerter Anschluß zum Verbraucher; *3* Rundring; *4* Schaltkolben; *5* Bohrungen im Kolben; *6* Gehäuse

c) Doppelrückschlagventil mit UND-Funktion

1, 7 Zulauf Druckluft; *2* Dichtung; *3* Gehäuse; *4* gesteuerte Druckleitung zum Verbraucher; *5* Schaltkolben; *6* geöffneter Spalt

d) Symbole der Ventile

218

Doppelrückschlagventil mit UND-Funktion (Bild 6.4.5c)

Diese Ventile werden in pneumatischen Anlagen eingesetzt, wo die logische Entscheidung UND gefordert wird.

Wirkungsweise

Ein Druckimpuls gelangt zum gesteuerten Anschluß *4*, wenn an den Druckanschlüssen *1* und *7* gleichzeitig Druckimpulse anliegen. Damit können beispielsweise Zweihandbedienungen und dergleichen realisiert werden. Im Bild 6.4.5c liegt der Druckluftstrom höheren Druckes am Anschluß *1*, dadurch wird der Schaftkolben *5* bewegt, und die Dichtung *2* wird an den Bund des Gehäuses *3* gedrückt. Der Durchfluß von Anschluß *7* zum Anschluß *4* wird frei. Im Gegensatz zum ODER-Ventil gelangt bei diesem Ventil stets der niedrigere Druck zum gesteuerten Anschluß *4*.

Schnellentlüftungsventile

Sie dienen zum schnellen und direkten Entlüften von Druckluftverbrauchern unter Vermeidung langer Ausströmwege über die verbindenden Rohrleitungen. Damit kann beispielsweise der Wirkungsgrad der Pneumatikanlage erhöht werden, da durch schnelles Entlüften eines Pneumatikzylinders die Kolbengeschwindigkeit erhöht wird.

Bildnachweis

Foto-Richter, Leipzig: 1.1.1; 1.1.2; 1.1.3; 5.2.9; 5.2.11; 5.2.13; 5.2.14; 5.2.16; 5.2.18; 5.2.20; 5.2.24; 5.3.1; 5.3.6; 5.3.13; 5.4.1; 5.4.6; 5.4.7; 5.4.8; 5.4.10; 5.4.11; 5.4.12; 5.4.13; 5.4.14; 5.4.15; 5.4.17; 5.4.18; 5.4.19; 5.4.21; 5.4.22; 5.4.23; 5.4.24; 5.4.25; 5.4.27; 5.4.28; 5.4.29; 5.4.31; 5.4.32; 5.4.33; 5.4.34; 5.5.12; 5.6.4; 5.6.5; 5.6.6; 6.3.2; 6.3.3; 6.4.3

DEWAG-Werbung, Leipzig: 1.5.4; 5.2.1; 5.2.3; 5.4.23; 6.4.2

VEB Industriewerke Karl-Marx-Stadt: 5.2.15; 5.2.20; 5.2.21; 5.3.6; 5.5.2

D. F. Hartmann Fotografie: 5.2.21

Hermann Dieck, Magdeburg: 5.4.9

VEB Kombinat ORSTA-Hydraulik: 5.2.23; 5.3.3; 5.3.8

Sachwörterverzeichnis

Abdichtung 196
Ablaufdruck 66, 166
Ablaufdruckentlastung 156 ff.
Ablaufleitung 66
Abreißsicherung 188
Absperrventil 168
Abtriebsdrehzahlbereich 115 ff.
Abtriebsmoment 118
Aeromechanik 13
Aerostatik 13
Aggregat 198 ff.
Akkumulator 177 ff.
Alterungsbeständigkeit 30
Anlage 82 ff.
Anordnung 69 f.
Anpassungsorgan 61 ff., 211
Anschluß 181
Anschlußgewinde 184
Antriebe
  hydraulische 12
  pneumatische 14
Antriebsleistung 74, 88
Antriebsorgan 51 ff.
Anzugsdrehmoment 185
Anzugsmoment 185
Arbeit 15
Arbeits- und Brandschutz 30
Arbeitsvorschub 193
Arbeitszylinder 83
Aufbereitungsgerät 13, 206
Ausfahrgeschwindigkeit 131 f.
Ausgangsleistung 88, 118
Axialkerbe 63
Axialkolbenanordnung 59
Axialkolbenmotor 116, 119 ff., 126
Axialkolbenpumpe 86, 99 ff.

Batterieverkettung 135, 146, 173
Bauform 129
Baukasten, ORSTA-Hydraulik 82
Bauschaltplan 193 f.
Befestigungsart 130
Behälterinhalt 176
Beruhigungsstrecke 56, 74
Betriebsbedingung 34, 38
Betriebsdruck 55, 75

Betriebskenngröße 50
Bewegungsgeschwindigkeit 72
Bewegungsumkehr 72
Biegeradius 184
Blende 63
Bohrungseinbau 136, 150 f.
Bremswirkung 210
Buchse 189

Dämpfung 210
Dichte 20, 36
Dichteänderung 20
Dichtung 177
Differenzdruck 66
Differenzdruckmesser 61
direktgesteuertes Wegeventil 143 f.
Doppelrückschlagventil 171, 212, 217 ff.
Drehflügelanordnung 59
Drehflügelprinzip 127
Drehkolbenpumpe 107 f.
Drehmoment 118
Drehrichtung 85
Drehschieberanordnung 59
Drehschieberventil 137
Drehstrommotor 126
Drehwinkelmotor 127 f.
Drehzahl 70
Drehzahländerung 69
Drehzahlbereich 115
Dreieckkerbe 63
Drei-Wege-Strombegrenzungs-
  ventil 165
Drosselquerschnitt 62, 164 f.
Drosselrückschlagventil 212
Drosselspaltausführung 63
Drosselventil 66 f., 164 f., 212, 216
Druck 15, 17
Druckabfall 56
Druckanlage 47
Druckausbreitung 29
Druckausgleich 101
Druckbegrenzungsventil 65, 155 ff., 212
Druckbereich 87, 202
Druckdifferenz 24

Druckdifferenzventil 65f., 155
Druckeinstellbereich 66, 155
Druckfeld 109, 123
Druckfilter 180
Druckflüssigkeitsspeicher 54f.
Druckgefälleventil 155
Druckkraft 14f., 18
Druckleitungen 181f.
Druckluftaufbereitung 205f.
Druckurfterzeuger 203ff.
Druckluftnetz 13, 205
Druckluftspeicher 205
Druckluftverbraucher 207ff.
Druckminderventil 65f., 155, 162f., 212
Druckregeleinheit 96
Druckschalter 62
Druckspeicher 53ff., 177ff.
Druckstromerzeuger 85
Druckstromverbraucher 115ff.
Druckstufe 35, 38
Druckübersetzer 48
Druckübertragungsmittel 19, 29ff.
Druckumformung 17f.
Druckventil 83, 135, 154ff., 216
Druckverhältnisventil 65, 155
Druckverlust 24f.
Durchflußgeschwindigkeit 16
Durchflußquerschnitt 62
dynamischer Druck 23

Eilrücklauf 193
Eilvorlauf 191
Eingangsleistung 118
Eingangsvolumenstrom 118
Einsatzbereich 87, 117
Einschraubventil 172
Einschraubverschraubung 186
Einsteckventil 169
Einzelwirkungsgrad 71
Elastizitätsmodul 19
elektrohydraulisches Servoventil 152
Elektromotor 126
Endlagenbremsung 61, 128f.
Endvolumen 29
Energieträger 51
Energieübertragung 27
Energieumformung 28
Entmischbarkeit 30
entsperrbares Rückschlagventil 170f., 173
Exzentrizität 95

Federrückstellung 210
Federspeicher 53

Fertigungsprogramm 129
Feuergefährlichkeit 29
Filter 179f.
Filterelement 179f.
Flachdrehschieberventil 212
Flammpunkt 30ff.
Flansch 130
Flanschverbindung 196
Flügelzellenmotor 116
Flügelzellenpumpe 86f.
Flüssigkeit 12, 19f., 29f.
Flüssigkeitsbehälter 175
Fluid 29f.
Fluiddruck, statischer 14
Fluidumwälzzahl 176
Folgesteuerung 43f.
Förderanlage 46
Förderrichtung 85
Fortleitung 14
Fülldruck 177
Fülleinrichtung 177
Füllgas 177
Füllungsverlust 26
Funktionsschaltplan 190ff.
Fuß 130

Gas 20ff., 35ff.
Gasfüllventil 177f.
gasförmiges Druckübertragungsmittel 11
Gaskonstante 21
Gebläse 203
Gelenkauge 130
Gerät 82ff.
Geräteliste 193f.
Gerätesystem 67
Gerotormotor 116, 124ff.
Gerotorpumpe 86f.
Gesamtdruck 23
Gesamtdruckverlust 25
Gesamtspeichervolumen 55
Gesamtwirkungsgrad 26, 37, 71
Geschlossener Kreislauf 75f., 79f.
Geschwindigkeit 24, 131f.
Geschwindigkeitsprofil 24
Geschwindigkeitsregelung 78
Geschwindigkeitsumformung 17f.
Gestaltungsrichtlinie 50f.
Getriebe 60
Gleichstrommotor 126
Grundgesetz 14
Grundkenngröße 67
Grundschaltung 77
Grundsymbol 195
Gummischlauch 181ff.

221

Halt 191
Handkolbenpumpe 86, 89 ff.
Handkraft 91
Hilfspumpe 79
Hochdruckhydraulik 34
Hochdruckpneumatik 202
Hochdruckschlauch 184
Hochdruckverdichter 203
Höchstdruckhydraulik 34
Höchstdruckpneumatik 202
Höhenverkettungseinheit 148
Hubeinrichtung 48 f.
Hubkolbenpumpe 89 ff.
Hubkolbenverdichter 204
Hydraulik 12
Hydraulikaggregat 198 ff.
Hydraulikanlage 82 ff.
Hydraulikdrehwinkelmotor 83
Hydraulikdruckspeicher 177 ff.
Hydraulikfilter 179 f.
Hydraulikflüssigkeit 30
Hydraulikfluidbehälter 175
Hydraulikfluids 35
Hydraulikmotor 83, 115 ff.
Hydrauliköl 30 f.
Hydraulikpumpe 85
Hydraulikschlauch 181 ff.
Hydraulikschlauchleitung 181 ff.
Hydraulikventil 135 ff.
Hydraulikzubehör 174 ff.
Hydraulikzylinder 77, 83, 115 ff., 128 ff.
hydraulische Anlage 189 ff.
hydraulische Leistung 88, 118
hydraulische Stelleinheit 96
Hydrodynamik 12
Hydromechanik 12
Hydromotor 126
Hydrostatik 12
hydrostatischer Fahrantrieb 106 f.

Impuls 27
Impulsaustausch 27
Informationsfluß 69, 74
isobare Zustandsänderung 21

Kalotte 130
Kegelbuchse 185
Kegelringspalt 63
Kenngröße 67
Kenngrößenverhältnis 42
kinematische Zähigkeit 22 f., 31
Kolben 14, 131
Kolbenfläche 15
Kolbenflächenverhältnis 132

Kolbengeschwindigkeit 72
Kolbenhub 91
Kolbenkraft 131 f.
Kolbenlängsschieberventil 212
Kolbenringspalt 62 f.
Kolbenverdichter 204
kombinierter Kreislauf 75 f., 81
Kompressibilität 37
Kontinuitätsgleichung 17
Korrosionsschutz 30
Kraftübertragung 14
Kraftumformung 17 f.
Kraftwirkung 60
Kreiselradgebläse 204
Kreiselradverdichter 204
Kreislauf 75 f., 81
Kreislaufsicherheitseinheit 107
Kreislaufsicherheitsventil 80
Kreissegmentspalt 63
Kugel 130
Kugelpfanne 130
Kupplung 187 ff.
K-Werte 176

Langsamläufer 117
Längsverkettungseinheit 148
Lecköl leitung 66
Leckverlust 25
Leistung 15 f., 71, 88
Leiter 51, 56
Leitung 181
Lüfter 203
Luft 36 f.
Luftaufnahme 30

Magnet-Sieb-Filter 179
mechanische Stelleinheit 96
Membrankolben 59
Mengenventil 163 ff.
Meßmittel 61, 63 ff.
Mineralöle 30
Mitteldruckhydraulik 34
Mitteldruckverdichter 203
Mittelläufer-Motor 117
mobile Hydraulikanlage 189 f.

Nebelöler 206
negative Schaltüberdeckung 141
Nenndrehmoment 117
Nenndrehzahl 67 f.
Nenndruck 35, 38, 67 f., 85
Nenninhalt 67
Nennmoment 67 f.
Nennverdrängungsvolumen 67 f.
Nennviskosität 23

Nennvolumenstrom 67f.
Nennweite 67f., 183
Niederdruckhydraulik 34
Niederdruckpneumatik 202
Niederdruckverdichter 203
Normaldruckpneumatik 202
Nutzvolumen 54, 176

ODER-Funktion 45, 217
Öffnungsdruck 66
offener Kreislauf 75f.
Ölauswahl 31
ORSTA Hydraulik 67
ORSTA Pneumatik 67
Oxydationsbeständigkeit 30

Parallelschaltung 79
Plansitzventil 212f.
Plansteuerspiegel 100
Pneumatik 13
Pneumatikfluids 11
Pneumatikmotor 207ff.
Pneumatiksperrventil 218
Pneumatikventil 211f.
Pneumatikwegeventil 213
Pneumatikzylinder 207ff.
pneumatische Anlage 202ff.
pneumatisches Gerät 202ff.
Polytropenexponent 22
Polytropengleichung 22
positive Schaltüberdeckung 141
Preßziffer 19
Proportional-Wegeventil 150ff.
Pumpendrehzahl 73

Radialkolbenanordnung 59
Radialkolbenmotor 116
Radialkolbenpumpe 86, 92ff.
Rechteckspalt 25
Regelgerät 211
Regelgeräteventil 135ff.
Regelgröße 63
Regler 61, 63ff.
Reibungsbeiwert 24
Reibungsverlust 26
Reihenkolbenpumpe 86
Reihenschaltung 79
Reynoldszahl 24
Richtungsventil 136
Ringspalt 26
Rohrbruchventil 66
Rohrdurchführungen 177
Rohrleitung 181
Rohrleitungseinbau 146
Rohrleitungsplan 193f., 196f.

Rohrleitungsquerschnitt 16
Rohrverschraubung 184ff., 196
Rotationsmotor 83, 115f.
Rückführleitung 35
Rückschlagventil 168ff., 212, 217f.

Sauganlage 47
Saugfähigkeit 85
Saugleitung 35
Schalldämpfer 13, 61
Schalter 62f.
Schaltplan 190
Schaltstellungen 138
Schaltüberdeckung 141
Schaltüberdeckung Null 141
Schaltung 75ff.
Schaumbildung 30
Scheibenkolben 128f., 133
Schlauchkupplung 187ff.
Schlauchleitungen 181
Schluckvolumen 70
Schlupf 70
Schmierfähigkeit 30
Schneidringverschraubung 185
Schnelläufer-Motor 117
Schnellentlüftungsventil 219
Schnellentlüfteventil 212
Schraubenpumpe 86f.
Schrägscheibe 100
Schubkraft 27, 60
Schwenkauge 130
Schwenkzapfen 130
Schweredruck 23
Schwingungsdämpfung 157
Servostelleinheit 96
Servoeinrichtung 63
Servoventil 152
Spaltformen 63
Speicher 51, 53ff., 177ff.
Speicherkapazität 55
Speichervolumen 55
Sperrschieberpumpe 86f., 112ff.
Sperrventil 83, 135, 168ff., 217
spezifische Gaskonstante 21
Spielausgleich 109f.
stationäre Hydraulikanlage 190
statischer Druck 23
Stecker 189
Stellbarkeit 85
Stelleinheit 96, 142f.
Steuerblock 175
Steuereinheit 136
Steuerelemente 12f.
Steuergerät 211
Steuerungen 12, 14

Steuerventil 135 ff.
Stockpunkt 30 f.
Stoffspeicher 53
Strahlumlenkung 60
Strömungsgeschwindigkeit 27, 35, 37, 182
Strombegrenzungsventil 61, 66 f., 165 ff.
Stromventil 83, 135, 163 ff., 216
Strömungswiderstand 25
Strömungszustand 24
Summenleistungsregler 103
Symbole 14, 38, 83, 195

Tauchkolben 128 f., 132
Tauchkolbenzylinder 77
Teiler 51
Teleskopkolben 128 f., 134
Tellerringspalt 62 f.

Überdeckung 141
Übernullsteuerung 95, 100
Umformer 51, 57
Umlaufkolbenverdichter 204
UND-Funktion 45, 219
Unterplattenanbau 135
Unterplattenverkettung 148 f.

Ventil 46, 65
Ventilgerüst 199 ff.
Ventilkombination 173 f., 195
Verbindungselement 181
Verbindungsverschraubungen 186
Verdichter 203 ff.
Verdrängerelemente 85
Verdrängerpumpe 70
Verdrängung 59
Verdrängungsvolumen 85, 87, 90, 97, 102, 111, 114, 117
Verkettungssymbole 195

Verkettungssystem 173 f.
Verschraubung 186, 196
Viskosität 22 f., 29
Volumen 20
Volumenänderung 19 f.
Volumenausdehnungskoeffizient 20
Volumenstrom 17, 85, 88, 90
volumetrischer Wirkungsgrad 26
vorgesteuertes Ventil 155
vorgesteuertes Wegeventil 145
Vorsteuerventil 63, 145

Wagenheber 43
Wartungseinheit 13, 206
Wasser 32 f.
Wasserabscheider 205 f.
Wegeventil 83, 135 ff., 213 ff.
Widerstand 61 ff.
Widerstandszahl 56 f.
Wirkungsfläche 16
Wirkungsgrad 26, 56, 88, 92
Wirkungsmechanismus 50 ff., 59
Wirkungspaar 51 ff.
Wirkungsschemata 38 ff.
Wirkungsweise 51 ff.

Zähigkeit 22 f., 29, 31, 36
Zahnradmotor 116, 123 f., 126
Zahnradanordnung 59
Zahnradpumpe 86 f., 94, 108
Zuganker 210
Zusammendrückbarkeit 19
Zusatzeinheit 143
Zusatzeinrichtungen 79
Zustandsänderung 21
Zustandsgleichungen 21
Zustandsgröße 20 f.
Zwei-Wege-Strombegrenzungsventil 165 f.
Zwischeneilvorlauf 193
Zylinder 128 ff.